博碩文化

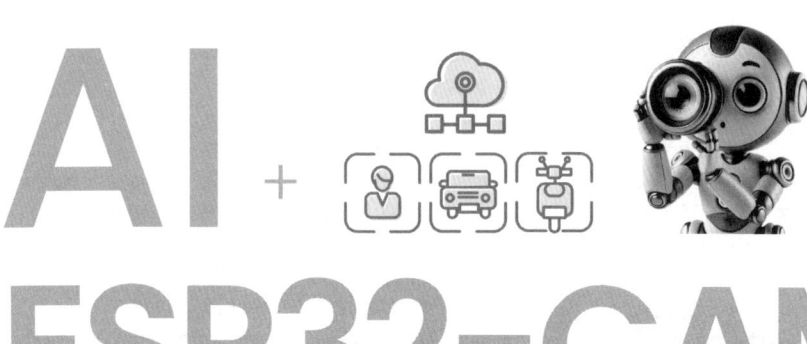

AI + ESP32-CAM + AWS

物聯網與雲端運算的專題實作應用

陳仁祥、陳秀如、葉期財 著

- Python 基礎概念
- ESP32–CAM 開發
- Amazon S3
- Amazon API Gateway
- AWS Lambda
- Amazon DynamoDB
- Amazon Rekognition
- 網際網路基礎

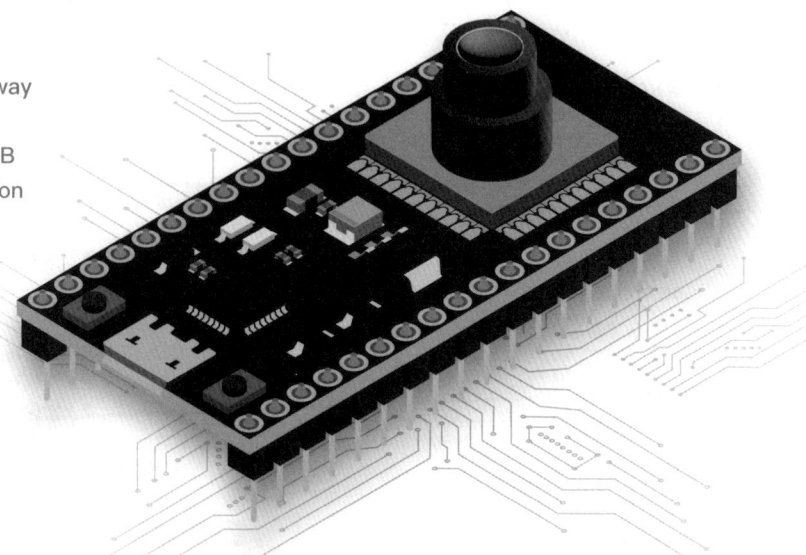

以 AWS 整合 ESP32-CAM 為例，進行車牌辨識實作

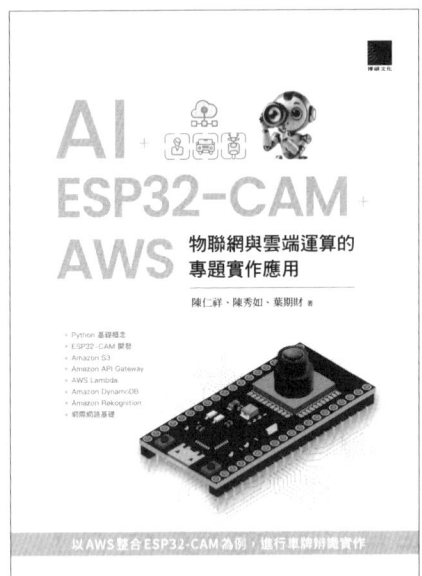

| 作　　者：陳仁祥、陳秀如、葉期財 |
| 責任編輯：黃俊傑 |

董 事 長：曾梓翔
總 編 輯：陳錦輝

出　　版：博碩文化股份有限公司
地　　址：221 新北市汐止區新台五路一段 112 號 10 樓 A 棟
　　　　　電話 (02) 2696-2869　傳真 (02) 2696-2867

發　　行：博碩文化股份有限公司
郵撥帳號：17484299　戶名：博碩文化股份有限公司
博碩網站：http://www.drmaster.com.tw
讀者服務信箱：dr26962869@gmail.com
訂購服務專線：(02) 2696-2869 分機 238、519
（週一至週五 09:30 ～ 12:00；13:30 ～ 17:00）

版　　次：2025 年 3 月初版一刷

建議零售價：新台幣 650 元
Ｉ Ｓ Ｂ Ｎ：978-626-414-128-4
律師顧問：鳴權法律事務所 陳曉鳴律師

本書如有破損或裝訂錯誤，請寄回本公司更換

國家圖書館出版品預行編目資料

AI + ESP32-CAM + AWS：物聯網與雲端運算
的專題實作應用 / 陳仁祥，陳秀如，葉期財
著 . -- 初版 . -- 新北市：博碩文化股份有限
公司，2025.03
　　面；　公分

ISBN 978-626-414-128-4(平裝)

1.CST: 人工智慧 2.CST: 影像分析 3.CST: 雲端運算

312.83　　　　　　　　　　　　　114001072

Printed in Taiwan

博 碩 粉 絲 團　歡迎團體訂購，另有優惠，請洽服務專線
　　　　　　　(02) 2696-2869 分機 238、519

商標聲明

本書中所引用之商標、產品名稱分屬各公司所有，本書引用純屬介紹之用，並無任何侵害之意。

有限擔保責任聲明

雖然作者與出版社已全力編輯與製作本書，唯不擔保本書及其所附媒體無任何瑕疵；亦不為使用本書而引起之衍生利益損失或意外損毀之損失擔保責任。即使本公司先前已被告知前述損毀之發生。本公司依本書所負之責任，僅限於台端對本書所付之實際價款。

著作權聲明

本書著作權為作者所有，並受國際著作權法保護，未經授權任意拷貝、引用、翻印，均屬違法。

人工智慧是這個時代的潮流

　　猶如 18 世紀的工業革命，蒸汽機的發明，讓機器的動力取代了人力與獸力；而在 21 世紀，人工智慧的興起也將會取代部分簡單的生產力，如判斷瑕疵品、辨識號碼、辨識人臉、文字翻譯等。人工智慧將會在各行各業中陸續被實現，然而，如何快速的應用人工智慧，雲端應用為這個問題提供了一個簡易的解決方案。

　　不管是訓練新模型或是佈署模型提供使用者進行推論使用，雲端運算都提供了一個高度可靠且具彈性的使用方法。本篇文章結合當今科技應用的三大元素：物聯網設備、雲端運算與人工智慧。人工智慧的應用已經遍及影像、影片、聲音、對話、文章等領域，而公有雲已經將人工智慧的開發或是應用封裝成完善的服務，對於人工智慧的模型開發者或是應用開發者而言，只需要去熟悉、了解開發框架，就可以快速應用人工智慧的技術；不需要再花時間在購買 GPU、安裝驅動、安裝開發框架等基礎環境搭建的無關事務上。

　　本書將使用 AWS Academy 所提供的學習者實驗平台（Learner Lab）來進行實際的 AWS 雲端資源操作，使用者將會實際體會到雲端資源的便利性。

這本書可以學到哪些知識

　　課本的內容以 Python 為主要開發語言，ESP32-CAM 作為物聯網設備，接著介紹 AWS 雲端基礎建設與機器學習的相關服務，最後將 AWS 文字 / 人臉辨識與 ESP32-CAM 進行整合，完成一個結合物聯網設備、雲端運算與人工智慧的應用系統。使用者可以在自己的 Learner Lab 帳號下完成所有操作。本書規劃成 5 個部分，從零開始帶你了解雲端運算的組成，並透過每個單元的實作讓你一步一步完成這份專案：

　　第一部分 Python 基礎概念：了解 Python 的基礎語法與開發環境。

　　第二部分 ESP32-CAM：介紹單晶片 ESP32-CAM 的出處、結構與基礎程式應用。

i

第三部分 網際網路基礎：説明網頁運作基本原理。

第四部分 **AWS 服務**：介紹本次應用中使用到的 AWS 的服務，包含了 API 呼叫、運算服務、儲存、資料庫與影像處理的人工智慧（AI）應用等。

第五部分 系統整合：透過 API Gateway 整合 ESP32-CAM 與 AWS 服務，並透過網頁觀看結果。

免責聲明：書中技術僅抓取公開數據作研究，任何組織和個人不得以此技術盜取他人智慧財產、造成網站損害，否則一切後果由該組織或個人承擔。作者不承擔任何法律及連帶責任！

本書推薦的閱讀方式

本書將書中的參考範例放到 GitHub 上面，更會把提到的參考連結彙整到每個章節的 README.md 中，這樣大家閱讀本書時就能夠更輕鬆地汲取知識。

操作方式：

SETP 1：進入筆者 Github 專案網址：https://github.com/yehchitsai/AIoTnAWSCloud

SETP 2：在目錄中選擇章節

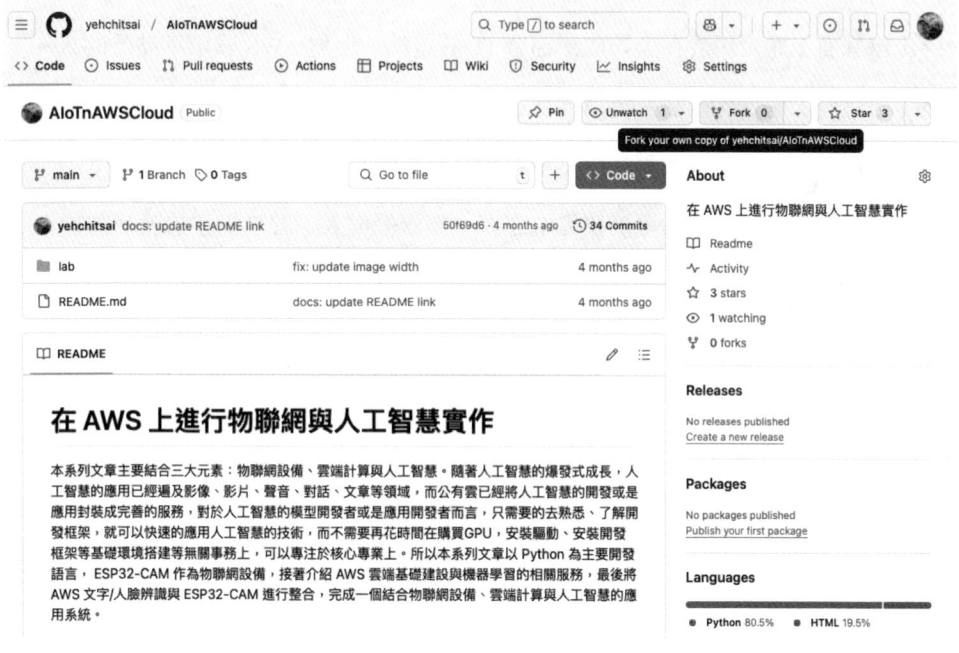

Github 上的章節目錄

適合閱讀本書的對象

如果你翻到了這一頁,我們想你是對這本書感興趣的,這本書我們將目標讀者分成以下幾種,你可以先看看有沒有剛好對到自己的角色:

- 〔自學者〕適合用於自學 Python 程式語言。
- 〔自學者〕適合用於自學 AWS 雲端運算。
- 〔自學者〕適合用於自學 ESP32-CAM。
- 〔自學者〕適合用於在 AWS 雲端中探索職業生涯的人。
- 〔自學者〕適合用於在公司內部部署 IT 或雲端,但對 AWS 雲端不熟悉的人。
- 〔自造者〕適合想體驗自造精神或雲地與軟硬體結合。
- 〔教育者〕可以作為大專院校畢業專題的教學教材。
- 〔教育者〕可以作為大專院校雲端運算、物聯網與人工智慧實作的教學教材。

目錄 CONTENTS

Chapter 01

Python 基礎

- **1.1 Python 說明與開發環境** 1-1
  - 1.1.1 Python 簡介 1-1
  - 1.1.2 Python 開發環境 1-2
  - 1.1.3 開始第一個 Python 腳本 1-8
- **1.2 Python 基礎語法** 1-12
  - 1.2.1 數字計算 1-13
  - 1.2.2 註解 Comments 1-15
  - 1.2.3 變數賦值 1-15
  - 1.2.4 字串 1-16
  - 1.2.5 程序區塊 1-20
- **1.3 Python 基本資料類型** 1-21
  - 1.3.1 列表介紹 1-21
  - 1.3.2 字典介紹 1-25
  - 1.3.3 元組介紹 1-27
  - 1.3.4 集合介紹 1-28

Chapter 02

Python 流程控制

2.1 Python 分支控制 2-1
- 2.1.1　if 語句 2-1
- 2.1.2　for 語句 2-2
- 2.1.3　while 語句 2-3
- 2.1.4　range() 函數 2-3
- 2.1.5　break/continue/else 子句 2-4
- 2.1.6　例外處理 2-5

2.2 Python 函數與模組 2-7
- 2.2.1　定義函數 2-7
- 2.2.2　lambda 表達式 2-12
- 2.2.3　模組 2-12

Chapter 03

網路程式開發概念與實作

3.1 網際網路模型 3-1
- 3.1.1　開放系統互連 OSI 參考模型 3-2
- 3.1.2　TCP/IP 協定組 3-2
- 3.1.3　網際網路的運作 3-4

3.2 HTTP 請求 / 回應格式 3-5
- 3.2.1　HTTP 簡介 3-5
- 3.2.2　Open API 範例 – 行政院全球資訊網 OpenAPI 3-6
- 3.2.3　HTTP 請求格式 3-10

		3.2.4	HTTP 回應格式 3-12
	3.3	HTTP 範例 – 使用 flask 與 telnet 3-15
		3.3.1	HTTP Server – flask 3-16
		3.3.2	HTTP client – Chrome 3-17
		3.3.3	HTTP client – telnet 3-20

Chapter 04

ESP32-CAM 開發

4.1	ESP32-CAM 簡介 4-1
	4.1.1 ESP32-CAM 特性 4-1
	4.1.2 ESP32-CAM 系統架構 4-3
	4.1.3 ESP32 啟動流程 4-6
4.2	使用 MicroPython 開發 ESP32-CAM – 使用圖形化工具 Thonny（Windows）..............................4-10
	4.2.1 硬體準備 4-10
	4.2.2 軟體準備 4-12
	4.2.3 整合軟硬體開發環境 4-18

Chapter 05

ESP32-CAM 基礎應用

5.1	使用 MicroPython 檔案存取 – io 5-1
	5.1.1 MicroPython 函式庫說明 5-1
	5.1.2 io – 輸入 / 輸出 5-3

5.2 使用 MicroPython 控制燈號、撰寫 ISR – machine 5-6
    5.2.1 MicroPython 特定模組 5-6
    5.2.2 machine – 與硬體相關的功能 5-7

Chapter 06

ESP32-CAM 進階應用

6.1 使用 MicroPython 連接 Wi-Fi、同步 NTP 6-1
    6.1.1 network – 網路配置 6-1
    6.1.2 time – 時間相關功能 6-5
    6.1.3 ntptime – 時間同步 6-9

6.2 使用 MicroPython 安裝新模組與使用 6-10
    6.2.1 安裝套件 6-10
    6.2.2 模擬溫度感測器 – 串接 Google Forms 6-12

6.3 使用 MicroPython 拍照 6-17
    6.3.1 攝影機硬體規格 6-17
    6.3.2 camera 軟體定義 6-18

Chapter 07

AWS 基礎概念

7.1 AWS 雲端基礎 7-1
    7.1.1 Amazon Web Services（AWS）簡介 7-1
    7.1.2 AWS 全球基礎設施 7-3
    7.1.3 AWS 定價 7-5

7.2 AWS 雲端安全 7-7

7.2.1 AWS 責任共擔模式 7-7
7.2.2 AWS Identity and Access Management（IAM）................ 7-8
7.2.3 確保 AWS 資料的安全性 7-13
7.2.4 確保合規性 7-14

7.3 申請 AWS 帳戶 7-16

7.3.1 申請 AWS 一般帳戶 7-16
7.3.2 申請 Learner Lab 帳戶 7-17

Chapter 08

雲端儲存 – Amazon S3

8.1 Amazon S3 8-1

8.1.1 S3 簡介 8-1
8.1.2 應用 Amazon S3 與常見場景 8-5
8.1.3 Amazon S3 定價 8-6

8.2 實驗：使用 Amazon S3 建立靜態網站 8-7

8.2.1 啟動學習者實驗室 Learner Lab 8-7
8.2.2 新建 AWS Cloud9 實例 8-9
8.2.3 連接到 AWS Cloud9 IDE 並配置環境 8-11
8.2.4 使用 AWS CLI 建立 S3 儲存貯體 8-13
8.2.5 使用 Python SDK 為儲存貯體設定儲存貯體策略 8-14
8.2.6 將物件上傳到儲存貯體以建立網站 8-17
8.2.7 測試網站的訪問 8-18

Chapter 09

雲端接口 – Amazon API Gateway

- 9.1 Amazon API Gateway 9-1
  - 9.1.1 Amazon API Gateway 簡介 9-1
  - 9.1.2 API Gateway 類型 9-3
  - 9.1.3 比較 REST APIs 和 HTTP APIs 9-5
  - 9.1.4 API Gateway 的開發 – REST API 9-7
- 9.2 實驗:建立 API Gateway-using mock 9-9
  - 9.2.1 啟動學習者實驗室 9-9
  - 9.2.2 準備開發環境 9-10
  - 9.2.3 建立 API 端點 GET 9-11
  - 9.2.4 部署 API 9-18
  - 9.2.5 更新網站並使用 API 9-20

Chapter 10

雲端運算 – AWS Lambda

- 10.1 AWS Lambda 10-1
  - 10.1.1 AWS 雲端運算服務 10-1
  - 10.1.2 AWS Lambda 簡介 10-3
  - 10.1.3 AWS Lambda 開發 10-6
  - 10.1.4 利用 AWS 管理主控台開發 Lambda Function 10-7
- 10.2 實驗:使用 GET 方法查詢資料 – Lambda 10-16
  - 10.2.1 啟動學習者實驗室 10-16
  - 10.2.2 撰寫 AWS Lambda 10-18

10.2.3 更新 API 端點 GET 10-21

10.2.4 部署 API 10-24

10.2.5 確認網站是否使用 AWS Lambda 10-24

10.3 實驗：使用 POST 方法上傳圖片 – Lambda 10-26

10.3.1 啟動學習者實驗室 10-26

10.3.2 建立 S3 儲存貯體 10-28

10.3.3 撰寫 AWS Lambda 10-35

10.3.4 確認圖片內容 10-41

Chapter 11

雲端資料庫 – Amazon DynamoDB

11.1 Amazon DynamoDB 11-1

11.1.1 DynamoDB 簡介 11-1

11.1.2 DynamoDB 的特點 11-4

11.1.3 資料韌性 Resilience 11-6

11.1.4 讀取 / 寫入吞吐量 throughput 11-7

11.1.5 DynamoDB 定價範例 11-8

11.2 實驗：讀取 EXCEL 檔並存入資料庫中 11-11

11.2.1 啟動學習者實驗室 11-12

11.2.2 連接到 AWS Cloud9 IDE 並配置環境 11-14

11.2.3 使用 AWS CLI 建立 S3 儲存貯體 11-15

11.2.4 上傳 EXCEL 檔到 S3 儲存貯體 11-16

11.2.5 準備 Python SDK 環境並執行 11-17

11.2.6 檢查 Dynamodb 資料表 11-20

11.3 實驗：查詢資料庫中的資料 11-22

11.3.1 啟動學習者實驗室 11-22

11.3.2 連接到 AWS Cloud9 IDE 並配置環境 11-24
11.3.3 利用主鍵查詢資料 11-26
11.3.4 利用類似 SQL 語法查詢資料 – PartiQL 11-27
11.3.5 把整個資料表讀回查詢資料 – scan 11-29

Chapter 12

雲端視覺辨識 AI – Amazon Rekognition

12.1 Amazon Rekognition 12-1
    12.1.1 簡介 12-1
    12.1.2 功能與應用 12-2
    12.1.3 Amazon Rekognition 定價 12-3

12.2 人臉辨識從 Amazon S3 讀取 12-5
    12.2.1 啟動學習者實驗室 12-5
    12.2.2 連接到 AWS Cloud9 IDE 並配置環境 12-7
    12.2.3 將面孔圖像與檢視網頁上傳到 S3 12-8
    12.2.4 要檢測的圖像畫出的邊界框 12-10
    12.2.5 列出集合中的人臉資訊 12-13
    12.2.6 查看找到的人臉的邊界框 12-14
    12.2.7 刪除集合 12-17

12.3 實驗：文字辨識從 Amazon S3 讀取 12-19
    12.3.1 啟動學習者實驗室 12-19
    12.3.2 連接到 AWS Cloud9 IDE 並配置環境 12-21
    12.3.3 將車牌圖像上傳到 S3 12-22
    12.3.4 進行車牌辨識 12-23

Chapter 13

整合實驗：車牌辨識從定義規格開始

13.1 整合實驗：車牌辨識 – 定義功能 13-1
    13.1.1 實驗說明 13-1
    13.1.2 後端功能 13-2
    13.1.3 前端功能 13-4

13.2 實驗：後端 – API Gateway 上傳圖片並使用
POSTMAN 檢驗結果 13-6
    13.2.1 啟動學習者實驗室 13-6
    13.2.2 上傳圖像 Lambda Function 13-8
    13.2.3 生成測試資料 – base64 13-16
    13.2.4 使用 Postman 測試 13-17
    13.2.5 確認圖片內容 13-17

Chapter 14

後端實作 – 整合 API + 資料庫 + AI

14.1 實驗：後端 – API Gateway 設定車牌辨識選項 14-1
    14.1.1 啟動學習者實驗室 14-1
    14.1.2 建立資料表 14-3
    14.1.3 設定車牌辨識選項的 Lambda Function 14-5
    14.1.4 使用 Postman 測試 14-12

14.2 實驗：後端 – 觸動 S3 事件進行文字辨識 14-12
    14.2.1 啟動學習者實驗室 14-13
    14.2.2 建立資料表 14-15

14.2.3 設定車牌辨識選項的 Lambda Function 14-16
14.2.4 建立 S3 事件通知...14-23
14.2.5 生成測試資料 – base64 14-24
14.2.6 使用 Postman 測試 14-25

14.3 實驗：後端 – API Gateway 查詢辨識記錄 14-26
14.3.1 啟動學習者實驗室...14-27
14.3.2 依日期查詢文字辨識的 Lambda Function 14-28
14.3.4 使用 Postman 測試 14-36

Chapter 15

前端實作 – ESP32-CAM + 網頁

15.1 實驗：前端 – 使用 ESP32-CAM 呼叫上傳圖片的
REST API 15-1
15.1.1 準備開發環境...15-1
15.1.2 ESP32-CAM 功能說明..15-3

15.2 實驗：前端 – 使用 Web 用戶端呼叫 REST API 15-5
15.2.1 啟動學習者實驗室...15-5
15.2.2 在 S3 建立網站...15-7

Appendix A

參考資料

Chapter 01

Python 基礎

學習目標

1. Python 說明與開發環境
2. Python 基礎語法
3. Python 基本資料類型

1.1 Python 說明與開發環境

1.1.1 Python 簡介

　　Python 是一種廣泛使用的直譯型、通用型程式語言，由荷蘭吉多・範羅蘇姆（Guido van Rossum）所開發出來，第一版發佈於 1991 年。Python 的設計哲學強調程式碼的可讀性和簡潔的語法，如使用空格、縮進區分程式區塊，取代了大括號或者關鍵字。相比於 C++ 或 Java，Python 讓開發者能夠用更接近人類的表達想法，來完成程序的撰寫，優雅的語法和動態類型，以及直譯型語言的本質，因此不管是小型還是大型程序，Python 都試圖讓程式的結構清晰明瞭。

　　與大多數動態類型程式語言一樣，Python 擁有動態類型系統和垃圾回收功能，能夠自動管理記憶體使用，並且支援多種程式範式，包括物件導向、命令式、函數式和程序程式。其本身提供了高效的高級資料結構，且擁有一個巨大而廣泛的標準庫。Python 直譯器（interpreter）幾乎可以在所有的作業系統中執行，常見的如 Windows、Linux 或 MAC OS，使它成為多數平台上寫腳本和快速開發應用的理想語言。Python 直譯器易於擴展，可以使用 C 或 C++（或者其他可以從 C 調用的語言）擴展新的功能和資料類型。Python 也可用作客製化軟體中的擴展程序語言。

　　Python 目前由 Python 軟體基金會（Python Software Foundation）管理，開發者可以到 Python 官網 https://www.python.org/ 免費獲取 Python 直譯器及豐富的標準庫，提供了適用於各個主要系統平台的原始碼或機器碼，還有許多免費的第三方 Python 模組、程序、工具和它們的文件，也能在這個網站上找到對應內容或連結。

　　目前市面上最常用的 Python 開發套件是用 Anaconda，但因為這個工具太過便利與龐大，會讓學習者無法瞭解 Python 直譯器的運作方式，導致在更換平台或是移植系統時會發生很多問題，所以在此以最陽春的方式來執行 Python，讓學習者可以真正由淺入深學習到 Python 與操作環境整個互動的過程，我們採用 Python 直譯器加上 Visual Studio Code 編輯器來進行練習。

1.1.2　Python 開發環境

先決條件

- Python 直譯器
- VS Code
- VS Code 的 Python 延伸模組

Python 直譯器

　　下載並安裝 Python 直譯器，可以選擇 64 位（Windows x86-64 executable installer）或是 32 位（Windows x86 executable installer）皆可，Windows x86-64 embeddable zip file 指的是直接下載後解壓縮就可以直接使用，只是相關環境路徑要自行設定，如圖 1-1 所示。

Chapter 01　Python 基礎

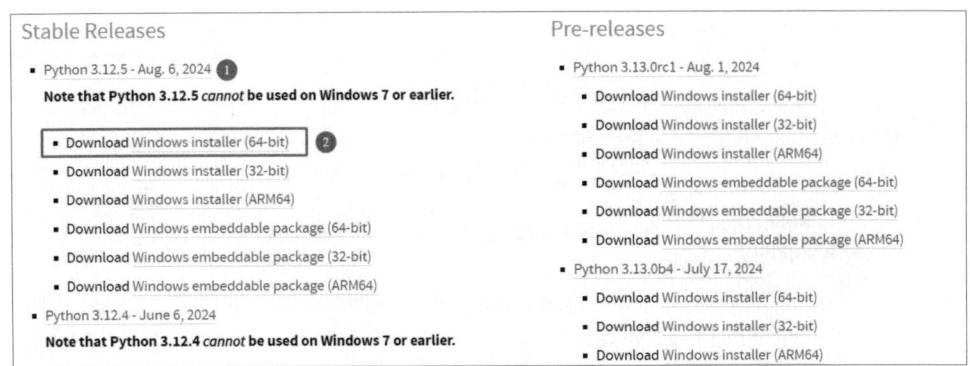

圖 1-1　下載 Python 直譯器

下載後直接執行會出現 Windows 安全警示，按下執行即可，接下來會彈出安裝畫面，可以選擇客製化安裝（Customize installation），用來指定安裝的細項，如圖 1-2 所示。

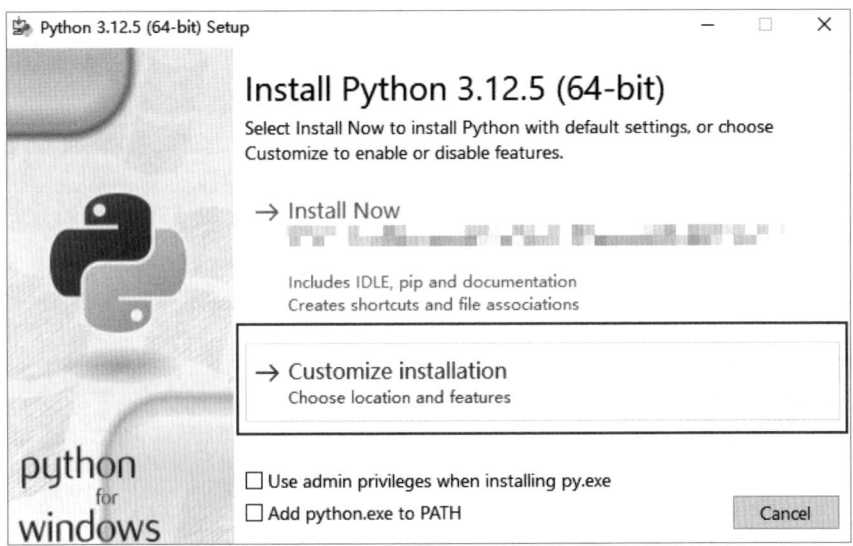

圖 1-2　選擇客製化安裝

首先選擇安裝的套件，預設是全部安裝，但因為本書會用 VS Code 作為編輯器，以及在網路上查找文件，所以就不安裝文件（Documentation）以及圖形化編輯器（td/tk and IDLE），選擇完畢後選下一步〔Next〕，如下圖 1-3。

1-3

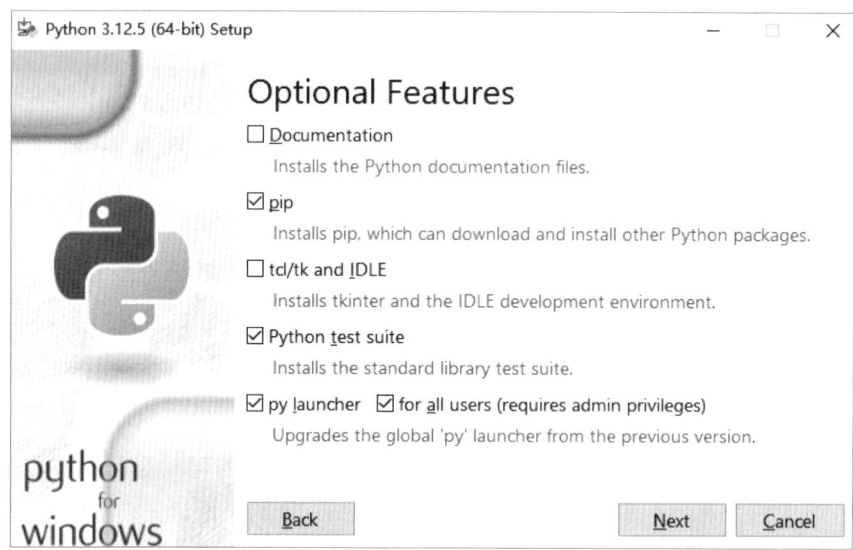

圖 1-3　選擇客製化安裝

設定進階選項，指定給所有人都可以使用，建立 Python 直譯器與 py 副檔名建立關聯，以及指定安裝目錄等，可參照下圖 1-4。

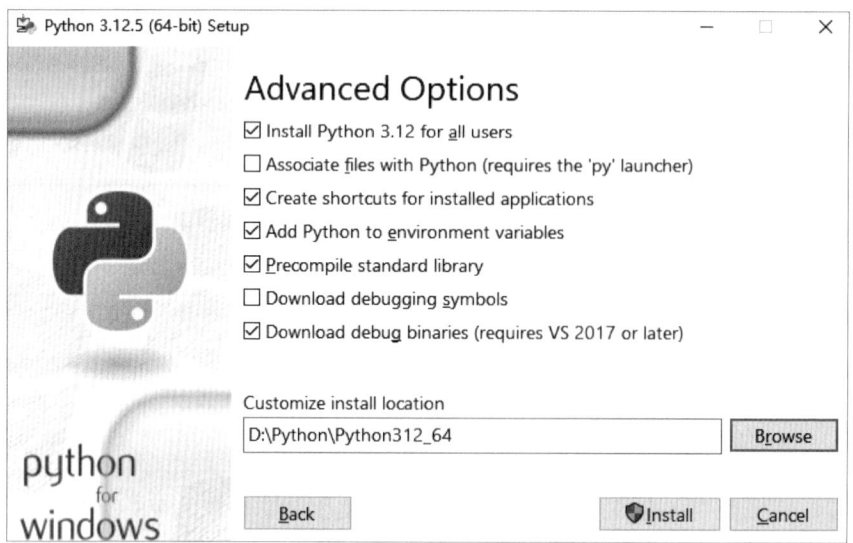

圖 1-4　設定 Python 的安裝選項及目錄

安裝 VS Code

透過瀏覽器連到 VS Code 官方網站 https://code.visualstudio.com/，下載並安裝即可，如圖 1-5。

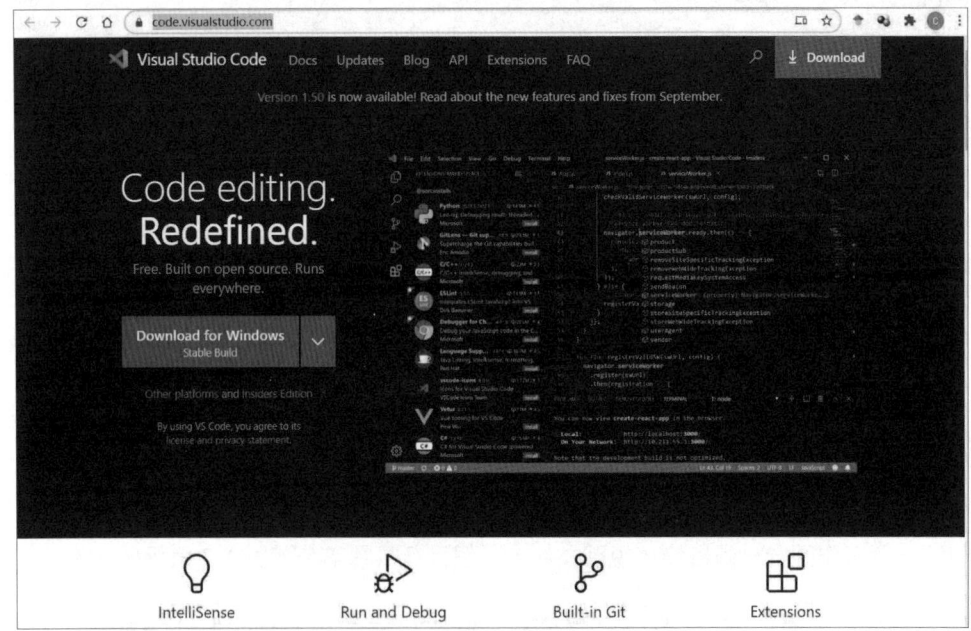

圖 1-5　VS Code 下載

VS Code 的 Python 延伸模組

安裝完 VS Code：

1. 啟動後在畫面左下角有一個積木形狀的圖形，這是 VS Code 用來安裝延伸模組（Extensions）的圖示，進入延伸模組安裝區後。

2. 在上方的文字塊輸入 Python 就會出現相關的延伸模組。

3. 選擇第一個延伸模組。

4. 就會出現這個延伸模組的詳細介紹，如延伸模組名稱、開發廠商、下載次數以及延伸模組的使用說明等資訊，如圖 1-6 所示。

AI＋ESP32-CAM＋AWS
物聯網與雲端運算的專題實作應用

按下安裝（install）後，就會自動安裝該延伸模組，記得要啟動（Enable）該延伸模組，不然只是安裝並不表示就可以使用該延伸模組。

圖 1-6　Python for VS Code 延伸模組下載

安裝完延伸模組後重新開啟 VS Code，請選擇新增工作區（Add workspace folder...），所謂工作區指的是可以把這次工作所需要的目錄和檔案都放在一起，可以開一個工作區，一個目錄放說明文件，一個目錄放腳本，如圖 1-7 所示。

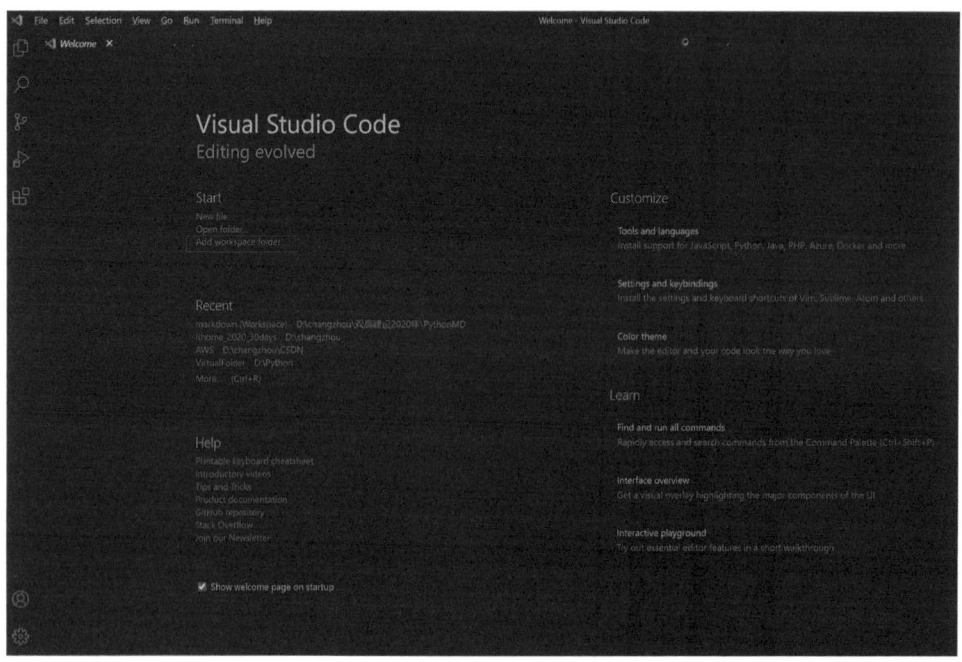

圖 1-7　新增 VS Code 工作區

建立完工作區,記得點選右邊工具欄的第一個圖示－文件管理區(Explorer):

1. 在工作區中建立第一個目錄 py,用來存放 python 腳本。
2. 因為工作區尚未取儲存,所以顯示 Untitled,如圖 1-8 所示。

圖 1-8　設定工作區目錄

在文件管理區中按下滑鼠右鍵,將另一個目錄 PythonMD 加入工作區中,這個目錄是用來撰寫文件的,如圖 1-9 所示。

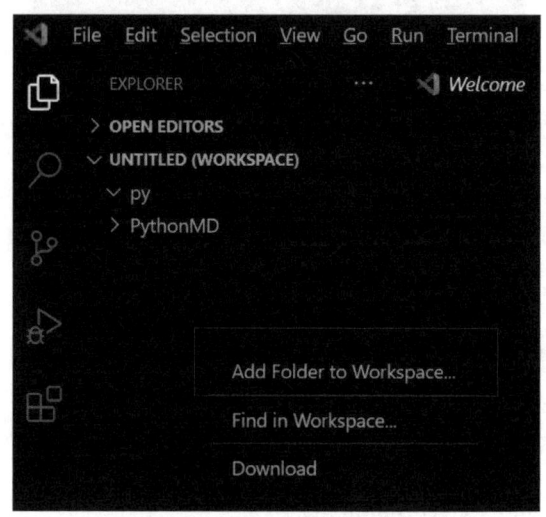

圖 1-9　將目錄加入工作區中

最後將目前的工作區的狀態儲存起來，如圖 1-10 所示。

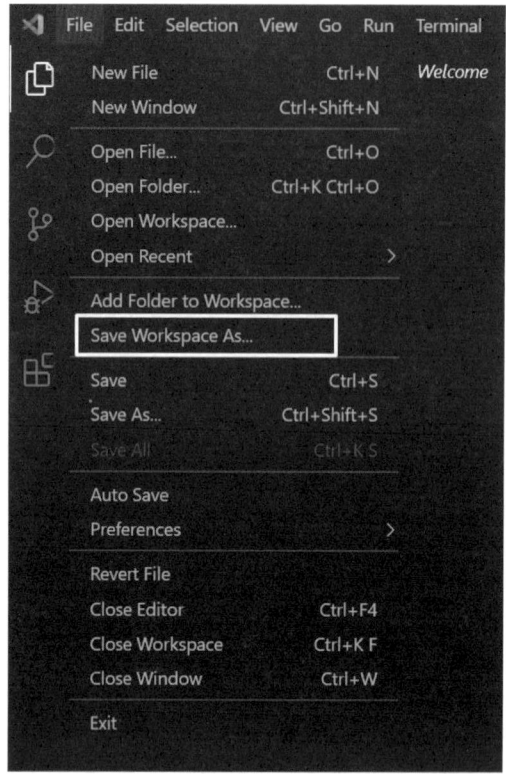

圖 1-10　儲存目前的工作區的狀態

1.1.3　開始第一個 Python 腳本

步驟 1 選擇 Python 直譯器

　　Python 是一種解釋語言，為了執行 Python 程式碼，得到 Python 智能感知（IntelliSense）的功能，必須告訴 VS Code 編輯器使用哪個版本的直譯器。在 VS 程式碼中，打開命令面板（Command Palette）Ctrl + Shift + P：

1. 開始鍵入 Python：Select Interpreter 命令進行搜尋。

2. 然後選擇該命令，如圖 1-11 所示。你也可以使用選擇 Python 環境狀態欄上的選項（如果可用，它可能已經顯示了選定的直譯器）：

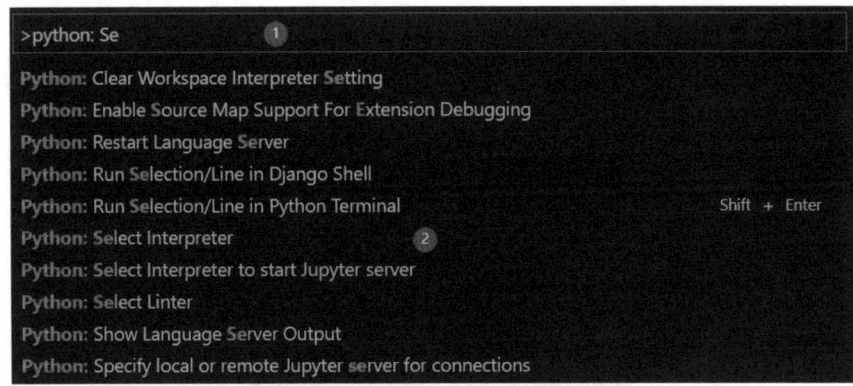

圖 1-11　打開命令面板，並輸入指令

接著會詢問直譯器要套用到工作區的那一個目錄，因為目前有兩個目錄，而 py 目錄是用來存放程式碼的，所以就指定到哪個目錄，如圖 1-12 所示。

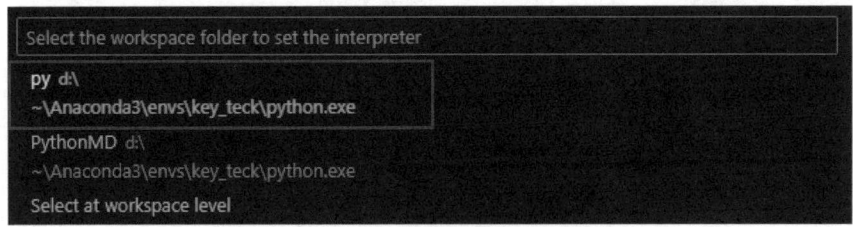

圖 1-12　詢問直譯器要套用到那一個目錄

指定直譯器版本或是執行的虛擬環境，指定 Python 3.12 直譯器，如圖 1-13 所示。

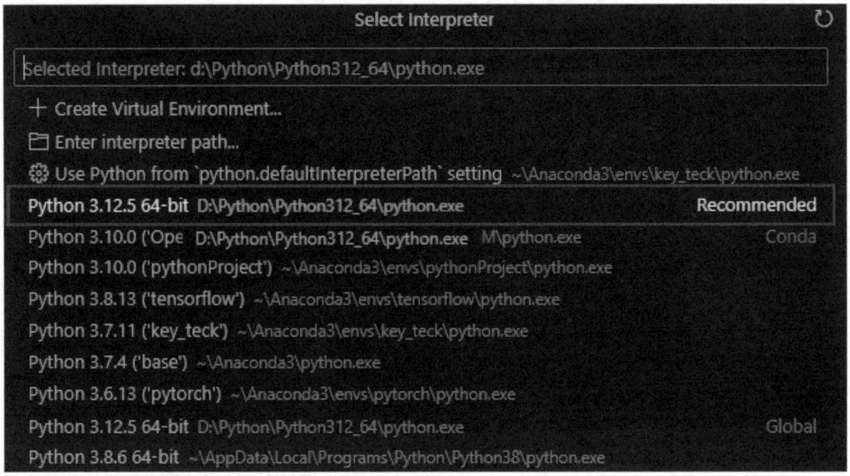

圖 1-13　指定直譯器版本

步驟 2 建立一個 Hello World 源程式碼文件

從文件資源管理器工具欄中：在 py 文件夾，選擇新文件按鈕，通過使用 .py 副檔名，告訴 VS Code 把這個文件解釋為 Python 程序，這樣它就用 Python 副檔名和選擇的直譯器來評估內容，如圖 1-14 所示。

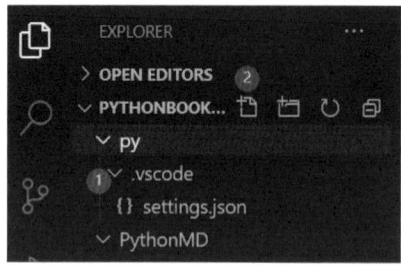

圖 1-14　新增一個 Python 文件

現在工作區中有了一個 Python 文件，請在 hello.py 中輸入以下程式碼：

```
msg = "Hello World"
print(msg)
```

在文件中打完程式碼後：

1. 可以看到在文件的頁籤上，除了有文件名稱外，還會出現一個小白點，這是表示文件有更新，尚未存檔。
2. 是程式碼本文。
3. 表示在目前編輯的文件中，尚未存檔的文件數量，可以按下 **ctrl + s** 去儲存檔案，如圖 1-15 所示。

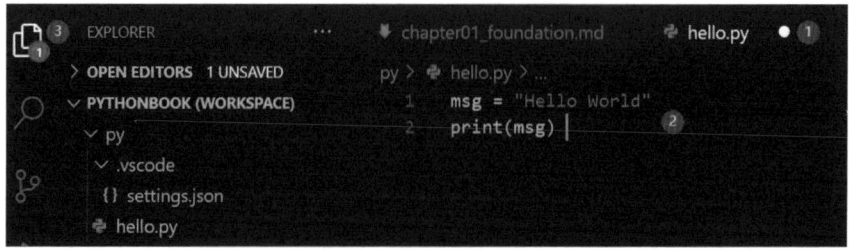

圖 1-15　程式碼文件編輯狀況

步驟 3 執行源程式碼

點擊在 Python 文件編輯器：

1. 右上角的播放按鈕，該按鈕打開。
2. 一個終端面板，在其中 Python 直譯器被自動執行。
3. 執行 python hello.py，並可以看到執行結果，如圖 1-16 所示。

圖 1-16　執行程式碼

最後補充，預設情況下，Python 文件以 UTF-8 編碼方式處理。在這種編碼方式中，世界上大多數語言的字元都可以同時用於字串、變數或函數名稱以及注釋中——儘管標準庫中只用常規的 ASCII 字符作為變數或函數名，而且任何可移植的程式碼都應該遵守此約定。要正確顯示這些字符的編輯器，必須能識別 UTF-8 編碼，而且必須使用能支援打開的文件中所有字符的字體。

1.2 Python 基礎語法

在說明 Python 基礎語法前，先說明一下 Python 的運作原理，要執行 Python 程式碼，必須要有 Python 直譯器，透過 Python 直譯器來解釋程式碼的意思並執行，而 Python 直譯器可以透過兩種不同的方式來接收程式碼，一種是傳入參數（pass parameters）的形式；另一種則是互動模式（interactive mode），可以參考以下範例說明。

```
# 檢視程式碼
D:\czcit\py>more hello.py
msg = "Hello World"
print(msg)

# 將程式碼以參數形式傳入
D:\czcit\py>python hello.py
Hello World

# 互動模式
D:\czcit\py>python
Python 3.7.9 (tags/v3.7.9:13c94747c7, Aug 17 2020, 18:58:18) [MSC v.1900 64 bit (AMD64)] on win32
Type "help", "copyright", "credits" or "license" for more information.
>>> msg="Hello World"
>>> print(msg)
Hello World
>>> quit()

D:\czcit\py>
```

接下來我們來練習 Python 基礎語法，而這些語法我們都透過互動方式來練習，因為可以立刻看到結果，首先打開上節介紹的 hello.py，按下播放鍵，就會出現下面的終端面板，在終端面板中輸入 python 就可以進入圖 1-17 的 Python 互動模式。

圖 1-17　進入 Python 互動模式

1.2.1　數字計算

直譯器就像一個簡單的計算器一樣，可以在裡面輸入一個運算式（Expression），然後它會計算出答案。運算式的語法很直接，運算子（Operator）+、-、*、/ 的用法和其他大部分語言一樣（比如 Java 或是者 C 語言），括號 () 用來分組。比如：

```
>>> 2 + 2
4
>>> 50 - 5*6
20
>>> (50 - 5*6) / 4
5.0
>>> 8 / 5
1.6
```

除法運算（/）永遠返回浮點數類型（floor type）。如果要做浮點數除法（floor division）得到一個整數結果，可以使用 // 運算子；如果要計算餘數，可以使用 %；可以使用 ** 運算子來計算乘方；Python 中提供浮點數的完整支援，包含多種混合類型運算數的運算會把整數轉換為浮點數。

```
>>> 17 / 5
3.4
>>> 17 // 5
3
>>> 17 % 5
2
>>> (17 // 5) ** 2
9
>>> 17 / 5 + 2
5.4
```

等號（=）用於給一個變數賦值，然後在下一個交互提示符之前不會有結果顯示出來；如果一個變數未定義（未賦值），試圖使用它時會向你提示錯誤，此外，變數名稱是有區分大小寫的。

```
>>> width = 21
>>> height = 25
>>> width * height
525
>>> W
Traceback (most recent call last):
  File "<stdin>", line 1, in <module>
NameError: name 'W' is not defined
>>> width
21
>>> Width
Traceback (most recent call last):
  File "<stdin>", line 1, in <module>
NameError: name 'Width' is not defined
```

在互動模式下，上一次打印出來的運算式被賦值給變數底線 _。這意味著當你把 Python 用作計算器時，繼續計算會相對簡單，這個變數被當作是只讀類型，不要向它賦值，這樣會創建一個和它名字相同獨立的本地變數，而導致它會覆蓋掉原來的內部變數。

```
>>> width = 21
>>> height = 25
>>> width * height
525
>>> _ / 2
```

```
262.5
>>> _ = 10
>>> 5+8
13
>>> 5+_
15
```

1.2.2 註解 Comments

程式中通常會放一些說明用文字,這些文字並不需要被執行,但對於程序員而言是很重要的提示,用來說明後續程序的意義,# 就是用來標示後方文字為註解,在原始碼文件中,三重引號 """…""" 或 '''…''' 中的文字都是註解。

```
>>> # 底下為練習設定 _ 為變數時所造成的影響
>>>
>>> _ = 10
>>> 5+8
13
>>> 5+_
15
```

可以發現加上註解後,程式執行是一樣的,並且可以很清楚地知道以下程式的功能。

1.2.3 變數賦值

Python 與大多數其它語言一樣有局部變數和全局變數之分,但是它沒有明顯的變數聲明,變數通過首次賦值產生,當超出作用範圍時自動消亡。Python 允許一次賦多值。

```
>>> v = ('a', 'b', 'e')
>>> (x, y, z) = v
>>> x
'a'
>>> y
'b'
>>> range(3)
[0, 1, 2]
```

```
>>> (x, y, z) = range(3)
>>> x
0
>>> y
1
```

1.2.4　字串

　　Python 可以操作字串，字串有多種形式，可以使用單引號（'…'）或雙引號（"…"）都可以獲得同樣的結果。反斜槓 \ 是跳脫字元，可以用來將對它後續的幾個字元進行替代並解釋。print() 函數會生成可讀性更強的輸出，即略去兩邊的引號，並且印出經過轉義的特殊字元。

```
>>> str1 = 'Hello World, '
>>> str2 = "World Hello, "
>>> str3 = "I'm fine. "
>>> str4 = 'I\'m fine. '
>>> print(str1,str2,str3,str4)
Hello World,  World Hello,  I'm fine.  I'm fine.
```

　　如果不希望前置了 \ 的字元轉義成特殊字元，可以使用原始字串方式，在引號前添加 r 即可。

```
>>> # 將 \name 視為 \n 換行
>>> print('C:\some\name')
C:\some
ame
>>> # 透過 r' 指出使用原始 raw 字串
>>> print(r'C:\some\name')
C:\some\name
>>> # 透過 f' 指出使用格式化 format 字串
>>> s = r'C:\some\name'
>>> print(f"display string {s}")
display string  C：\some\name
```

　　字串字面值（String Literals）可以跨行連續輸入。一種方式是用三重引號 """…""" 或 '''…'''，字串中的換行會自動包含到字串中，如果不想包含，在行尾添加一個 即可。如下例：

```
>>> print("""\
... Hi,
...    It is a letter from Python.
... """)
Hi,
   It is a letter from Python.

```

　　字串可以用 + 加號進行連接字串與字串，可以用 , 逗號進行連接數字與字串，可以用 * 進行重復；相鄰的兩個或多個字串字面值會自動連接到一起，對很長的字串拆開分別輸入的時候尤其有用，但只能對兩個字面值這樣操作，變數或運算式不行；如果想連接變數，或者連接變數和字面值（Literals），可以用 + 號。

```
>>> # 'un' 重復 3 次，與 'ium' 進行連接
>>> 3 * 'un' + 'ium'
'unununium'
>>> print('un 重復 ', 3, ' 次 ')
un 重復   3 次

>>> # 相鄰的兩個或多個字串字面值連接到一起
>>> text = ('Put several strings within parentheses '
...         'to have them joined together.')
>>> text
'Put several strings within parentheses to have them joined together.'

>>> # 只能對兩個字面值這樣操作，變數或運算式不行
>>> prefix = 'Py'
>>> prefix 'thon'
  File "<stdin>", line 1
    prefix 'thon'
                ^
SyntaxError: invalid syntax

>>> # 用 + 號連接變數和字面值
>>> prefix + 'thon'
'Python'
```

▌字串索引

　　字串是可以被索引（index）的，第一個字元索引是 0，索引也可以用負數，這種會從右邊開始數，注意 -0 和 0 是一樣的，所以負數索引從 -1 開始；單個字元並沒有特殊的類型，只是一個長度為一的字串。

```
>>>
>>> word = 'Python'
>>> word[0]
'P'
>>> word[-1]
'n'

# 下方為索引的對應關係
 +---+---+---+---+---+---+
 | P | y | t | h | o | n |
 +---+---+---+---+---+---+
   0   1   2   3   4   5   6
  -6  -5  -4  -3  -2  -1
```

字串切片

除了索引，字串還支援切片（Slice），索引可以得到單個字元，而切片可以獲取子字串，切片的開始是被包括在結果中，而結束不被包括。切片的索引有默認值；省略開始索引時默認為 0，省略結束索引時默認為到字串的結束，這使得 word[：i] + word[i：] 等於 word。

```
>>> # 從索引 0 開始 ( 包含 )，到 2 為止 ( 不包含 )
>>> word[0:2]
'Py'

>>> # 省略開始索引時默認為 0
>>> word[:2]
'Py'

>>> # 省略結束索引時默認為到字串的結束
>>> word[4:]
'on'

>>> # 從索引 -2 開始 ( 包含 )，到字串的結束
>>> word[-2:]
'on'

>>> word[:2] + word[2:]
'Python'
```

試圖使用過大的索引會產生一個錯誤；但是，切片中的越界索引會被自動處理。

```
>>> # word 只有 6 個字元，過大的索引會產生一個錯誤
>>> word[42]
Traceback (most recent call last):
  File "<stdin>", line 1, in <module>
IndexError: string index out of range

>>> # 切片中的越界索引會被自動處理
>>> word[4:42]
'on'
```

字串不能被修改性

　　Python 中的字串不能被修改（immutable），因此，指向字串的某個索引位置賦值會產生一個錯誤；如果需要一個不同的字串，應當新建一個，當新建一個字串時，並非修改字串內容，而是產生了一個新的物件內容，可以看出所在記憶體位置不同；內建函數 len() 返回一個字串的長度。

```
>>> # 字串不能被修改
>>> word[0] = 'J'
Traceback (most recent call last):
  File "<stdin>", line 1, in <module>
TypeError: 'str' object does not support item assignment
>>> word[2:] = 'py'
Traceback (most recent call last):
  File "<stdin>", line 1, in <module>
TypeError: 'str' object does not support item assignment

>>> # 新建一個字串
>>> id(word)
4396900976
>>> word = 'J' + word[1:]
>>> word
'Jython'
>>> id(word)
4397972144


>>> # len() 返回一個字串的長度
>>> s = 'supercalifragilisticexpialidocious'
>>> len(s)
34
```

字串的常用操作

- split（str="", num=-1）：通過指定分隔符對字串進行切片，如果參數 num 有指定值，則分隔 num+1 個子字串，-1 表示分割所有。

- replace（old, new[, max]）：返回字串中的 old（舊字串）替換成 new（新字串）後生成的新字串，如果指定第三個參數 max，則替換不超過 max 次。

- upper()：返回轉化為大寫字元後的值。

- lower()：返回轉化為小寫字元後的值。

- join（sequence）：sequence 要連接的序列，返回指定字串連接序列中元素後生成的新字串。

- 格式化字串：'%s %s %d' %（'hello','world',10），%s 表示字串，%d 表示整數，中間的 % 時連接符號，小括號內是對應前面的參數。

```
>>> word = 'Python'
>>> word.split('t')
['Py', 'hon']
>>> word.replace('th',"TH")
'PyTHon'
>>> word.upper()
'PYTHON'
>>> word.lower()
'python'
>>> word.join([' A ',' B ', ' C '])
' A Python B Python C '
>>> str = '%s %s % d' % ('hello','world',10)
>>> print(str)
hello world  10
```

1.2.5 程序區塊

最後我們以一個簡單的例子來看 Python 是如何處理程序區塊的：

```
>>> # 判斷 a, b 兩值的大小
>>> a, b = 5, 10
>>> if a > b:
...     # 區塊 1
```

```
...     print(a , " > " , b)
...     print(a , " 大於 " , b)
... else:
...     # 區塊 2
...     print(a , " <= " , b)
...     print(a , " 小於或等於 " , b)
...
5 <= 10
5 小於或等於 10
```

第一行含有一個 多重賦值，變數 a 和 b 同時得到了新值 5 和 10，右手邊的運算式是從左到右被求值的。

if 條件判斷只要它的條件（這裡指 a > b）為真就會執行區塊 1，不然就執行區塊 2。Python 和 C 一樣，任何非零整數都為真，零為假。這個條件也可以是字串或是列表的值，事實上任何序列都可以；長度非零就為真，空序列就為假。

區塊 1, 2 是縮進（indent）的，縮進是 Python 組織語句的方式。在交互式命令行裡，你得給每個縮進的行敲下 Tab 鍵或者（多個）空格鍵。實際上用文本編輯器的話，大多數的專業文本編輯器都有自動縮進的設置。交互式命令行裡，當一個組合的語句輸入時，需要在最後敲一個空白行表示完成（因為語法分析器猜不出來你什麼時候打的是最後一行）。注意，在同一塊語句中的每一行，都要縮進相同的長度。

1.3　Python 基本資料類型

除了一般常見的數字、字串等比較簡單的資料類型，Python 中可以通過組合一些值，來得到多種複合資料類型。其中最常用的是列表（list）、字典（dictionary）、元組（tuple）與集合（Set）。

1.3.1　列表介紹

列表是 Python 中使用最頻繁的資料類型。

- Python 的列表如同 Perl 中的陣列，在 Python 中，變數可以任意取名，並且 Python 在內部會記錄下其資料類型。

- Python 的列表更像 Java 中的陣列，一個更好的類比是 ArrayList 類，它可以保存任意物件，並且可以在增加新元素時動態擴展。

- 可以通過方括號括起、逗號分隔的一組值（元素）得到列表，一個列表可以包含不同類型的元素，但通常使用時各個元素類型相同。

- 列表也支援索引和切片。

```
>>> list1 = [1, 4, 9, 16, "Hello"]
>>> list1
[1, 4, 9, 16, 'Hello']
>>> list1[0]
1
>>> list1[-3:]
[9, 16, 'Hello']
```

賦值、淺拷貝與深拷貝

當我們把一個物件賦值（Assignment）給一個新的變數時，賦與的其實是該物件的在記憶體中的地址，而不是陣列中的資料，也就是兩個物件指向的是同一個儲存空間，無論哪個物件發生改變，其實都是改變的儲存空間的內容，因此，兩個物件是連動的。深拷貝（Deep copy）和淺拷貝（Shallow copy）是只針對物件（Object）和陣列（Array）這樣的引用資料類型的。

- 賦值（Assignment）給一個新的變數時，其實是該物件的在棧（heap）中的地址，而不是堆（stack）中的資料。

- 淺拷貝（Shallow copy）會複製指向某個物件的指標，以及該物件第一層的所有數據，並形成一個新物件。

- 深拷貝（Deep copy），新增一個一模一樣的物件，新物件跟原物件不共享記憶體。

淺拷貝只複製指向某個物件的指標，而不複製物件本身，新舊物件還是共享同一塊記憶體。但深拷貝會另外創造一個一模一樣的物件，新物件跟原物件不共享記憶體，修改新物件不會改到原物件，如圖 1-18 所示。

```
        Object         New Object              Object         New Object              Object         New Object
        list1          assign1                 list1          shallow1                list1          deep1

       1, 4, 9, 16, []                       1, 4, 9, 16, [] 1, 4, 9, 16, []         1, 4, 9, 16, [] 1, 4, 9, 16, []

           1, 3, 5                                  1, 3, 5                              1, 3, 5        1, 3, 5

          Assignment                            Shallow copy                              Deep copy
```

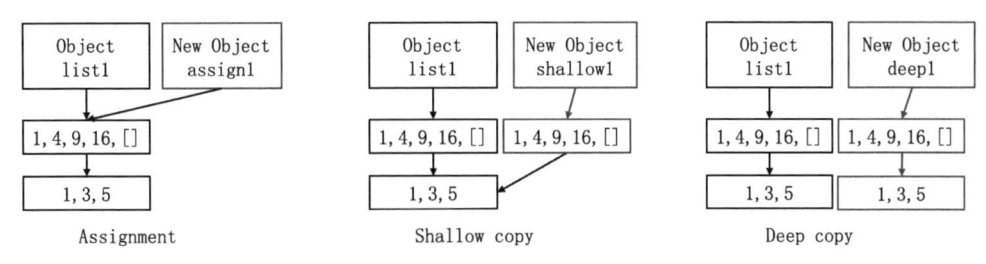

圖 1-18 賦值、淺拷貝與深拷貝比較

因為列表就是一個陣列，讓我們來看一下這三個操作的差異。

```
>>> # 賦值範例,可以發現最後兩個變數的位址是一樣的
>>> list1 = [1, 4, 9, 16, [1,3,5]]
>>> assign1 = list1
>>> assign1[0] = 30
>>> assign1[4][1] = 10
>>> print(assign1," address = ",id(assign1))
[30, 4, 9, 16, [1, 10, 5]]  address =  2079473843328
>>> print(list1," address = ",id(list1))
[30, 4, 9, 16, [1, 10, 5]]  address =  2079473843328
```

以下為淺拷貝範例，淺拷貝會複製指向某個物件的指標，以及該物件第一層的所有資料，並形成一個新物件，最後兩個變數的位址是不一樣的。所以，可以發現第一個值 1 在淺拷貝列表 shallow1 中有改變為 30，但原列表 list1 中沒有；但當改變列表中的列表 1,3,5 的中間那個值 3 → 10 時，兩個列表顯示出來的結果都相同，因為嵌套列表的指標指向相同的位址。

```
>>> # 淺拷貝範例
>>> list1 = [1, 4, 9, 16, [1,3,5]]
>>> shallow1 = list1.copy()
>>> shallow1[0] = 30
>>> shallow1[4][1] = 10
>>> print(shallow1," address = ",id(shallow1))
[30, 4, 9, 16, [1, 10, 5]]  address =  2079473843392
>>> print(list1," address = ",id(list1))
[1, 4, 9, 16, [1, 10, 5]]  address =  2079473657728
```

以下為深拷貝範例，創造一個一模一樣的物件，新物件跟原物件不共享記憶體，最後兩個變數的位址是不一樣的。所以，可以發現所有的改變都不會影響到原列表。

```
>>> # 深拷貝範例
>>> import copy
>>> list1 = [1, 4, 9, 16, [1,3,5]]
>>> deep1 = copy.deepcopy(list1)
>>> deep1[0] = 30
>>> deep1[4][1] = 10
>>> print(deep1," address = ",id(deep1))
[30, 4, 9, 16, [1, 10, 5]]  address =  2079473658560
>>> print(list1," address = ",id(list1))
[1, 4, 9, 16, [1, 3, 5]]  address =  2079473843712
```

表 1-1　賦值、淺拷貝與深拷貝比較表

	指向原資料	第一層資料為基本資料類型	元資料中包含子物件
賦值	是	會同時改變	會同時改變
淺拷貝	否	不會同時改變	會同時改變
深拷貝	否	不會同時改變	不會同時改變

　　根據 Python 官方說明，所有的切片操作都返回一個新列表，這個新列表包含所需要的元素，這個新列表是一個新的淺拷貝。此外根據剛才的操作，與不可修改（immutable）的字符串不同，列表是一個 可修改（mutable）類型，就是說，它自己的內容可以改變。

```
>>> list1 = [1, 4, 9, 16, 25]
>>> list2 = list1[:] # 淺拷貝
>>> list3 = list1 # 賦值
>>> print(id(list1),id(list2), id(list3))
2079473658304 2079473657856 2079473658304
>>> list2[0] = 30
```

列表常用的操作

- append（obj）：來添加新元素。
- extend（obj）：擴展新元素。
- remove（obj）：移除列表中某個值的第一匹配項。
- inset（index, obj）：用於將指定物件插入列表的指定位置。

- pop（index）：要移除列表中對下標對應的元素。

- sort()：對列表進行排序。

- reverse()：反向列表中元素。

```
>>> list1 = [1, 4, 9, 16, 25]
>>> list1.append([1,3,5])
>>> list1
[1, 4, 9, 16, 25, [1, 3, 5]]
>>> list1.extend([1,3,5]) # 會將陣列展開為一串數字
>>> list1
[1, 4, 9, 16, 25, [1, 3, 5], 1, 3, 5]
>>> list1.remove([1,3,5])
>>> list1
[1, 4, 9, 16, 25, 1, 3, 5]
>>> list1 = list1[:5]
>>> list1.insert(1,4)
>>> list1
[1, 4, 9, 16, 25, 36]
>>> list1.pop(1)
4
>>> list1
[1, 9, 16, 25, 36]
>>> list1.reverse()
>>> list1
[36, 25, 16, 9, 1]
>>> list1.sort()
>>> list1
[1, 9, 16, 25, 36]
```

1.3.2 字典介紹

字典是 Python 的內建資料類型之一，它定義了鍵和值之間一對一的關係。

- Python 中的字典像 Perl 中的 hash（雜湊陣列）。

- Python 中的字典像 Java 中的 Hashtable 類的實例。

- Python 中的字典像 Visual Basic 中的 Scripting.Dictionary 物件的實例。

- 每一個元素都是一個鍵和值對（key-value pair），整個元素集合用大括號括起來。

- 可以通過鍵來引用其值，使用方括號，但是不能通過值獲取鍵。
- 字典的鍵是大小寫敏感的。

```
>>> # 字典有三種賦值方法蓊
>>> dic = {"program":"Python", "database":"mysql"}
>>> dic = dict(program = "Python", database = "mysql")
>>> dic = dict([("program","Python"), ("database","mysql")])
>>> dic
{'program': 'Python', 'database': 'mysql'}
>>> dic["program"]
'Python'
>>> dic["Python"]
Traceback (most recent call last):
  File "<stdin>", line 1, in <module>
KeyError: 'Python'
>>> dic["Program"] = "Java"
>>> dic
{'program': 'Python', 'database': 'mysql', 'Program': 'Java'}
```

字典的常用操作

- copy()：拷貝資料（淺拷貝）。
- keys()：取得所有鍵。
- values()：取得所有值。
- items()：取得所有元素。
- clear()：清空字典內元素。
- del() 內建函數：可以刪除特定元素或整個字典。

```
>>> dic = {"program":"Python", "database":"mysql"}
>>> dic2 = dic.copy()
>>> print(id(dic),id(dic2))
2079473853760 2079468906240
>>> dic.keys()
dict_keys(['program', 'database'])
>>> dic.values()
dict_values(['Python', 'mysql'])
>>> dic.items()
```

```
dict_items([('program', 'Python'), ('database', 'mysql')])
>>> del(dic["program"])
>>> dic
{'database': 'mysql'}
>>> dic.clear()
>>> dic
{}
```

1.3.3 元組介紹

- 元組是不可變的列表。一旦建立了一個元組，就不能以任何方式改變它。
- 定義元組與定義列表的方式相同，但整個元素集是用小括號包圍的，而不是方括號。
- 元組的元素與列表一樣按定義的次序進行排序。元組的索引與列表一樣從 0 開始，所以一個非空元組的第一個元素總是 t[0]。
- 負數索引與列表一樣從元組的尾部開始計數。
- 與列表一樣分片（slice）也可以使用，當分割一個元組時，會得到一個新的元組。
- 元組可以轉換成列表，反之亦然。
- 元組沒有方法可以操作。

使用元組有什麼好處

- 元組比列表操作速度快。如果你定義了一個值的常量集，並且唯一要用它做的是不斷地遍歷它，請使用元組代替列表。
- 如果對不需要修改的資料進行「寫保護」，可以使代碼更安全，說明這一資料是常量。
- 字典的鍵可以是字符串，整數、字串符或是元組。元組可以在字典中被用做鍵，但是列表不行。
- 元組可以用在字符串格式化中。

1.3.4　集合介紹

　　Python 包含有集合類型。集合是由不重複元素組成的無序集合。它的基本用法包括成員檢測和消除重複元素。集合物件也支援像聯合，交集，差集，對稱差集等數學運算。大括號或 set() 函數可以用來創建集合。注意：要創建一個空集合你只能用 set() 而不能用 {}，因為後者是創建一個空字典。

```
>>> basket = {'apple', 'orange', 'apple', 'pear', 'orange', 'banana'}
>>> print(basket)                    # 消除重複元素 'orange', 'apple'
{'orange', 'banana', 'pear', 'apple'}
>>> 'orange' in basket               # 判斷元素內容
True
>>> 'crabgrass' in basket
False
>>> a = set('abracadabra')
>>> b = set('alacazam')
>>> a                                # 不重複元素組成
{'a', 'r', 'b', 'c', 'd'}
>>> b
{'c', 'm', 'z', 'l', 'a'}
>>> a - b                            # a, b 差集
{'r', 'd', 'b'}
>>> a | b                            # a, b 聯合
{'a', 'c', 'r', 'd', 'b', 'm', 'z', 'l'}
>>> a & b                            # a, b 交集
{'a', 'c'}
>>> a ^ b                            # a, b 對稱差集，只在 a 集合或是 b 集合的字元
{'r', 'd', 'b', 'm', 'z', 'l'}
```

如果你只打印 range，會出現奇怪的結果：

```
>>> print(range(10))
range(0, 10)
```

range() 所返回的對象在許多方面表現得像一個列表，但實際上卻並不是。此對象會在你疊代它時基於所希望的序列返回連續的項，但它沒有真正生成列表，這樣就能節省空間。函數 list() 是從可疊代對象中新增列表。

```
>>> list(range(5))
[0, 1, 2, 3, 4]
```

2.1.5　break/continue/else 子句

break 語句，和 C 中的類似，用於跳出最近的 for 或 while 循環，循環語句可能帶有一個 else 子句；它會在循環遍歷完列表（使用 for）或是在條件變為假（使用 while）的時候被執行，但是不會在循環被 break 語句終止時被執行。這可以通過以下搜索質數（prime number）的循環為例來進行說明：

```
for n in range(2, 10):
    for x in range(2, n):
        if n % x == 0:  # 可被整除，所以非質數
            print(n, ' 可被整除，不是質數 ')
            break
    else:
        print(n, ' 是質數 ')

----------------------------------------
# 輸出結果如下：
2  是質數
3  是質數
4  可被整除，不是質數
5  是質數
6  可被整除，不是質數
7  是質數
8  可被整除，不是質數
9  可被整除，不是質數
```

（仔細看：else 子句屬於 for 循環，不屬於 if 語句。）

如果寫成 for w in words:，這個範例就會新增無限長的列表，一次又一次重複地插入 defenestrate。

2.1.3　while 語句

可以根據 while 後面的判斷是來決定何時離開迴圈，以下範例就是利用輾轉相除法，逐次用較小數去除較大數的餘數，直到餘數是 0 為止。那麼，最後一個除數就是所求的最大公約數，所以判斷結束的條件就是餘數為 0。

```
a, b = map(int, input("請輸入兩個整數 : ").split())
if (b > a): # 確保 a > b
    a, b = b, a
while (a % b):
    a, b = b, (a % b)
print("最大公約數為 ", b)
```

2.1.4　range() 函數

如果需要遍歷一個數字序列，內建函數 range() 會派上用場。它生成算術級數，給定的終止數值並不在要生成的序列裡。range 也可以以另一個數字開頭，或者以指定的幅度增加（甚至是負數；有時這也被叫做 ' 步進 '）。

```
# 算術級數: 0, 1, 2, 3, 4
for i in range(5):
    print(i)

# 步進  0, 3, 6, 9
for i in range(0, 10, 3)
    print(i)

# 負數步進 -10, -40, -70
for i in range(-10, -100, -30)
    print(i)
```

2.1.2　for 語句

Python 中的 for 語句與 C 或 Pascal 中可能用到的有所不同。Python 中的 for 語句並不總是對算術遞增的數值進行疊代（如同 Pascal），或是給予用戶定義疊代步驟和暫停條件的能力（如同 C），而是對任意序列進行疊代（例如列表或字符串），內容的疊代順序與它們在序列中出現的順序一致；利用 enumerate() 內建函數遍歷並獲取元素和對應索引；Python 的強大特性之一是其對列表的解析，它提供一種緊湊的方法，可以通過對列表中的每個元素應用一個函數，從而將一個列表映射為另一個列表。

```
words = ['cat', 'window', 'defenestrate']
# 對任意序列進行疊代
for w in words:
    print(w, len(w))

# 遍歷並獲取元素和對應索引
for w in enumerate(words):
    print(w)

# 列表映射
newwords = [word*2 for word in words]
print(newwords)

dic = {"program":"Python", "database":"mysql"}
# 利用列表映射取出鍵
keys = [k for k, v in dic.items()]
print(keys)
```

如果在循環內需要修改序列中的值（比如重複某些選中的元素），推薦先拷貝一份副本。對序列進行循環不代表製作了一個副本進行操作。切片操作使這件事非常簡單：

```
words = ['cat', 'window', 'defenestrate']
for w in words[:]:
    if len(w) > 6:
        words.insert(0, w)

print(words)
```

Chapter 02
Python 流程控制

學習目標

1. Python 分支控制
2. Python 函數與模組

2.1　Python 分支控制

2.1.1　if 語句

```
x = int(input("請輸入一個整數："))
if x < 0:
    x = 0
    print('負數改為 0')
elif x == 0:
    print('0')
elif x == 1:
    print('1')
else:
    print('比 1 大')
```

可以有零個或多個 elif 部分，以及一個可選的 else 部分。關鍵字 'elif' 是 'else if' 的縮寫，適合用於避免過多的縮進。一個 if ... elif ... elif ... 序列可以看作是其他語言中的 switch 或 case 語句的替代，在 Python 中是沒有 Switch/Case 語句的。

continue 語句表示繼續循環中的下一次疊代：

```
for num in range(2, 10):
    if num % 2 == 0:
        print(" 找到一個偶數 ", num)
        continue
    print(" 找到一個奇數 ", num)

---------------------------------------
# 輸出結果如下：
找到一個偶數 2
找到一個奇數 3
找到一個偶數 4
找到一個奇數 5
找到一個偶數 6
找到一個奇數 7
找到一個偶數 8
找到一個奇數 9
```

pass 語句什麼也不做。當語法上需要一個語句，但程序需要什麼動作也不做時，可以使用它。例如：

```
>>>
>>> while True:
...     pass  # Busy-wait for keyboard interrupt (Ctrl+C)
```

2.1.6 例外處理

執行 Python 程式的時候，透過「例外處理」的機制，能夠在發生錯誤時進行對應的動作，不僅能保護整個程式的流程，也能夠掌握問題出現的位置，馬上進行修正。

使用 try, except, else 和 finally，try 區塊中的程式碼是要進行保護（或測試），如果發生錯誤時會進入到 except 區塊，如果正常執行則進入到 else 區塊，不管是發生錯誤與否，最終都會進入 finally 區塊。

下方的例子是希望用戶輸入一個整數 n，並對整數 n 加 1，儲存到 s 中，並印出結果。但是，如果用戶輸入文字串，則會發生無法轉換為整數的錯誤，因此發生錯誤，進而造成錯誤發生。

```
try:                # 使用 try，測試內容是否正確
    n = int(input('輸入數字n:'))
    s = n + 1
except Exception as err:    # 如果 try 的內容發生錯誤，就執行 except 裡的內容
    print('發生格式錯誤 ',err)
    print('錯誤類型 ', type(err))
else:
    print(f'數字 n = {n}, 加 1 後為 {s}')
finally:
    print('一定會印出來的一段話 ')
---------------------------------------
# 輸出結果如下：
輸入數字n:10
數字 n = 10, 加 1 後為 11
一定會印出來的一段話

或是

輸入數字n:a
發生格式錯誤 invalid literal for int() with base 10: 'a'
錯誤類型 <class 'ValueError'>
一定會印出來的一段話
```

　　如上所示，except 的錯誤資訊會根據不同的情況而有所不同，以下表 2-1 列出常見的幾種錯誤資訊，詳細錯誤資訊參考 Built-in Exceptions。

表 2-1 常見的幾種錯誤資訊表

錯誤資訊	說明
NameError	使用沒有被定義的對象
IndexError	索引值超過了序列的大小
TypeError	數據類型（type）錯誤
SyntaxError	Python 語法規則錯誤
ValueError	傳入值錯誤
KeyboardInterrupt	當程式被手動強制中止
AssertionError	程式 asset 後面的條件不成立
KeyError	鍵發生錯誤
ZeroDivisionError	除以 0
AttributeError	使用不存在的屬性

錯誤資訊	說明
IndentationError	Python 語法錯誤（沒有對齊）
IOError	異常
UnboundLocalError	區域變數和全域變數發生重複或錯誤

所以程式可以改為針對不同錯誤，給予不同的錯誤提示，如下所示。

```
try:                    # 使用 try，測試內容是否正確
    n = int(input(' 輸入數字 n:'))
    s = n + 1
except ValueError:
    print(' 不可輸入整數以外的值 ')
except Exception as err:    # 如果 try 的內容發生錯誤，就執行 except 裡的內容
    print(' 發生格式錯誤 ',err)
    print(' 錯誤類型 ', type(err))
else:
    print(f' 數字 n = {n}, 加 1 後為 {s}')
finally:
    print(' 一定會印出來的一段話 ')
---------------------------------------
# 輸出結果如下 :
輸入數字 n:a
不可輸入整數以外的值
一定會印出來的一段話
```

2.2 Python 函數與模組

2.2.1 定義函數

新增一個加總的函數 sumab()，關鍵字 def 引入一個函數定義，它必須後跟函數名稱和帶括號的形式參數列表。構成函數體的語句從下一行開始，並且必須縮進。

```
def sumab(a,b):
    return a+b
```

```
print(sumab(10,12))
print(sumab)
sumx = sumab
print(sumx(20,22))
print(sumx)

---------------------------------------
# 輸出結果如下：
22
<function sumab at 0x000001F5AC16F040>
42
<function sumab at 0x000001F5AC16F040>
```

函數的執行會引入一個用於函數局部變數的新符號表。更確切地說，函數中所有的變數賦值都將儲存在局部符號表中；而變數引用會首先在局部符號表中查找，然後是外層函數的局部符號表，再然後是全局符號表，最後是內建名稱的符號表。因此，全局變數和外層函數的變數不能在函數內部直接賦值（除非是在 global 語句中定義的全局變數，或者是在 nonlocal 語句中定義的外層函數的變數）。在函數被呼叫時，實際參數（實參）會被引入被呼叫函數的本地符號表中；因此，實參是通過按值呼叫（call by reference）傳遞的（其中值始終是物件引用而不是物件的值）。當一個函數呼叫另外一個函數時，將會為該呼叫新建一個新的本地符號表。

函數定義會把函數名引入當前的符號表中。函數名稱的值具有直譯器將其識別為用戶定義函數的類型。這個值可以分配給另一個名稱，該名稱也可以作為一個函數使用，這用作一般的重命名機制。

return 語句會從函數內部回傳一個值。不帶表達式參數的 return 會回傳 None。函數執行完畢退出也會回傳 None。

▌參數預設值（Default Parameter Values）

給函數定義有可變數量的參數也是可行的，最有用的形式是對一個或多個參數指定一個預設值。這樣新建的函數，可以用比定義時允許的更少的參數呼叫，比如：

```
def ask_ok(prompt, retries=4, reminder='Please try again!'):
    while True:
        ok = input(prompt)
        if ok in ('y', 'ye', 'yes'):
```

```
            return True
        if ok in ('n', 'no', 'nop', 'nope'):
            return False
        retries = retries - 1
        if retries < 0:
            raise ValueError('invalid user response')
        print(reminder)

# 只給出必需的參數：
ask_ok('Do you really want to quit?')

# 給出一個可選的參數：
ask_ok('OK to overwrite the file?', 2)

# 給出所有的參數：
ask_ok('OK to overwrite the file?', 2, 'Come on, only yes or no!')
```

這個範例還介紹了 in 關鍵字。它可以測試一個列表是否包含某個值。

執行函數定義時，預設參數值從左到右計算，這意味著在定義函數時，表達式會被計算一次，並且每次呼叫都會使用相同的「預先計算」值。所以下面的範例為 5。

```
i = 5
def f(arg=i):
    print(arg)

i = 6
f()
---------------------------
# 輸出結果如下：
5
```

當預設參數值是可變物件（例如列表或字典）時，函數修改物件（例如，透過將項目附加到列表），則預設參數值實際上會被修改。比如，下面的函數會儲存在後續呼叫中傳遞給它的參數：

```
def f1(a, L=[]):
    L.append(a)
    print('L address is ',id(L))
    return L
```

```
print(f1(1))
print(f1(2))
print(f1(3))


-------------------------
# 輸出結果如下：
[1]
[1, 2]
[1, 2, 3]
```

但當預設參數值是不可變物件（例如字串或 None）時，在函數中修改物件並不會在後續呼叫共享這個預設值，可以這樣寫這個函數：

```
def f2(a, L=None):
    print('L type is ',type(L))
    if L is None:
        print('L is None')
        L = []
    print('L type is ',type(L))
    L.append(a)
    return L

print(f2(1))
print(f2(2))


-------------------------
# 輸出結果如下：
L type is  <class 'NoneType'>
L is None
L type is  <class 'list'>
[1]

L type is  <class 'NoneType'>
L is None
L type is  <class 'list'>
[2]
```

而詳細原因建議參考 Fredrik Lundh 這篇文章 Default Parameter Values in Python，基本的概念是函數也是物件，而參數是物件內的屬性，而當這個屬性是可修改的時，資料就會被保留下來；但當屬性是不可修改的時候，對這個屬性的修改會生成一個新的記憶體參照，而不是這個屬性本身，所以下一次再呼叫這個函數時，就不會被記錄下來。

關鍵字參數（keyword arguments）

可以使用 kwarg=value 的關鍵字參數來呼叫函數。例如下面的函數：

```
def parrot(voltage, state='a stiff', action='voom', type='Norwegian Blue'):
    print("-- This parrot wouldn't", action, end=' ')
    print("if you put", voltage, "volts through it.")
    print("-- Lovely plumage, the", type)
    print("-- It's", state, "!")
```

接受一個必需的參數（required arguments）- voltage 和三個可選的參數（state、action 和 type）。這個函數可以透過下面的任何一種方式呼叫：

```
parrot(1000)                                          # 1 位置參數 (positional argument)
parrot(voltage=1000)                                  # 1 關鍵字參數 (keyword argument)
parrot(voltage=1000000, action='VOOOOOM')             # 2 關鍵字參數
parrot(action='VOOOOOM', voltage=1000000)             # 2 關鍵字參數
parrot('a million', 'bereft of life', 'jump')         # 3 位置參數
parrot('a thousand', state='pushing up the daisies')  # 1 位置參數, 1 關鍵字參數
```

但下面的函數呼叫都是無效的：

```
parrot()                       # 缺乏必需參數
parrot(voltage=5.0, 'dead')    # non-keyword argument after a keyword argument
parrot(110, voltage=220)       # 相同參數重複給值
parrot(actor='John Cleese')    # 不認識的關鍵字參數
```

在函數呼叫中，關鍵字參數必須跟隨在位置參數的後面。傳遞的所有關鍵字參數必須與函數接受的其中一個參數匹配，它們的順序並不重要。這也包括非可選參數，（比如 parrot（voltage=1000）也是有效的）。不能對同一個參數多次賦值。

args 任意參數（arbitrary arguments）：程式設計師不知道要傳遞給函數的參數數量，可以接收任意數量的位置參數，即非關鍵字參數、可變長度參數清單的參數。出現在 args 參數之後的任何形式參數都是 '關鍵字參數'，也就是說它們只能作為關鍵字參數而不能是位置參數。

```
def concat(*args, sep='/'):
    if (sep == ''):
```

```
        return list(args)
    else:
        sep.join(args)

print(concat("earth", "mars", "venus"))
print(concat("earth", "mars", "venus", sep="|"))

-----------------------------------------
['earth', 'mars', 'venus']
earth|mars|venus
```

2.2.2　lambda 表達式

可以用 lambda 關鍵字來新建一個小的匿名函數。這個函數回傳兩個參數的和：lambda a, b：a+b。lambda 函數可以在需要函數物件的任何地方使用，它在語法上限於單個表達式。從語義上來說，只是正常函數定義的語法，可以引用所包含域的變數：

```
def make_incrementor(n):
    return lambda x: x + n

f = make_incrementor(42)
print(f(0)) # x=0, n=42
print(f(1)) # x=1, n=42

-----------------------------------------
# 輸出結果如下：
42
43
```

2.2.3　模組

從 Python 直譯器退出並再次進入，之前的定義（函數和變數）都會丟失。因此，如果想編寫一個稍長些的程序，最好使用一般編輯器為直譯器準備輸入並將該文件作為輸入執行。這被稱作編寫腳本（script）。隨著程序變得越來越長，你或許會想把它拆分成幾個文件，以方便維護。你亦或想在不同的程序中使用一個便捷的函數，而不必把這個函數複製到每一個程序中去。為支援這些需求，Python 有一種方法可以把定義放在一個文件裡,並在腳本或直譯器的互動式實例中使用它們。這樣的文件被稱作模組(module),模組中的定義可以匯入(import)到其它模組或者主模組。

模組是一個包含 Python 定義和語句的文件。文件名就是模組名後跟副檔名 .py。在一個模組內部,模組名可以通過全局變數 __name__ 的值獲得。例如,使用你最喜愛的文本編輯器在當前目錄下新建一個名為 calc.py 的文件,文件中含有以下內容:

```
def add(a,b):
    return a + b
def sub(a,b):
    return a - b
```

現在進入 Python 直譯器,並用以下命令匯入該模組,在當前的符號表中,這並不會直接進入到定義在 add/sub 函數內的名稱,它只是進入到模組名 calc 中。你可以用模組名訪問這些函數。

```
>>>
>>> import calc
>>> calc.add(10,20)
30
>>> calc.sub(30,20)
10
>>> calc.__name__
'calc'
```

import 語句有一個變體,它可以把名字從一個被呼叫模組內直接匯入到現模組的符號表裡;可以匯入模組內定義的所有名稱,這會調入所有非以下劃線(_)開頭的函數名稱,但在多數情況下,Python 程序員都不會使用這個功能,因為它在直譯器中引入了一組未知的名稱,而它們很可能會覆蓋一些你已經定義過的東西;模組名稱之後帶有 as,則跟在 as 之後的名稱將直接綁定到所匯入的模組,這種方式也可以在用到 from 的時候使用,並會有類似的效果;內建函數 dir() 用於查找模組定義的名稱。它回傳一個排序過的字符串列表,列出所有類型的名稱:變數、模組、函數等等。

```
>>> from calc import add, sub
>>> add(50,20)
70
>>> from calc import *
>>> add(50,20)
70
>>> import calc as c
>>> c.add(50,20)
70
>>> from calc import add as addOperation
>>> addOperation(50,20)
70
>>> dir(calc)
['__builtins__', '__cached__', '__doc__', '__file__', '__loader__', '__name__',
'__package__', '__spec__', 'add', 'sub']
```

當要匯入 calc 模組的時候，直譯器首先尋找具有該名稱的內建模組。如果沒有找到，然後直譯器從 sys.path 變數給出的目錄列表裡尋找名為 calc.py 的文件。sys.path 初始有這些目錄地址：

- 包含輸入腳本的目錄（或者未指定文件時的當前目錄）。
- PYTHONPATH（一個包含目錄名稱的列表，它和 shell 變數 PATH 有一樣的語法）。
- 取決於安裝的預設設置。

Chapter 03

網路程式開發概念與實作

學習目標

1. 網際網路模型
2. HTTP 請求 / 回應格式
3. 實驗：使用 flask 與 telnet 實作 API

3.1 網際網路模型

在進行物聯網與雲端運算互動之前,必須要先了解網際網路的基礎概念,平時使用者的操作是透過圖形界面雲端運算進行互動,但當操作的對象是物聯網裝置時,程式開發人員必須要把與雲端運算溝通的內容直接撰寫在物聯網設備上,並將資料透過網際網路傳送到雲端,所以在這裡我們要討論兩個常見的網際網路模型。

網際網路模型會將網路的架構定義為數層服務,每一層皆定義了該層服務所使用的協定(Protocol),用來跟網路的另一端設備進行溝通,而對方也使用相同的協定,這是所謂的對等通訊(peer-to-peer);協定則是清楚的定義該層應有的服務,同時也必須考慮與上層 / 下層的協定溝通,這種堆疊式的多層模型稱為協定堆疊(protocol stack)。

3.1.1　開放系統互連 OSI 參考模型

開放式系統互連（OSI）模型是由國際標準組織和其他組織於 1970 年代末開發的。其首版於 1984 年以 ISO 7498 版本出版，而目前的版本則是 ISO/IEC 7498-1：1994。以下是開放系統互連（OSI）模型各層協定的負責內容：

- 實體層：此層為最低層，定義傳輸媒介的機械、電氣、功能與程序特性。
- 資料連結層：提供實際連結之間可靠的資訊傳輸服務，包含同步、錯誤控制及流量控制。
- 網路層：負責網路建立、維護、結束（終止）連接及路徑選擇等功能。
- 傳輸層：提供端至端間（end-to-end）可靠又透通的資料傳服務，包括提供端點間錯誤回復與流量控制。
- 交談層：提供兩應用程式之間的交談建立、管理及終止。
- 表現層：提供應用層不同資料表示方式，例如資料框的語法、格式與語意、資料壓縮、加密轉換等。
- 應用層：主要功能是提供網路服務給用戶，例如檔案傳送、電子郵件等服務。

3.1.2　TCP/IP 協定組

TCP/IP Protocol Suite

TCP/IP 協定組（TCP/IP Protocol Suite 或 TCP/IP Protocols），由於在網路通訊協定普遍採用分層的結構，當多個層次的協定共同工作時，又稱為 TCP/IP 協定堆疊（TCP/IP Protocol Stack）。這些協定最早發源於美國國防部（Department of Defense，DoD）的 ARPA 網專案，因此也稱作 DoD 模型（DoD Model）。

TCP/IP 協定組各層協定的負責內容：

- 應用層（application layer）：主要負責進行實際應用面的工作，例如：
  - FTP：用於檔案傳輸。
  - SMTP/POP3：用於收發電子郵件。

- HTTP：用於網頁瀏覽與訪問。例如：

    a. 傳輸層（transport layer）：負責將資料傳送到目的地。例如 TCP、UDP、RTP、SCTP 等協定。

    b. 網路層（internet layer）：負責找出傳輸路徑，進行的工作有定址、選擇傳送路徑，如網際網路協定（IP）。

    c. 連結層（link layer）：負責將資料透過有線或無線的方式送到另一個設備，如媒體存取控制方法（Media Access Control Method，MAC Method）。

DoD 模型每層大致可對應至 OSI 模型的七層，如圖 3-1 所示。

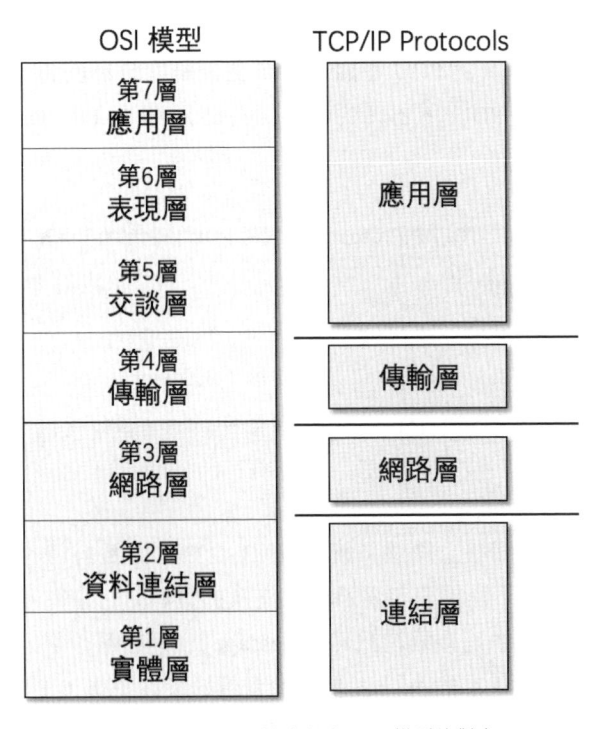

圖 3-1 TCP/IP 協定組與 OSI 模型的對應

模型應用層主要負責支撐整個網路的應用及服務，例如最典型的應用就屬全球資訊網（World Wide Web；WWW）傳輸層主要提供在不同主機上執行應用程式之間的邏輯通訊。發送端會將應用層的訊息加上標頭，形成區段，也是所謂的傳輸層的封包。IP 層將處理來自傳輸層的 TCP/UDP 區段，並將區段（必要時要先對區段

3-3

做分割）放入 IP 封包內的資料欄位（稱為 Payload），再加上標頭（其中含有目的端位址）後，選擇前往目的端的路徑。網路層會將 IP 封包下傳給數據鏈路層，並沿著所選擇的路徑將該封包送至下一節點；在另一端，資料連結層會將所接收的 IP 封包再傳給其上層（即網路層）。

3.1.3　網際網路的運作

　　從上面兩個模型中，可以看出，在網際網路的運作裡：透過模型規劃出大框架，每個模型（Model）裡有數個不同的協定（Protocol），上下層之間的協定與協定透過「封裝（encapsulation）」與「解封裝（decapsulaion）」來交換資料，而不同主機的同一個協定則是透過協定資料單元（Protocol Data Unit，PDU）或是封包（Packet），來交換資料，而 PDU 裡面的資料主要是換分為表頭（Header）與負載（Payload）。而不同的 PDU 所對應的名稱，在分別為 TCP/IP Protocols 分別如下表 3-1：

表 3-1　TCP/IP Protocols 不同的 PDU 所對應的名稱表

TCP/IP Protocols	PDU 名稱
應用程式層	訊息（message）
傳輸層	區段（segment）
網路層	資料包（datagram）
資料連結層	訊框（frame）

　　圖 3-2 說明在網際網路上兩個系統 A 與 B 互相溝通資料時，資料是如何被傳送的，在表 3-1 中，在不同層協定溝通時，交換的資料封包會有不同的名稱，比方說在應用程式層的封包也可以稱為訊息（message），而在傳輸層的封包則稱為區段（segment）。而當在主機 A 的系統 A 要將資料傳送給在主機 B 的系統 B 時，主機 A 需要先將資料依照不同層的協定，層層封裝，轉換成電子訊號或是光學訊號發送出去，而主機 B 收到訊號後再透過層層的解封裝，最後將資料交給系統 B。通常來說，使用者開發的系統（A 或 B）是不需要管理下層協定的，但是有時因為一些效能上或是可靠度的考量，也是需要涵蓋下層協定。

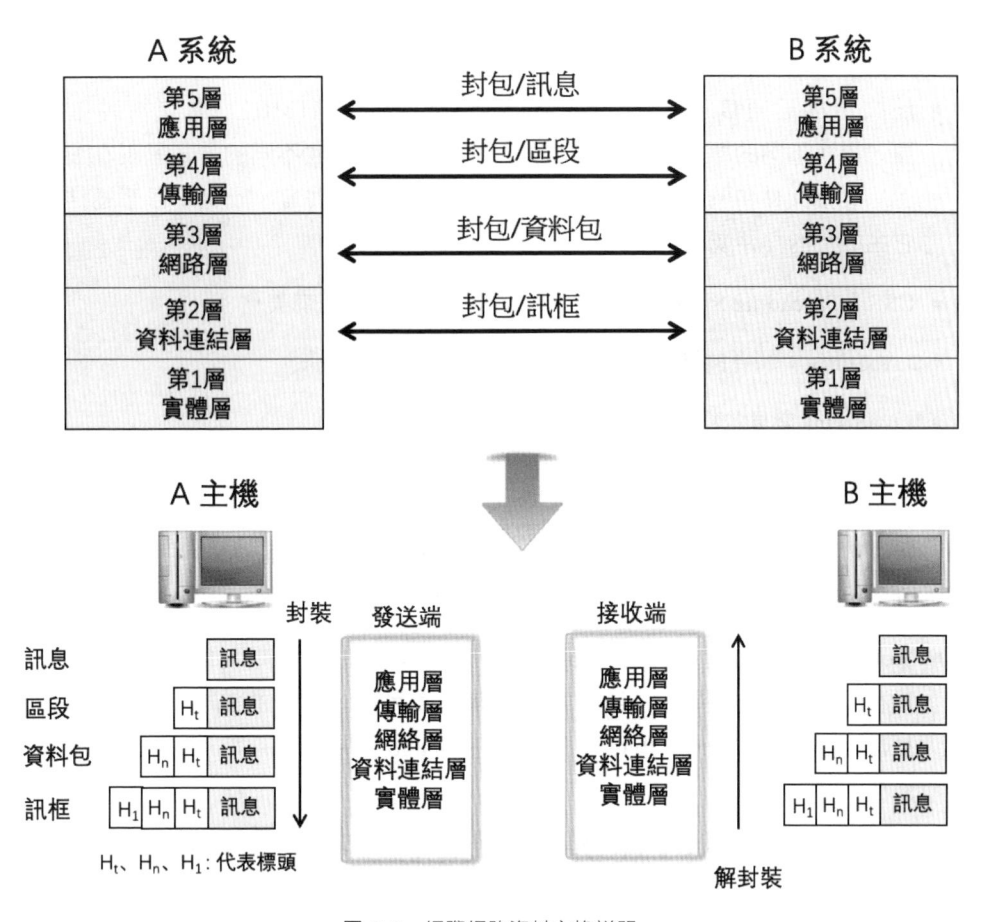

圖 3-2　網際網路資料交換說明

3.2　HTTP 請求 / 回應格式

3.2.1　HTTP 簡介

HTTP（Hyper Text Transfer Protocol）稱為超文件傳輸協定，是 WWW（World Wide Web）所採用的通訊協定。此協定具有跨平台的特性，當使用者使用 WWW 瀏覽器（Web Browser），透過 HTTP 協定，向 WWW 伺服器（Web Server）請求服務。因此，不同電腦系統中的資料都可以經由 HTTP 傳送至其他主機。

3-5

在 WWW 瀏覽器所使用的技術，是所謂的前端（front-end）技術，常見的有：

- 超文字標記語言（Hyper Text Markup Language，HTML）：建立結構化的網頁，透過不同的標籤（tag）的描述，使文件以多樣性不同的方式呈現在瀏覽器上，包括文件中的字型、段落格式、圖片、影像、聲音、動畫，甚至連結至其它主機上的文件或檔案。

- CSS（Cascading Style Sheets）：用來替網頁進行布局或美化。

- JavaScript：網頁的腳本語言。

- JavaScript 常見的框架：React、Angular、Vue。

在 WWW 伺服器所使用的技術，是所謂的後端（back-end）技術，常見的有：

- WWW 伺服器：如 Apache、IIS、Engine X（nginx）、Tomcat 等，可以提供單純的靜態網頁，也可以提供與不同程式語言結合的動態網頁。

- Web 後端框架：有些程式語言本身就提供 Web 後端框架，如此一來就可以不用依賴 WWW 伺服器，可以直接開發後端系統，常見的 WWW 後端框架如 JavaScript 的 Node.js、Python 的 flask、django 等。

3.2.2　Open API 範例 – 行政院全球資訊網 OpenAPI

以下是透過行政院全球資訊網 OpenAPI 的使用來說明，HTTP clien / HTTP protocol / HTTP server 三者之間的關係，誠如上面所提到常見的 http client 通常都是由 WWW 瀏覽器所擔任，但是在很多情況下，開發者需要使用工具來擔任 HTTP client 的工作，這工具可以是自行撰寫程式、curl、postman、telnet、putty 等。在這個範例中，以下角色分別是：

- HTTP client：WWW 瀏覽器（chrome）。

- HTTP protocol：由行政院全球資訊網 OpenAPI 所提供的〔行政院即時新聞 API〕的規範來撰寫內容。

- HTTP server：行政院全球資訊網 OpenAPI 所提供。

表 3-2　行政院即時新聞 API 規格表

欄位	值
endpoint	https://opendata.ey.gov.tw/api/ExecutiveYuan/NewsEy
傳輸方式	GET
編碼	content-type：application/json; charset=utf-8

表 3-3　上傳參數規格（Request Body）表

欄位	說明
Keyword	關鍵字
StartDate	起始日期，格式：yyyy/mm/dd
EndDate	結束日，格式：yyyy/mm/dd
MaxSize	返回最大筆數（最大輸出筆數：1000 筆）
IsRemoveHtmlTag	是否過濾 Html Tag

打開 chrome 輸入網址 https://opendata.ey.gov.tw/api/index.html，輸入以下參數。

表 3-4　輸入行政院即時新聞 API 參數表

欄位	內容
Keyword	颱風
StartDate	2024/08/10
EndDate	2024/08/19
MaxSize	2
IsRemoveHtmlTag	false

圖 3-3　輸入行政院即時新聞 API 參數

點擊 Execute，如果成功就會在 Response 頁面看到結果，如下圖 3-4 所示。

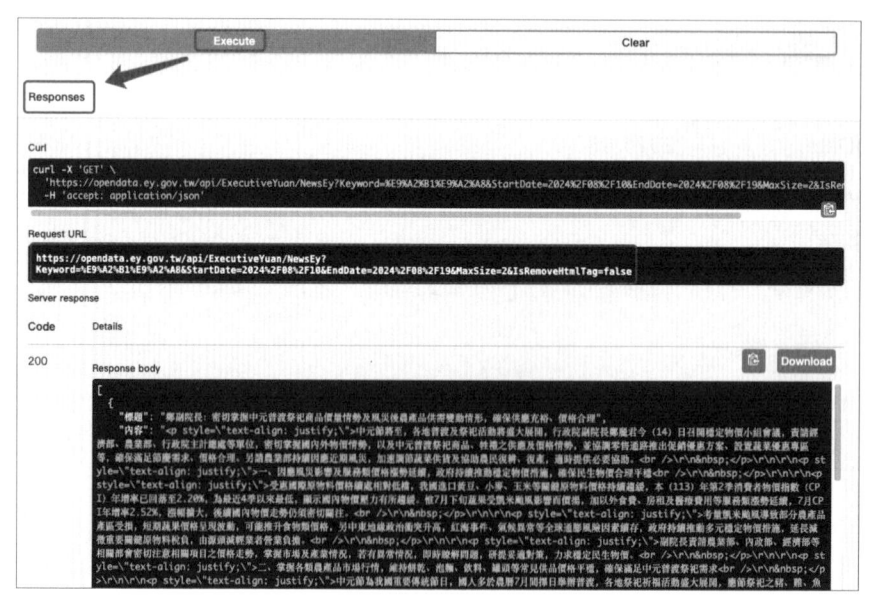

圖 3-4　行政院即時新聞 API 回傳結果

將 Request URL 內的內容複製起來，開啟一個新的空白頁籤，在空白處點擊滑鼠右鍵，出現選單後點選檢查，就會出現 Chrome DevTools 畫面，請選擇 Network 頁籤。

Chapter 03 網路程式開發概念與實作

圖 3-5　Chrome DevTools – Network 頁籤

接著將 Request URL 張貼在網址中，就會出現相關的 Response，如下圖 3-6 所示。會在 Headers 頁籤看到一些相關的訊息，這部份會在後面說明。

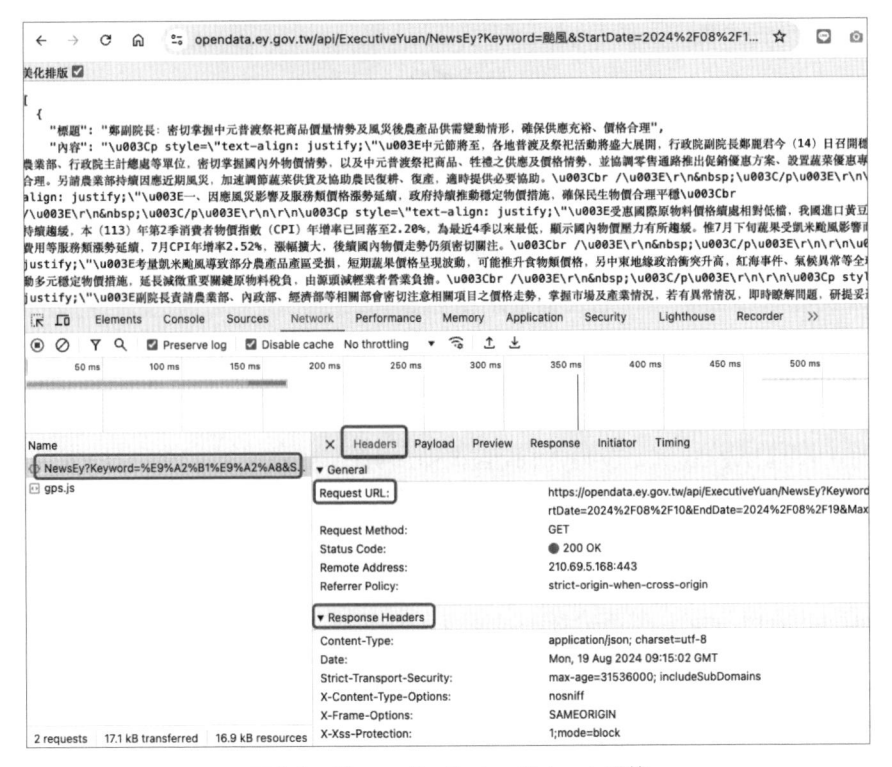

圖 3-6　Chrome DevTools – Network 頁籤

3-9

3.2.3　HTTP 請求格式

在上面行政院即時新聞 API 範例中，API 是開發人員所定義，而下層的傳輸則是透過 HTTP 協定來進行傳輸，而 HTTP 協定非常簡單，只分成客戶端的請求（request）與伺服器端的回應（response），請求格式如下：

- 請求列（Request line）：請求訊息的第一列。
- 標頭，可分為：
  - 通用標頭（General）：要求訊息有可能出現的訊息。
  - 要求標頭：與客戶端有關的訊息。
  - 本體標頭：與本體資料有關的訊息。
- 本體訊息：本體資料，與上面標頭間以 <CR><LF> 區隔。

請求列(Request line)
通用標頭(General)
請求標頭
本機(Entity)標頭
<CR><LF>
本體訊息

圖 3-7　HTTP 請求格式

在上面行政院即時新聞 API 範例中，HTTP 請求內容如下：

```
GET /api/ExecutiveYuan/NewsEy?Keyword=%E9%A2%B1%E9%A2%A8&StartDate=2024%2F08%2F10&EndD
ate=2024%2F08%2F19&MaxSize=2&IsRemoveHtmlTag=false HTTP/2
Host: opendata.ey.gov.tw
User-Agent: Mozilla/5.0 (Macintosh; Intel Mac OS X 10.15; rv:128.0) Gecko/20100101
Firefox/128.0
Accept: text/html,application/xhtml+xml,application/xml;q=0.9,image/avif,image/
webp,image/png,image/svg+xml,*/*;q=0.8
Accept-Language: zh-TW,zh;q=0.8,en-US;q=0.5,en;q=0.3
Accept-Encoding: gzip, deflate, br, zstd
```

```
Connection: keep-alive
Upgrade-Insecure-Requests: 1
Sec-Fetch-Dest: document
Sec-Fetch-Mode: navigate
Sec-Fetch-Site: none
Sec-Fetch-User: ?1
Priority: u=0, i
TE: trailers
```

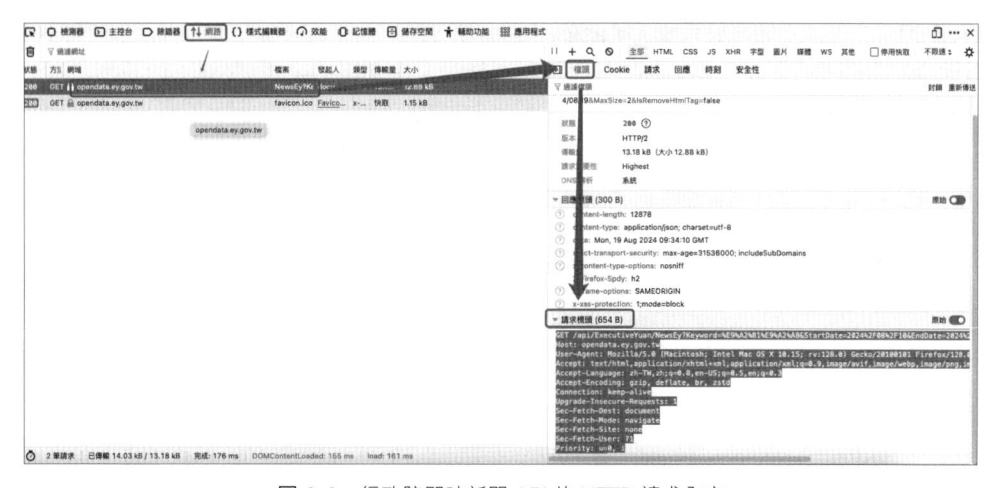

圖 3-8　行政院即時新聞 API 的 HTTP 請求內容

分析上述的範例，請求列的內容格式如下說明：

- 方法（Method）：定義要求列的方法，包括 GET、POST、HEAD、PUT、DELETE 等多種不同的存取方法，目前是使用 GET 方法。

- SP（Space）：欄位之間加空白作區隔。

- URL：要求的物件由 URL 欄位來識別，/api/ExecutiveYuan/NewsEy?Keyword=%E9%A2%B1%E9%A2%A8&StartDate=2024%2F08%2F10&EndDate=2024%2F08%2F19&MaxSize=2&IsRemoveHtmlTag=false。

- HTTP - Version（版本）：HTTP/2。

```
GET /api/ExecutiveYuan/NewsEy?Keyword=%E9%A2%B1%E9%A2%A8&StartDate=2024%2F08%2F10&EndD
ate=2024%2F08%2F19&MaxSize=2&IsRemoveHtmlTag=false HTTP/2
```

HTTP 常用的存取方法如下表 3-5 所示：

表 3-5　HTTP 常用的存取方法表

方法	簡述
Options	詢問伺服器可使用的通訊選項
POST	提供客戶端上傳資料給伺服器
GET	在 URL 上傳送資料來讀取伺服器上的資料
PUT	提供客戶端上傳資料
HEAD	類似 GET，但伺服器只對標頭回應（不包括資料）
PATCH	提供與原始檔案不同地方以進行修改
DELETE	提供客戶端　除指定的資料（伺服器可不同意）
TARCE	要求伺服器將收到之訊息傳回來（例如 test）；記錄所經過的 proxy
CONNECT	要求代理同服器（Proxy）建立連線轉送 HTTP 訊息

標頭格式為標頭名稱：標頭內容，如 Host：opendata.ey.gov.tw 等。

本體訊息：因為本範例是 GET 方法，不會傳送本體訊息。

3.2.4　HTTP 回應格式

在上面行政院即時新聞 API 範例中，API 是開發人員所定義，而下層的傳輸則是透過 HTTP 協定來進行傳輸，而 http 協定非常簡單，只分成客戶端的請求（request）與伺服器端的回應（response），回應格式如下：

- 狀態列（Status line）：屬回應訊息的第一列。
- 標頭，可分為：
  - 通用標頭：回應訊息可能出現的訊息。
  - 要求標頭：與伺服端有關的訊息。
  - 本體標頭：與本體資料有關的訊息。

- 本體訊息：本體資料，與上面標頭間以 <CR><LF> 區隔。

狀態列(Status line)
通用標頭(General)
回應標頭
本機(Entity)標頭
<CR><LF>
本體訊息

圖 3-9　HTTP 回應格式

在上面行政院即時新聞 API 範例中，HTTP 回應內容如下，回應的本體訊息內容很多，所以部分省略。

```
HTTP/2 200
content-type: application/json; charset=utf-8
strict-transport-security: max-age=31536000; includeSubDomains
x-frame-options: SAMEORIGIN
x-xss-protection: 1;mode=block
x-content-type-options: nosniff
date: Mon, 19 Aug 2024 09:34:10 GMT
content-length: 12878
X-Firefox-Spdy: h2

[{" 標題 ":...
```

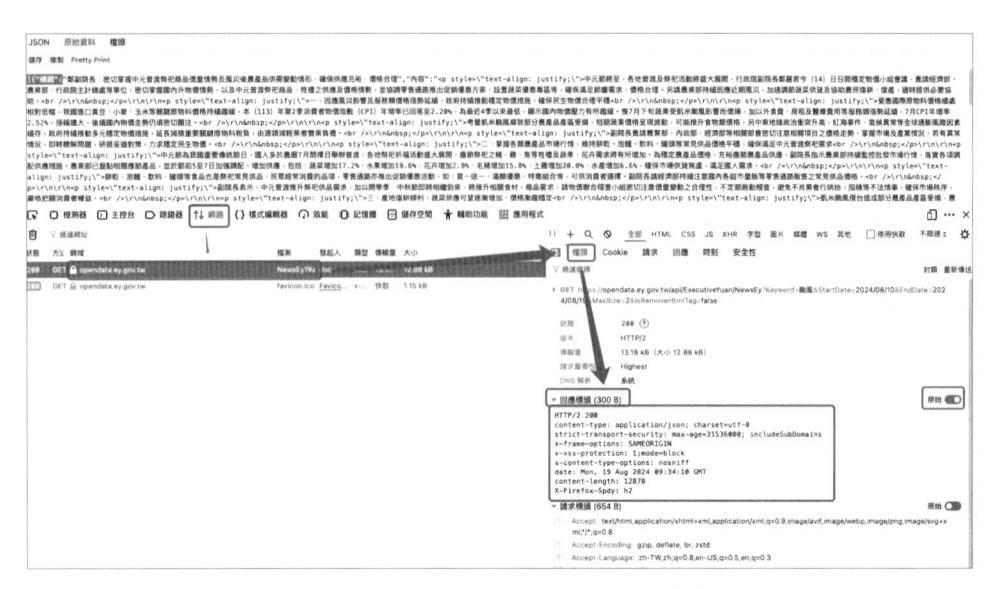

圖 3-10　行政院即時新聞 API 的 HTTP 回應表頭

分析上述的範例，狀態列的內容格式如下說明：

- HTTP 版本：HTTP/2。

- SP（Space）：欄位之間加空白作區隔。

- 狀態碼：伺服器回傳處理狀態。

- 說明理由：說明狀態理由。

```
HTTP/2 200
```

狀態碼可以分為：

- Informational responses（100 – 199）

- Successful responses（200 – 299）

- Redirection messages（300 – 399）

- Client error responses（400 – 499）

- Server error responses（500 – 599）

標頭格式為標頭名稱：標頭內容，如 content-length：12878 說明回傳資料長度為 12878 bytes 等。

本體訊息：就是查詢的新聞內容，以 JSON 的格式回傳。

圖 3-11　行政院即時新聞 API 的回應本體

3.3　HTTP 範例 – 使用 flask 與 telnet

以下範例是使用 Python 自建一個 http server，第一次使用 Chrome 擔任 HTTP client，並取得回應；接著利用 telnet 程式擔任 HTTP client，telnet 會完成 TCP/IP 協定組的底層傳輸層協定（tcp），接著我們手動輸入 http request。如下圖 3-12 所示，右手邊是使用 flask 所撰寫的 http server，而左手邊則是分別使用 chrome 與 telnet 所扮演的 http client。

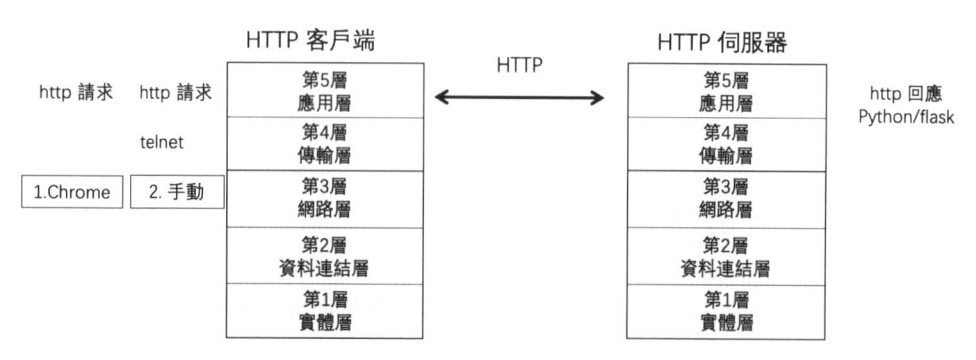

圖 3-12　使用 flask 與 telnet 來完成 HTTP 請求與回應

3.3.1　HTTP Server – flask

以下範例是使用 flask 框架自建的 web server。

```
from flask import Flask, request
app = Flask(name)
@app.route('/', methods=['GET']) def home(): return "Go to login page"
@app.route('/login', methods=['GET', 'POST']) def login(): if request.method ==
'POST': return 'Hello' + request.values['username']
return " 請輸入姓名 <form method='post' action='/login'><input type='text' name='username' />" \
        "</br>" \
        "<button type='submit'>Submit</button></form>"
if name == 'main': app.run()
```

執行結果如下圖 3-13 所示：

圖 3-13　使用 flask 建立的 Web Server

會建立一個 Web Server，網址為 http://127.0.0.1：5000/。

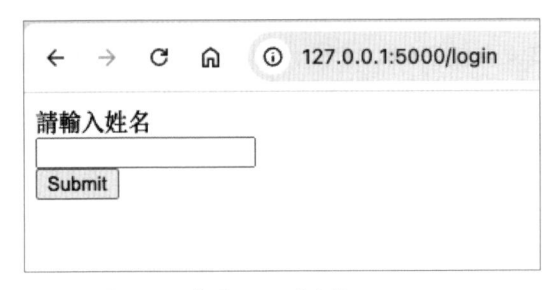

圖 3-14 使用 flask 建立的 Web Server

有建立兩個請求回應，一個是 GET，一個是 POST，對應的路徑都是 /login。

- GET 回應：`請輸入姓名 <form method='post' action='/login'><input type='text' name='username' /></br><button type='submit'>Submit</button></form>` 主體內容。

- POST 回應：會根據客戶端傳過來的資料產生回應，比方說傳過來的是 yehchitsai，就會回應 Hello yehchitsai 主體內容。

3.3.2　HTTP client – Chrome

使用 Chrome 觀察 http request 的實際內容，打開 Chrome DevTools 畫面，抓取 get 與 post 的請求內容。

GET 請求內容

```
GET /login HTTP/1.1
Accept: text/html,application/xhtml+xml,application/xml;q=0.9,image/avif,image/webp,image/apng,*/*;q=0.8,application/signed-exchange;v=b3;q=0.7
Accept-Encoding: gzip, deflate, br, zstd
Accept-Language: zh-TW,zh;q=0.9,en-US;q=0.8,en;q=0.7,zh-CN;q=0.6
Cache-Control: no-cache
Connection: keep-alive
Host: 127.0.0.1:5000
Pragma: no-cache
Sec-Fetch-Dest: document
Sec-Fetch-Mode: navigate
```

```
Sec-Fetch-Site: none
Sec-Fetch-User: ?1
Upgrade-Insecure-Requests: 1
User-Agent: Mozilla/5.0 (Macintosh; Intel Mac OS X 10_15_7) AppleWebKit/537.36 (KHTML,
like Gecko) Chrome/127.0.0.0 Safari/537.36
sec-ch-ua: "Not)A;Brand";v="99", "Google Chrome";v="127", "Chromium";v="127"
sec-ch-ua-mobile: ?0
sec-ch-ua-platform: "macOS"
```

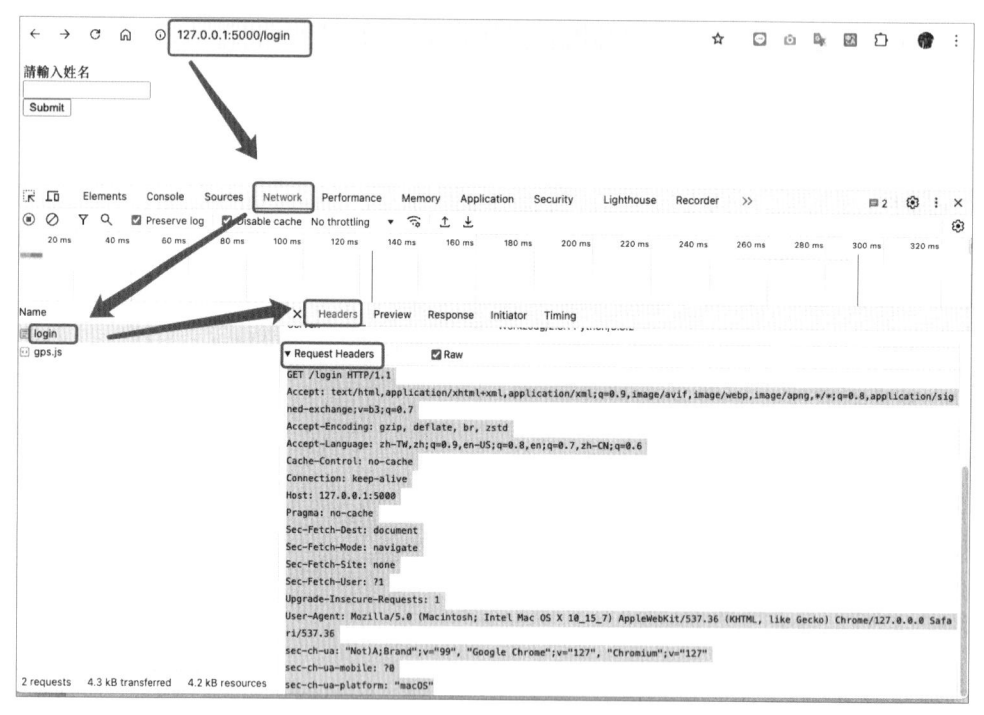

圖 3-15　使用 chrome 的 GET 請求內容

POST 請求內容

```
POST /login HTTP/1.1
Accept: text/html,application/xhtml+xml,application/xml;q=0.9,image/avif,image/
webp,image/apng,*/*;q=0.8,application/signed-exchange;v=b3;q=0.7
Accept-Encoding: gzip, deflate, br, zstd
Accept-Language: zh-TW,zh;q=0.9,en-US;q=0.8,en;q=0.7,zh-CN;q=0.6
Cache-Control: no-cache
Connection: keep-alive
Content-Length: 19
```

```
Content-Type: application/x-www-form-urlencoded
Host: 127.0.0.1:5000
Origin: http://127.0.0.1:5000
Pragma: no-cache
Referer: http://127.0.0.1:5000/login
Sec-Fetch-Dest: document
Sec-Fetch-Mode: navigate
Sec-Fetch-Site: same-origin
Sec-Fetch-User: ?1
Upgrade-Insecure-Requests: 1
User-Agent: Mozilla/5.0 (Macintosh; Intel Mac OS X 10_15_7) AppleWebKit/537.36 (KHTML,
like Gecko) Chrome/127.0.0.0 Safari/537.36
sec-ch-ua: "Not)A;Brand";v="99", "Google Chrome";v="127", "Chromium";v="127"
sec-ch-ua-mobile: ?0
sec-ch-ua-platform: "macOS"


username=yehchitsai
```

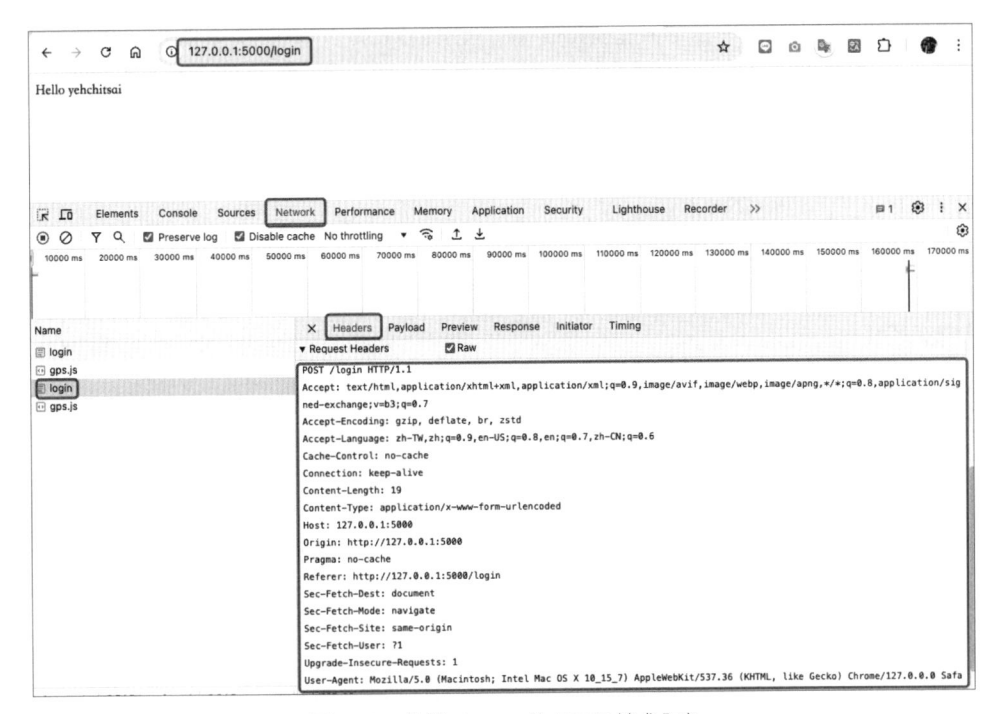

圖 3-16　使用 chrome 的 POST 請求內容

　　可以很清楚的看出來，相同的網址，卻因不同的請求方法（get/post）而有不同的回應，而這原因來自於後端的 flask 判斷。

3.3.3　HTTP client – telnet

使用 telnet 工具程式手動輸入 http request 的內容，將可以得到 chrome 一樣的結果，只是因為 telnet 並不會把所得到的結果以圖形化的方式展示。

在 windows 上啟用 Telnet，可以參考這篇文章 https://blog.dreambreakerx.com/2016/03/enable-the-telnet-client-on-windows-10/，在終端機上使用 telnet 連到 flask web server，並輸入 get 請求。

終端機的指令如下：

```
telnet 127.0.0.1 5000
```

▌手動輸入 GET 請求內容

接著貼上，上一節 chrome 所取得的 GET 請求內容，並按下兩次 Enter、兩次 Enter、兩次 Enter（很重要所以說三遍），這就是 http 請求格式所提到的 <CR><LF>，將標頭跟本體訊息區隔，輸入兩次 Enter 的原因是因為 get 沒有本體訊息，所以只好直接輸入 Enter。這樣一來就可以得到 http 回應標頭與主體訊息。

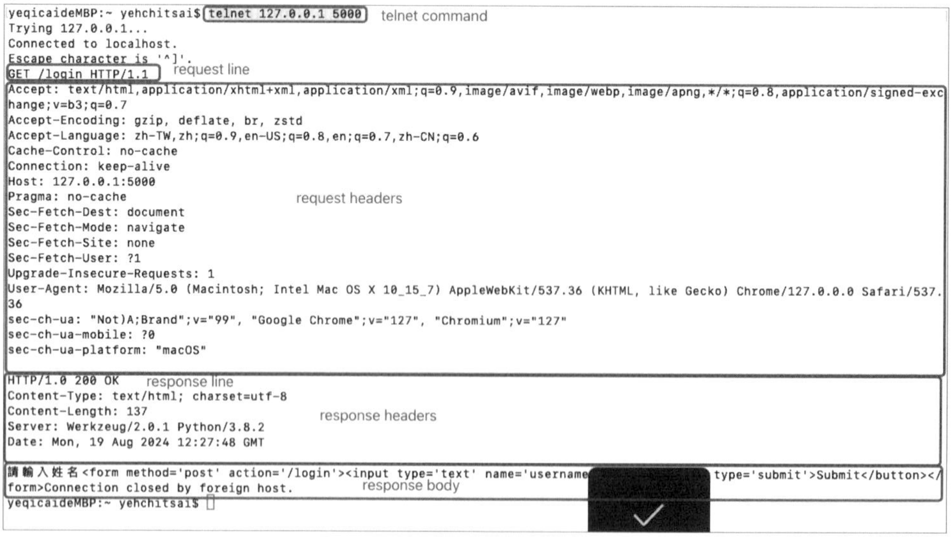

圖 3-17　使用 telnet 輸入 http GET request 的內容

其實可以不用輸入那麼多的請求標頭也是可以得到回應的，比方說只輸入 host 標頭。

```
GET /login HTTP/1.1
Host: 127.0.0.1:5000
```

```
yeqicaideMBP:~ yehchitsai$ telnet 127.0.0.1 5000
Trying 127.0.0.1...
Connected to localhost.
Escape character is '^]'.
GET /login HTTP/1.1
Host: 127.0.0.1:5000

HTTP/1.0 200 OK
Content-Type: text/html; charset=utf-8
Content-Length: 137
Server: Werkzeug/2.0.1 Python/3.8.2
Date: Mon, 19 Aug 2024 12:43:27 GMT

請輸入姓名<form method='post' action='/login'><input type='text' name='username' /></br><button type='submit'>Submit</button></form>Connection closed by foreign host.
yeqicaideMBP:~ yehchitsai$
```

圖 3-18　使用 telnet 輸入 http GET request 的內容

手動輸入 POST 請求內容

接著貼上，上一節 Chrome 所取得的 POST 請求內容，並按下一次 Enter，這樣就可以得到 HTTP 回應標頭與主體訊息。

```
yeqicaideMBP:~ yehchitsai$ telnet 127.0.0.1 5000    telnet command
Trying 127.0.0.1...
Connected to localhost.
Escape character is '^]'.    request line
POST /login HTTP/1.1
Accept: text/html,application/xhtml+xml,application/xml;q=0.9,image/avif,image/webp,image/apng,*/*;q=0.8,application/signed-exchange;v=b3;q=0.7
Accept-Encoding: gzip, deflate, br, zstd
Accept-Language: zh-TW,zh;q=0.9,en-US;q=0.8,en;q=0.7,zh-CN;q=0.6
Cache-Control: no-cache
Connection: keep-alive
Content-Length: 19                          request headers
Content-Type: application/x-www-form-urlencoded
Host: 127.0.0.1:5000
Origin: http://127.0.0.1:5000
Pragma: no-cache
Referer: http://127.0.0.1:5000/login
Sec-Fetch-Dest: document
Sec-Fetch-Mode: navigate
Sec-Fetch-Site: same-origin
Sec-Fetch-User: ?1
Upgrade-Insecure-Requests: 1
User-Agent: Mozilla/5.0 (Macintosh; Intel Mac OS X 10_15_7) AppleWebKit/537.36 (KHTML, like Gecko) Chrome/127.0.0.0 Safari/537.36
sec-ch-ua: "Not)A;Brand";v="99", "Google Chrome";v="127", "Chromium";v="127"
sec-ch-ua-mobile: ?0
sec-ch-ua-platform: "macOS"
                            request body
username=yehmacOS
HTTP/1.0 200 OK   response line
Content-Type: text/html; charset=utf-8
Content-Length: 16
Server: Werkzeug/2.0.1 Python/3.8.2       response headers
Date: Mon, 19 Aug 2024 12:47:21 GMT

Hello yehmacOS    response body
Connection closed by foreign host.
yeqicaideMBP:~ yehchitsai$
```

圖 3-19　使用 telnet 輸入 http POST request 的內容

3-21

Note

Chapter **04**

ESP32-CAM 開發

學 習 目 標

1. 單晶片 ESP32-CAM
2. 使用 MicroPython 開發 ESP32-CAM – Thonny

4.1 ESP32-CAM 簡介

本次使用的是 ESP32-CAM 設備，它是安信可科技發佈小尺寸的攝影機模組。該模塊可以作為最小系統獨立工作，尺寸僅為 27×40.5×4.5 mm，可廣泛應用於各種物聯網場013，適用於家庭智能設備、工業無線控制、無線監控、QR 無線識別，無線定位系統信號以及其它物聯網應用，是物聯網應用的理想解決方案。

4.1.1 ESP32-CAM 特性

- 基於 ESP32-S 系列，處理器是 ESP32-D0WD
- 採用低功耗雙核 32 位 CPU，可作應用處理器
- 體積超小的 802.11b/g/n Wi-Fi + BT/BLE SoC 模塊
- 主頻高達 240MHz，運算能力高達 600 DMIPS
- 內建 520 KB SRAM，外接 8MB PSRAM

- 支援 UART/SPI/I2C/PWM/ADC/DAC 等接口
- 支援 OV2640 和 OV7670 攝影鏡頭，內建閃光燈
- 支援圖片 Wi-Fi 上傳
- 支援 TF 卡
- 支援多種休眠模式。
- 內嵌 Lwip 和 FreeRTOS
- 支援 STA/AP/STA+AP 工作模式
- 支援 Smart Config/AirKiss 一鍵上網
- 支援串口本地升級和遠程固件升級（FOTA）

圖 4-1　針腳定義

（圖取自 ESP32-CAM 技術手冊）

　　順道提一下 ESP32-CAM 所使用的單晶片是來自於 ESP32 這一系列的低成本、低功耗的單晶片微控制器，整合了 Wi-Fi 和雙模藍芽。ESP32 系列採用 Tensilica Xtensa LX 6 微處理器，包括雙核心和單核變體，內建天線開關，RF 變換器，功率放大器，低雜訊接收放大器，濾波器和電源管理模組。

　　ESP32 由總部位於上海的中國公司樂鑫信息科技創建和開發，由台積電採用 40 奈米技術製造。它是 ESP8266 微控制器的後繼產品。而以 ESP32 晶片有製作出多個系列的模塊，分別是 ESP32-S 系列、ESP32-C 系列與 ESP32 系列。

而 ESP32 模組還可以細分成以下幾個子系列：

- ESP32-WROOM 系列模組基於 ESP32-D0WD 雙核晶片設計，適用於基於 Wi-Fi 和藍芽連接的應用場景，具備強大的雙核性能。
- ESP32-WROVER 系列模組基於 ESP32-D0WD 雙核晶片設計，其強大的雙核性能適用於對記憶體需求大的應用場景，例如多樣的 AIoT 應用和網關應用。
- ESP32-MINI 系列模組基於 ESP32-U4WDH 單核晶片設計，為基於 Wi-Fi 和藍芽連接的應用提供了高性價比的解決方案。

上面所提到的 ESP32-D0WD 晶片的描述是表 4-1：

表 4-1　ESP32-D0WD 晶片描述表

代號	意義	說明
D	內核	D= 雙核、S= 單核
0	嵌入式 Flash	0 ＝無、2 = 16Mbit
WD	通信模式	WD=Wi-Fi b/g/n + BT/BLE 雙頻 AD=Wi-Fi a/b/g/n + BT/BLE 雙頻 CD=Wi-Fi ac/c/b/g/n + BT/BLE 雙頻

4.1.2　ESP32-CAM 系統架構

因為 ESP32-CAM 內核是 ESP32-S，以下所有的說明來自 ESP32 技術參考手冊。ESP32 是一個雙核系統，具有兩個哈佛架構（Harvard Architecture）Xtensa LX6 CPU。所有嵌入式記憶體（embedded memory）、外部記憶體（external memory）和外圍設備（peripherals）位於這些 CPU 的資料匯流排 / 或指令匯流排。

兩個 CPU 的地址映射是對稱的，這意味著它們使用相同的地址訪問相同的記憶體。系統中的多個外設可以通過 DMA（Direct Memory Access 直接記憶體存取，以下簡稱 DMA）訪問嵌入式記憶體。

這兩個 CPU 被命名為「PRO_CPU」和「APP_CPU」，分別代表「協議（Protocol）」和「應用程序（Application）」。但是，對於大多數用途而言，這兩個 CPU 是可以互換的。

地址空間

- 對稱地址映射
- 4 GB（32 位）地址空間用於資料總線和指令總線
- 1296 KB 嵌入式記憶體地址空間
- 19704 KB 外部記憶體地址空間
- 512 KB 外設地址空間
- 一些嵌入式和外部記憶體區域可以通過資料總線或指令總線訪問
- 328 KB DMA 地址空間

嵌入式記憶體

- 448 KB 內部 ROM
- 520 KB 內部 SRAM
- 8 KB RTC（Real-Time Clock 實時時鐘，以下簡稱 RTC）快速記憶體
- 8 KB RTC 慢記憶體

外部記憶體

　　片外（off-Chip）SPI（Serial Peripheral Interface 串行外設接口，以下簡稱 SPI）存儲器可以映射到可用地址空間作為外部記憶體。部分的嵌入式記憶體可用作該外部記憶體的透明緩存。

- 支援高達 16 MB 的 off-Chip SPI 快閃記憶體（Flash）
- 支援高達 8 MB 的 off-Chip SPI SRAM（PSRAM）

外圍設備

- 41 個外設（Peripherals）

直接存取

- 13 個模塊能夠進行 DMA 操作

常用存儲器的介紹

- 資料易失性的存儲器：這類存儲器讀寫速度較快，但是掉電後資料會丟失，在 SoC 設計中通常被用作資料緩存、程序緩存。常見的是隨機存取存儲器（Random Access Memory，以下簡稱 RAM），常見的種類有 DRAM（Dynamic RAM，動態 RAM）：需要實時刷新來保持資料，價格便宜，一般用於大容量產品；SRAM（Static RAM，靜態 RAM）：不需要刷新。速度快，面積大。

- 資料非易失性存儲器（Non-Volatile Memory）：這類存儲器讀寫速度比較慢，但是在掉電後資料不會丟失。因此，在 SoC 設計中可用作大資料的存儲或者固件程序的存儲。如 NAND/NOR flash，NOR flash 屬於是可以隨機訪問的，是屬於非易失性隨機訪問存儲器（Non-Volatile Random Access Memory，以下簡稱 NVRAM）；NAND flash 屬於順序訪問（sequential access）。

- 新出現的存儲器 PSRAM（pseudo SRAM），稱之為偽靜態隨機存取器。它具有 SRAM 的接口協議，但是它的內核架構卻是 DRAM 架構；相較於傳統的 SRAM，PSRAM 可以實現較大的儲存容量。

下圖 4-2 是 ESP32 系統架構圖，PRO_CPU 和 APP_CPU 面對的是相同的地址空間，可以直接讀取嵌入式記憶體與外圍設備地址，而對於外部記憶體空間，需要透過快取（Cache）與記憶體管理單元（Memory Management Unit，以下簡稱 MMU）才能進行存取。

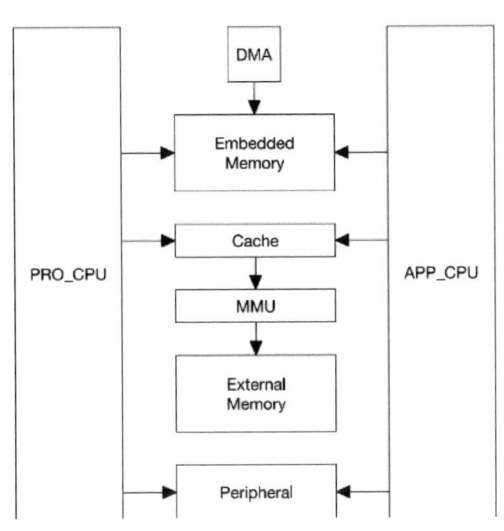

圖 4-2　ESP32 系統架構
（圖取自 ESP32 技術手冊）

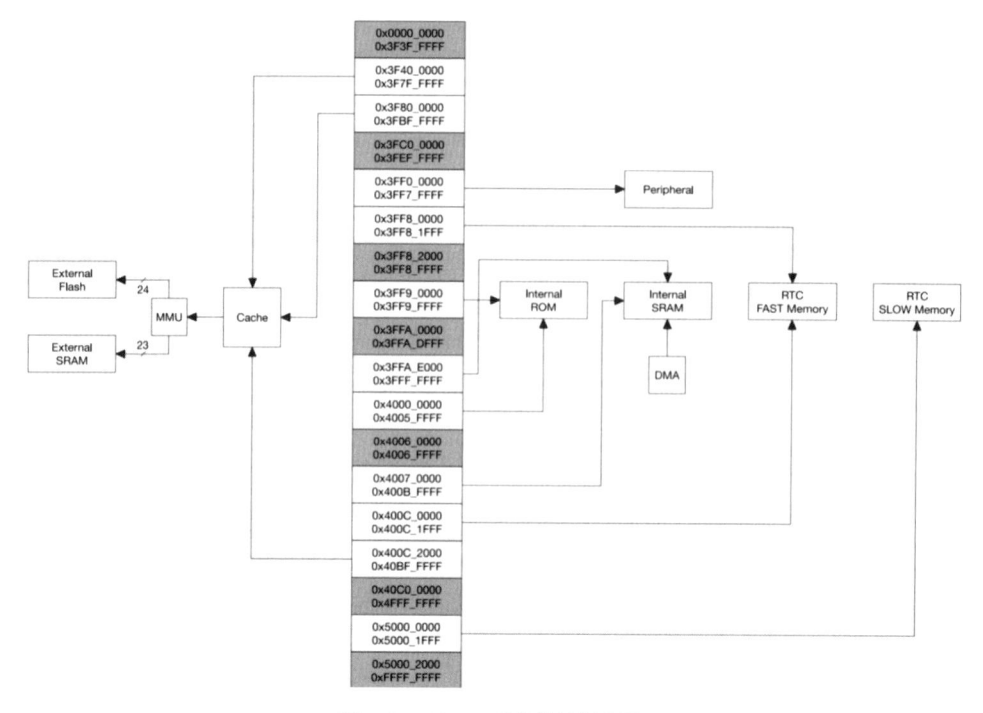

圖 4-3　ESP32 系統地址對應圖

Bus Type	Boundary Address Low Address	Boundary Address High Address	Size	Target
	0x0000_0000	0x3F3F_FFFF		Reserved
Data	0x3F40_0000	0x3F7F_FFFF	4 MB	External Memory
Data	0x3F80_0000	0x3FBF_FFFF	4 MB	External Memory
	0x3FC0_0000	0x3FEF_FFFF	3 MB	Reserved
Data	0x3FF0_0000	0x3FF7_FFFF	512 KB	Peripheral
Data	0x3FF8_0000	0x3FFF_FFFF	512 KB	Embedded Memory
Instruction	0x4000_0000	0x400C_1FFF	776 KB	Embedded Memory
Instruction	0x400C_2000	0x40BF_FFFF	11512 KB	External Memory
	0x40C0_0000	0x4FFF_FFFF	244 MB	Reserved
Data / Instruction	0x5000_0000	0x5000_1FFF	8 KB	Embedded Memory
	0x5000_2000	0xFFFF_FFFF		Reserved

圖 4-4　ESP32 系統地址對應表格

4.1.3　ESP32 啟動流程

ESP32 從打開電源到執行 Micropython 中間所經歷的啟動流程步驟。

宏觀上，啟動流程可以分為如下 3 個步驟：

1. 一級引導程序被寫死在 ESP32 內部的 ROM 中，它會從 flash 的 0x1000 地址處加載二級引導程序至 RAM（IRAM & DRAM）中。
2. 二級引導程序從 flash 中加載分區表和主程序鏡像至記憶體中，主程序中包含了 RAM 段和通過 flash 高速緩存映射的只讀段。
3. 應用程序啟動階段執行，這時第二個 CPU（APP_CPU）和 RTOS（PRO_CPU）的調度器啟動。

一級引導程序

ESP32 SoC（System on a Chip，簡稱 SoC）復位（reset）後，PRO_CPU 會立即開始執行，執行復位向量代碼，而 APP_CPU 仍然保持復位狀態。在啟動過程中，PRO_CPU 會執行所有的初始化操作。APP_CPU 的復位狀態會在應用程序啟動代碼的 call_start_cpu0 函數中失效。復位向量代碼位於 ESP32 的 ROM 裡，所以不能被修改。二級引導程序二進制鏡像會從 flash 的 0x1000 地址處加載。

二級引導程序

ESP-IDF（Espressif IoT Development Framework，以下簡稱 ESP-IDF）是樂鑫官方推出的物聯網開發框架，支援 Windows、Linux 和 macOS 作業系統。下表 4-2 總結了樂鑫晶片在 ESP-IDF 各版本中的支援狀態，其中 supported 代表已支援，preview 代表目前處於預覽支援狀態。預覽支援狀態通常有時間限制，而且僅適用於測試版晶片。請確保使用與晶片相匹配的 ESP-IDF 版本。

表 4-2　ESP-IDF 各版本中的支援狀態

晶片	v4.1	v4.2	v4.3	v4.4	v5.0	v5.1
ESP32	supported	supported	supported	supported	supported	supported
ESP32-S2		supported	supported	supported	supported	supported
ESP32-C3			supported	supported	supported	supported
ESP32-S3				supported	supported	supported
ESP32-C2					supported	supported
ESP32-C6						supported
ESP32-H2 beta1/2				preview	preview	preview

使用 ESP-IDF 針對 ESP32 晶片所編譯出來的二進制鏡像，透過燒錄軟體（esptool.py）燒錄到 flash 的 0x1000 偏移地址處，那個二進制鏡像就是二級引導程序。二級引導程序的源碼可以在 ESP-IDF 的 components/bootloader 目錄下找到。ESP-IDF 使用二級引導程序可以增加 flash 分區的靈活性（使用分區表），並且方便實現 flash 加密，安全引導和空中升級（Over The Air，OTA）等功能。

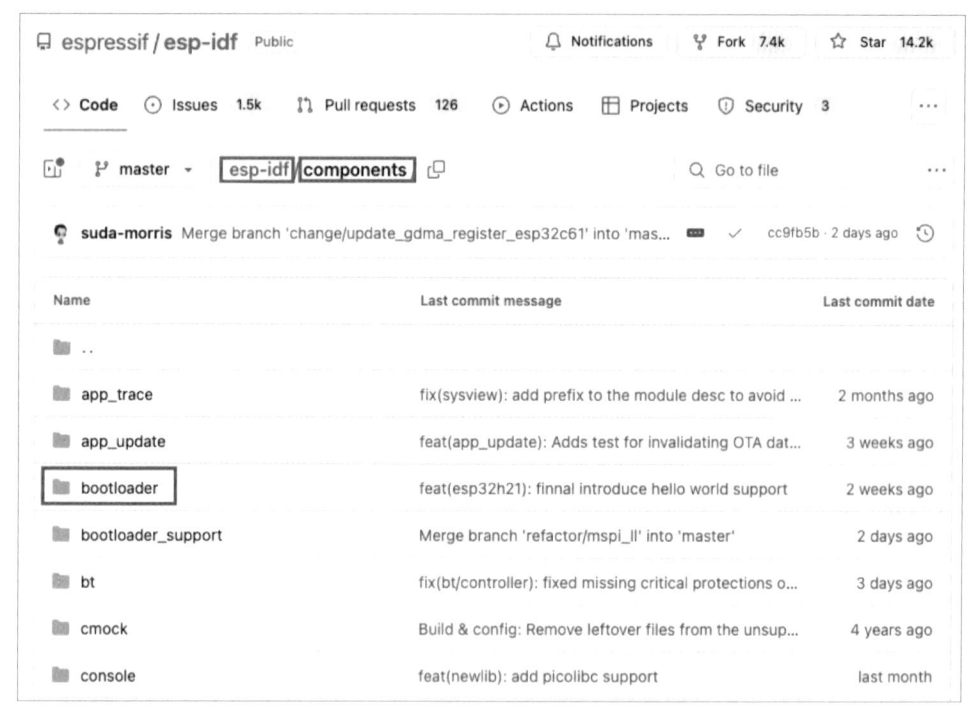

圖 4-5　ESP-IDF 的二級引導程序源碼所在

當一級引導程序校驗並加載完二級引導程序後，它會從二進制鏡像的頭部找到二級引導程序的入口點，並跳轉過去執行。二級引導程序默認從 flash 的 0x8000 偏移地址處（可配置的值）讀取分區表。引導程序會尋找工廠分區和 OTA 應用程序分區。如果在分區表中找到了 OTA 應用程序分區，引導程序將查詢 otadata 分區以確定應引導哪個分區。

應用程序

應用程序啟動包含了從應用程序開始執行到 app_main 函數在主任務內部執行前的所有過程。可分為三個階段：

1. 端口初始化：端口層的初始化功能會初始化基本的 C 執行環境，並對 SoC 的內部硬件進行了初始配置。

   - 為應用程序重新配置 CPU 異常。
   - 初始化內部存儲器。
   - 完成 MMU 高速緩存配置。
   - 如果配置了 PSRAM，則使能 PSRAM。
   - 將 CPU 時鐘設置為項目配置的頻率。
   - 根據應用程序頭部設置重新配置主 SPI flash，這是為了與 ESP-IDF V4.0 之前的引導程序版本兼容。
   - 如果應用程序被配置為在多個內核上執行，則啟動另一個內核（APP_CPU）並等待其初始化。

2. 系統初始化：主要的系統初始化任務包括以下。

   - 如果默認的日誌級別允許，則記錄該應用程序的相關訊息。
   - 初始化堆分配器。
   - 初始化 newlib 組件的系統調用和時間函數。
   - 配置斷電檢測器。
   - 根據 串行控制台配置 設置 libc stdin、stdout、和 stderr。
   - 執行與安全有關的檢查。
   - 初始化 SPI flash API 支援。
   - 調用全局 C++ 構造函數和任何標有 __attribute__((constructor)) 的 C 函數。

3. 執行主任務：在所有其他組件都初始化後，主任務會被創建，FreeRTOS 調度器開始執行。做完一些初始化任務後，主任務在固件中執行應用程序提供的函數 app_main。

APP CPU 的內核啟動流程

當執行系統初始化時，PRO_CPU 上的程式會給 APP_CPU 設置好入口地址，解除其復位狀態，然後等待 APP_CPU 上執行的程式設置一個全局標誌，以表明 APP_CPU 已經正常啟動。

4.2 使用 MicroPython 開發 ESP32-CAM – 使用圖形化工具 Thonny（Windows）

4.2.1 硬體準備

表 4-3 硬體準備表

硬體	數量
ESP32-CAM 模塊開發板	1
CH340 序列埠模塊（USB-TTL）	1
雙母頭杜邦線	4
跳線帽	1 個

建議模塊輸入電源為 5V-2A，否則圖片會有可能出現水紋。

下表 4-4 與下圖 4-6 是說明 ESP32-CAM 模塊開發板與 CH340 序列埠模塊進行執行模式時的接線情形。

表 4-4 ESP32-CAM 模塊開發板與 CH340 序列埠模塊進行執行模式時的接線情形說明表

ESP32-CAM	CH340 序列埠模塊	說明
5V	5V	也可以 3V3 接 3V3，需要調整 CH340 序列埠模塊的跳線
U0R	TXD	R 是接收，T 是傳送，需要一邊接一邊收
U0T	RXD	3VR 是接收，T 是傳送，需要一邊接一邊收 3
GND	GND	地線

Chapter 04 ESP32-CAM 開發

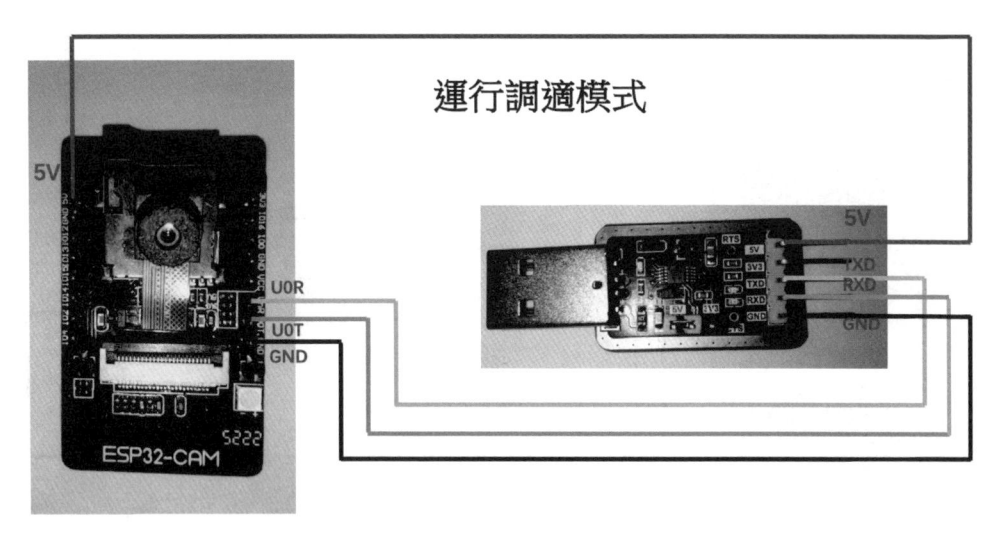

圖 4-6 ESP32-CAM 模塊開發板與 CH340 序列埠模塊進行執行模式的接線圖

下表 4-5 與下圖 4-7 是說明 ESP32-CAM 模塊開發板與 CH340 序列埠模塊進行下載模式時的接線情形。

表 4-5 ESP32-CAM 模塊開發板與 CH340 序列埠模塊進行下載模式時的接線情形說明表

ESP32-CAM	CH340 序列埠模塊	說明
3V3	3V3	也可以 5V 接 5V，需要調整 CH340 序列埠模塊的跳線
U0R	TXD	R 是接收，T 是傳送，需要一邊接一邊收
U0T	RXD	3VR 是接收，T 是傳送，需要一邊接一邊收 3
GND	GND	地線
IO0 短路 GND		ESP32-CAM 進入下載模式

4-11

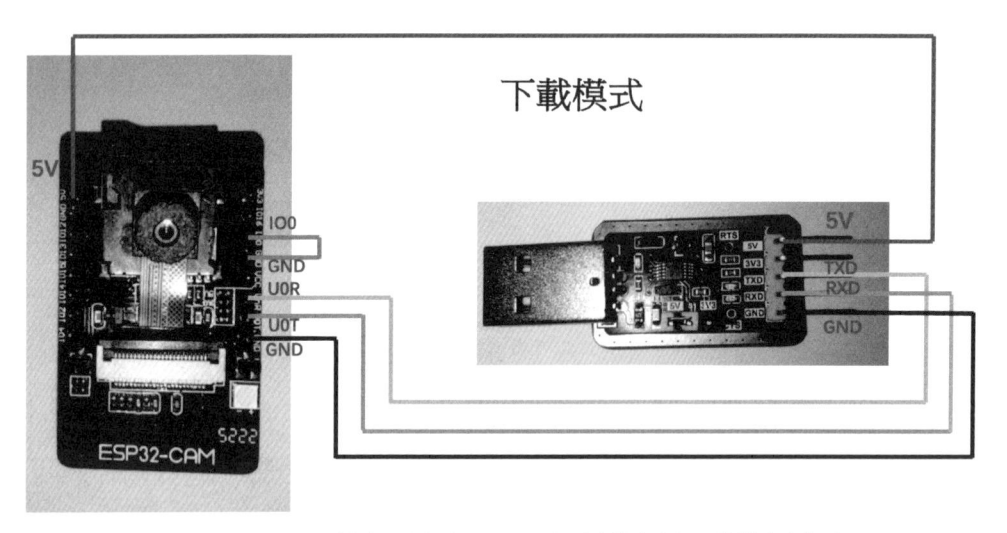

圖 4-7　ESP32-CAM 模塊開發板與 CH340 序列埠模塊進行下載模式的接線圖

實際圖示如下圖 4-8 所示，供電 5V 並處於下載模式。

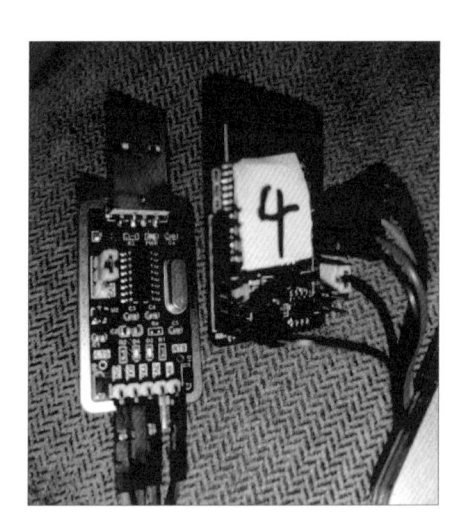

圖 4-8　ESP32-CAM 模塊開發板供電 5V 並處於下載模式

4.2.2　軟體準備

　　ESP32-CAM 的官方開發環境為 Arduino Software IDE，它使用的是與 C 語言和 C++ 相仿的程式語言 Arduino C/C++ sketch，對於熟悉 Python 的開發者而言，必須得為了使用 ESP32-CAM 又學習一套新程式語言，然而 MicroPython 是 Python

編程語言的一個完整軟體實現，用 C 語言編寫，被優化於運行在微控制器之上。MicroPython 是運行在微控制器硬體之上的 Python 編譯器，提供給用戶一個交互式提示符（Read-Evaluate-Print-Loop，以下簡稱 REPL）來立即執行所支援的命令。除了包括選定的核心 Python 庫，MicroPython 還包括了給予開發者訪問低層硬體的模塊。

　　MicroPython 是澳大利亞程式設計師和物理學家 Damien George，在 2013 年一次眾籌活動之後所建立的。當初的眾籌活動將 MicroPython 與基於 STM32 F4 的 pyboard 開發板一起發行，因此 MicroPython 支援大量基於 ARM 的體系結構，隨後 MicroPython 已經可以運行於 Arduino、ESP8266、ESP32 與大多數的物聯網硬體。在 2016 年，Python 軟體基金會開發出 MicroPython 的 BBC Micro Bit 版本，作為其 BBC Micro Bit 合作夥伴貢獻的一部分，授權條款 為 MIT 授權條款。

▍軟體列表

1. MicroPython for ESP32-CAM 燒錄檔：可至（github）下載，或是 MicroPython 的官網（https://micropython.org/）下載，只是官網的燒錄檔是針對 ESP32 而非 ESP32-CAM。

2. esptool.py（可選非必需）：一個針對樂鑫科技 Espressif 所開發出來的晶片提供燒錄開機軟體的開源軟體，以 Python 為基礎，可以用於樂鑫 ESP8285、ESP8266、ESP32、ESP32-S 等系列芯片和 ROM Bootloader（即：一級 bootloader）。

3. Thonny for Windows：（Thonny），Python IDE，可進行 Python 程式設計，也可以直接將程式碼燒錄到 ESP32-CAM。

4. CH340 驅動程式（CH340 驅動程式），有些 Windows 環境比較舊，操作系統無法直接辨識 CH340 模塊，所以需要安裝這個 CH340 驅動程式，方可在 CH340 模塊透過 USB 序列埠連接到電腦時，讓電腦辨識到。安裝時記得先進行移除再安裝，這樣比較能確保驅動安裝成功。

▍ESP32-CAM 燒錄檔

　　進入 shariltumin/esp32-cam-micropython-2022 github 倉庫，選擇最新的韌體 20230717，如下圖 4-9 所示。

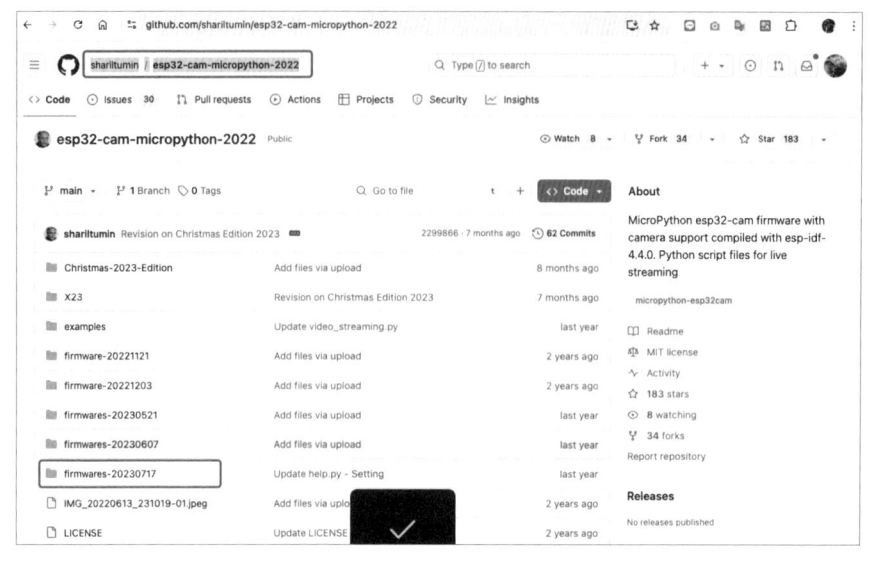

圖 4-9 選擇 firmwares-20230717

最後選擇的是 firmwares-20230717/ESP32/AI-Thinker-OV2640/WiFi-SSL 這個組態下的 firmware.bin。

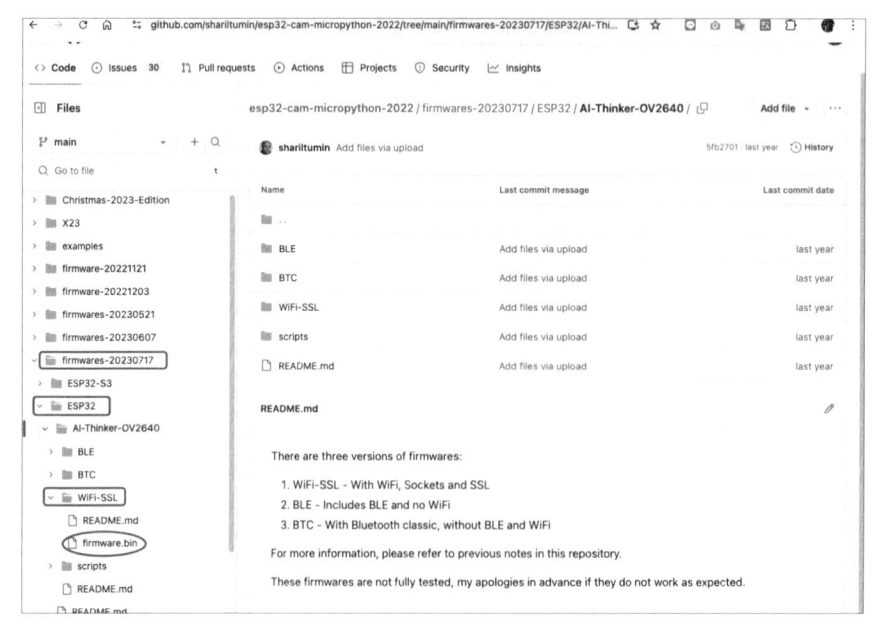

圖 4-10 選擇 firmwares-20230717

安裝 esptool.py

直接使用 pip 安裝即可。

```
pip3 install esptool
```

安裝 Thonny

到 Thonny 的官網 https://thonny.org/，根據自己的操作系統下載適合的版本。

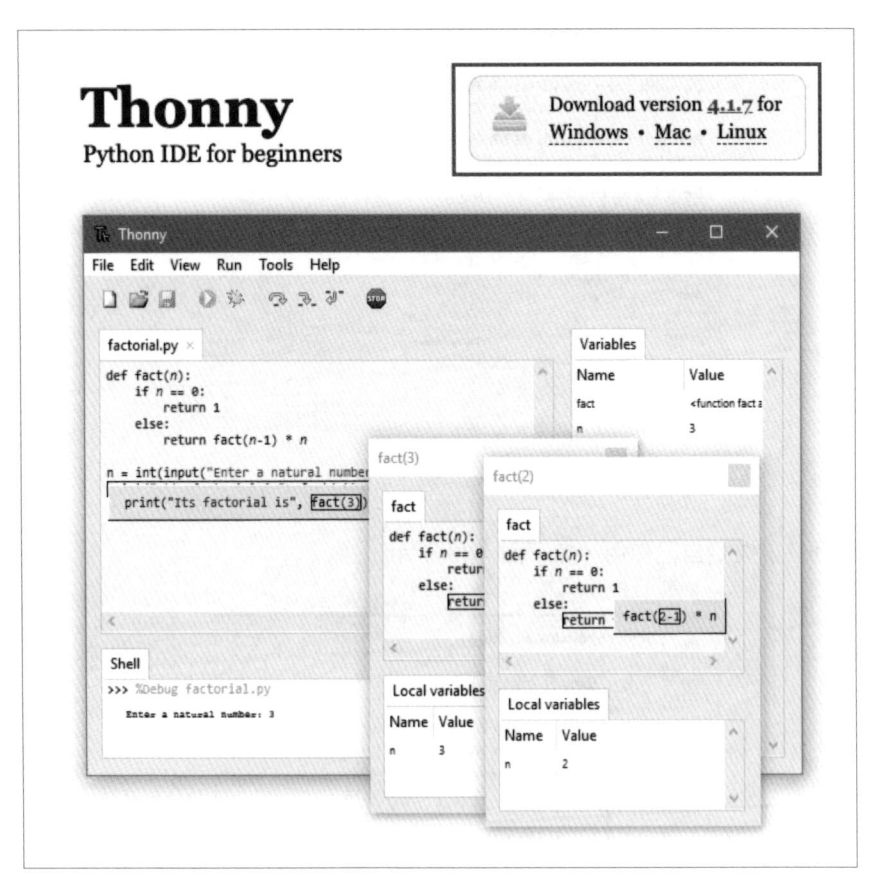

圖 4-11　根據自己的操作系統下載適合的 Thonny 版本

以下為 Windows 的安裝流程，下載 Windows 版的安裝文件 thonny-4.0.2.exeg，請注意本身的 Windows 與硬體的版本，下載適合自己軟硬體環境的版本，網站會推薦適合的版本（recommended for you）。

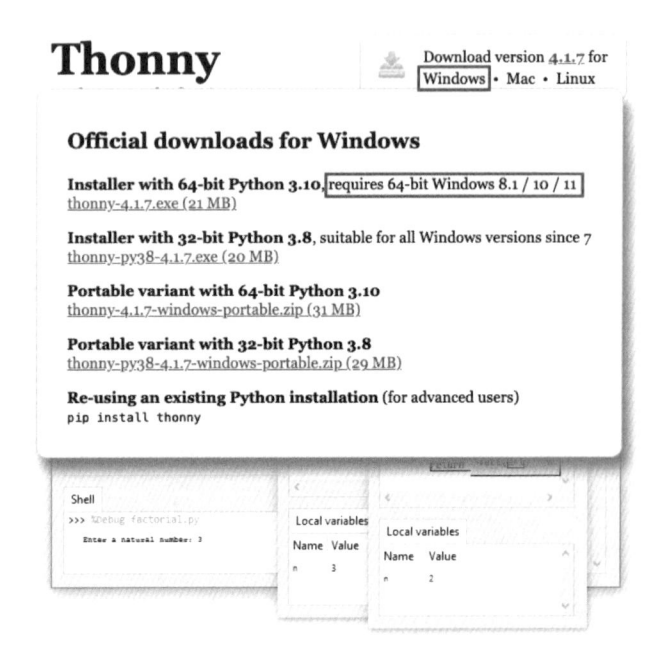

圖 4-12　下載 Windows 操作系統的 Thonny 版本

最好只安裝給自己使用，如下圖 4-13 所示。

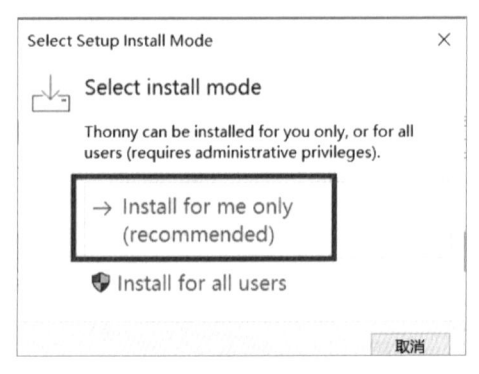

圖 4-13　安裝給自己使用

勾選在桌面建立圖標，這樣避免到時候找不到應用程式。

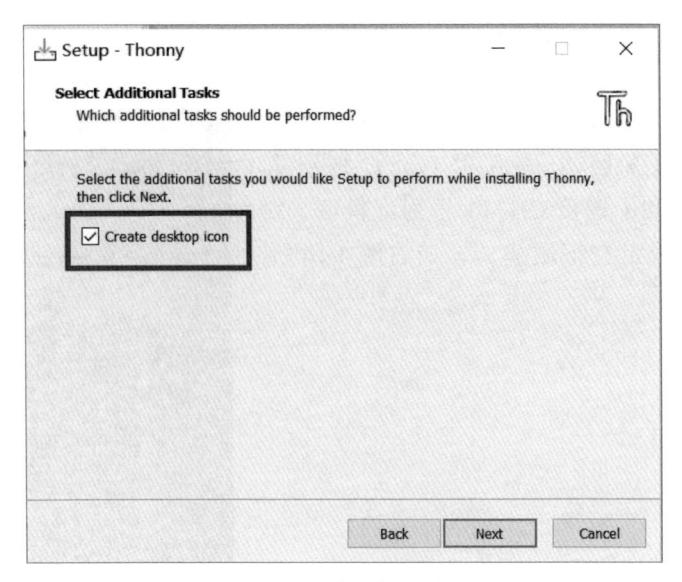

圖 4-14　建立桌面圖標

　　第一次啟用時會進行簡單的設定，如下圖 4-15 所示，操作畫面則是上方視窗編輯程式區，下方視窗為顯示結果或是進行程式互動區。語言（Language）：繁體中文 -TW；初始設定（Initial settings）：Standard。

圖 4-15　Thonny 操作畫面

4.2.3　整合軟硬體開發環境

完成上面軟硬體準備後，先將 CH340 序列埠模塊插到電腦上，1. 是使用 Type C 連到電腦；2. 使用 USB 連接 CH340 序列埠模塊；3. ESP32-CAM 設定在下載模式，如右圖 4-16 所示。

圖 4-16　將 ESP32-CAM 連接到電腦

使用 Thonny 設定直譯器

打開 Thonny IDE，在點擊畫面狀態列的右下角，選擇運行→設定直譯器。

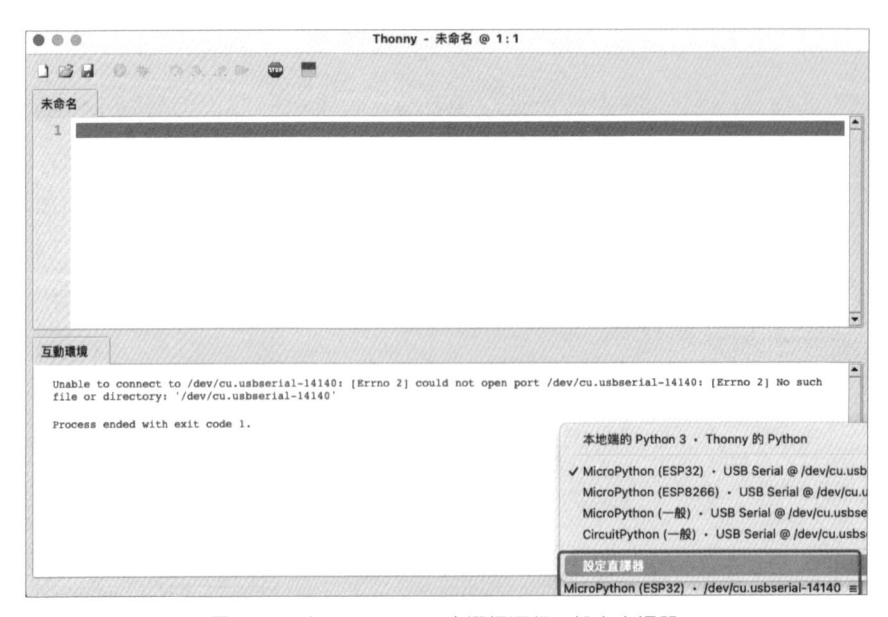

圖 4-17　在 Thonny IDE 中選擇運行→設定直譯器

在 Windows 作業系統中，連接埠選項會自動偵測到已經插入的 CH340 序列埠模塊，所以會顯示 USB-SERIAL CH340（COMX）。

- 直譯器：MicroPython（ESP32）

- 連接埠或 WebREPL：USB-SERIAL CH340（COM3）

最後點擊安裝或更新 MicroPython。

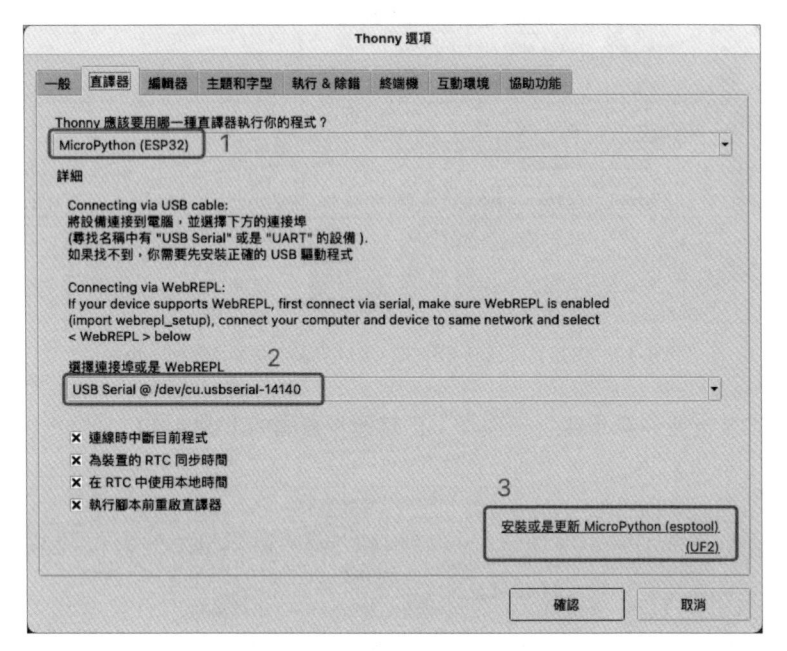

圖 4-18　設定直譯器到 ESP32-CAM

▌使用 Thonny 燒錄韌體

安裝並更新 MicroPython，指定連接埠（Port）跟燒錄檔韌體（Firmware）。

1. 連接埠（Target Port）：USB-SERIAL CH340（COM3）勾選先刪除後安裝（Erase flash before installing）。

2. 選擇從本地安裝，要選安裝按鈕左邊的選單，會出現一個選單，選第一個 Select local MicroPython image... 在本機找到從 github 所下載的 ESP32-CAM 的韌體檔案 esp32-cam-micropython-firmwares-20230717.bin。

3. 會根據本地檔案自動顯示，請勿自行操作。

接著點擊安裝

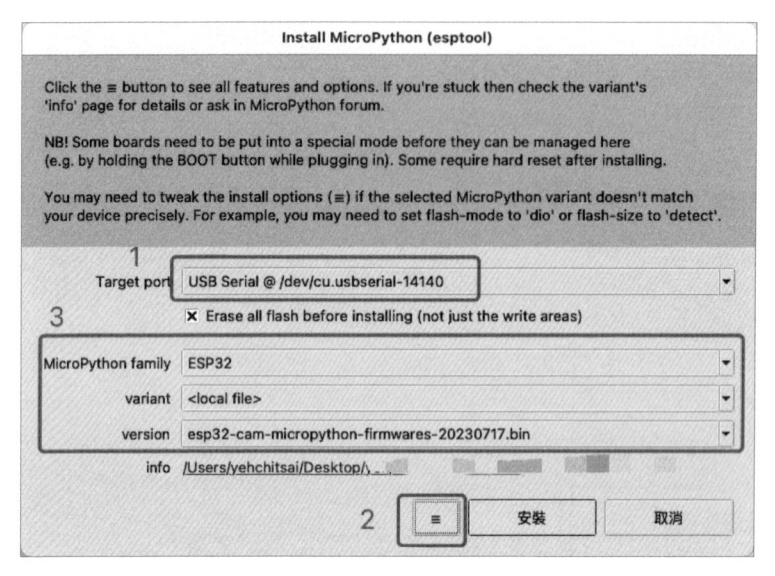

圖 4-19　設定直譯器到 ESP32-CAM 安裝並更新 MicroPython

點擊安裝後要注意是否正常運作，正常運作畫面如下圖 4-20。

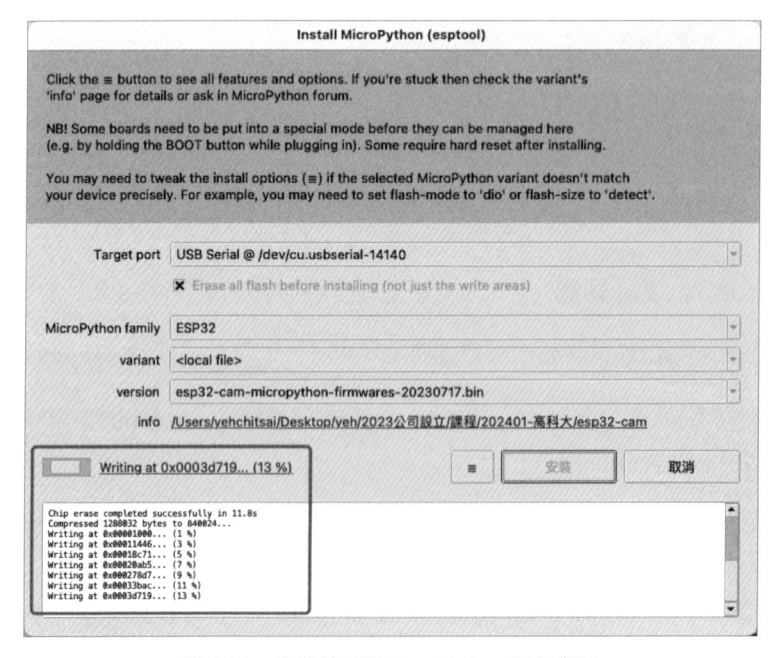

圖 4-20　安裝並更新 MicroPython 運行畫面

進入 Thonny 畫面

燒錄完畢後就可以點擊關閉，回到主畫面，回彈出錯誤訊息。主要是因為目前是下載模式並非執行模式，所以記得：

- 將 ESP32-CAM 的跳線帽移除。
- 當移除後的跳線帽並按下 reset 鍵重啟 ESP32-CAM 後，就會出現 Thonny 成功連接到 ESP32-CAM 中的 MicroPython 調適畫面，如下圖 4-21 所示。

1. 韌體的日期為 2023-07-11。
2. 確認連結埠是正確的。

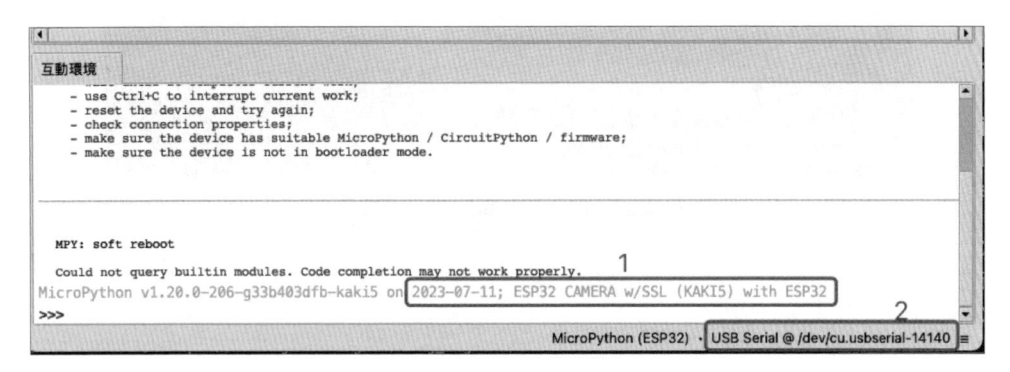

圖 4-21　畫面 Thonny 連接 ESP32 成功的主畫面

當韌體燒錄完畢後，後續只需要跟 ESP32-CAM 內的 MicroPython 進行直接撰寫程式並執行，可以利用 3D 印表機，把 ESP32-CAM 跟電池整合在一起，這樣方便後續程式撰寫完成後，可以單獨讓 ESP32-CAM 獨立運行。圖 4-22 顯示整合之後的成品：

1. type C 的充電線，可以為裝置內的鋰電池進行充電。
2. 電源開關，用來啟動電池為 ESP32-CAM 提供電力。
3. 狀態燈，連接在 ESP32-CAM 的 GPIO13 上，可以用來顯示程式運作狀態。
4. ESP32-CAM 主體。
5. micro USB 訊號連接線，提供 ESP32-CAM 與電腦的資料連接，可以讓開發人員透過此線將程式寫入 ESP32-CAM 中。

圖 4-22 ESP32-CAM 自製開發模組

Chapter 05

ESP32-CAM 基礎應用

學習目標

1. 使用 MicroPython 檔案存取
2. 使用 MicroPython 控制燈號、撰寫 ISR

5.1 使用 MicroPython 檔案存取 – io

本次的範例中會使用到 ESP32-CAM 的檔案存取、燈號控制、Wi-Fi、時間、拍照、網路等功能，接下來會逐步介紹如何使用這些功能。

5.1.1 MicroPython 函式庫說明

MicroPython 提供 Python 標準函式庫功能的內建模塊（例如 os、time）以及 MicroPython 特定的模塊（例如 bluetooth、machine）。大多數標準函式庫模塊實現了等效 Python 模塊的一部分功能，並且在少數情況下提供了一些 MicroPython 特定的擴展（例如 array、os），但由於資源限制或其他限制，某些韌體版本可能不包括官方手冊的所有功能。

以下 Python 的標準函式庫已經過「微化」以適應 MicroPython 的理念，它們提供該模塊的核心功能，旨在成為標準 Python 庫的直接替代品。

- array – 數字數據的陣列
- binascii – 二進制/ASCII 轉換
- builtins – 內建函數和異常
- cmath – 複數的數學函數
- collections – 集合和容器類型
- errno – 系統錯誤代碼
- gc – 控制垃圾收集器
- hashlib – 雜湊算法
- heapq – 堆隊列算法
- io – 輸入/輸出流
- json – JSON 編碼和解碼
- math – 數學函數
- os – 基本的「操作系統」服務
- random – 生成隨機數
- re – 簡單的正則表達式
- select – 等待一組流上的事件
- socket – 網路插座模塊
- ssl – SSL/TLS 模塊
- struct – 打包和解包原始數據類型
- sys – 系統特定的功能
- time – 時間相關函數
- uasyncio – 異步 I/O 調度程序
- zlib – zlib 解壓
- _thread – 多線程支援

原則上，標準模塊都實現了相應 CPython 模塊的一個子集，相關資訊，可以參閱原始 CPython 文檔。CPython 是 Python 編程語言的參考實現，也是最著名的一種。然而，它是眾多實現中的一種（包括 Jython、IronPython、PyPy 和 MicroPython）。雖然 MicroPython 的實現與 CPython 有很大不同，但它旨在盡可能保持兼容性。

5.1.2 io – 輸入 / 輸出

```
io.open(file, mode='r', buffering=-1, encoding=None, errors=None, newline=None, closefd=True, opener=None)
```

打開一個檔案，並返回檔案物件，使用 open() 方法一定要保證關閉檔案物件，即呼叫 close() 方法。所有移植物件（port）都需要支援模式參數（mode），但對其他參數的支援因移植物件而異。

參數說明

- file：必需，檔案路徑（相對或者絕對路徑）。
- mode：可選，檔案打開模式。
- buffering：設置緩衝。
- encoding：一般使用 utf8。
- errors：報錯級別。
- newline：區分換行符。
- closefd：傳入的 file 參數類型。
- opener：設置自定義開啟器，開啟器的返回值必須是一個打開的檔案描述符。

表 5-1　open() 打開模式（mode）

參數	描述
r	以只讀方式開啟（默認）
w	以寫入方式打開檔案，會覆蓋已存在的檔案
x	如果檔案已經存在，會引發異常
a	以寫入方式打開檔案，已末尾追加方式寫入
b	以二進制模式打開檔案
t	以文本模式打開（默認）
+	可讀寫模式
U	通用換行符支援

表 5-2　檔案物件常見的方法

方法	描述
close()	關閉檔案
read(size=-1)	從檔案讀取 size 個字符，未給定 size 或給定負值，會讀取剩餘的所有字符，回傳字符串
readline()	讀取一行
write(str)	將字符串 str 寫入檔案
writelines(seq)	向檔案寫入字符串序列 seq，seq 是一個返回字符串的可迭代物件
seek(offset, from)	在檔案中移動檔案指針，從 from（0 －檔案起始位置，1 －當前位置，2 －檔案末尾）偏移 offset 個字節
tell()	返回檔案指針所在字節數

以下為寫入一個檔案，再將數據讀取出來。

參考代碼

```
import io
f = open('myfile.txt', 'w')
f.write('''Jupyter 是基於網頁的用於交互計算的應用程序，
可被應用於全過程計算：開發、文檔編寫、
運行代碼和展示結果。''')
f.close()


f = open('myfile.txt')
```

```
print(f.read())
f.close()
```

輸出結果

Jupyter 是基於網頁的用於交互計算的應用程序,可被應用於全過程計算:開發、文檔編寫、運行代碼和展示結果。

下圖 5-1 是使用 Thonny 的執行結果:

1. 將程式碼儲存在 MicroPython 設備(ESP32-CAM)中。
2. 點擊執行按鈕後,可以在下方視窗看到結果。

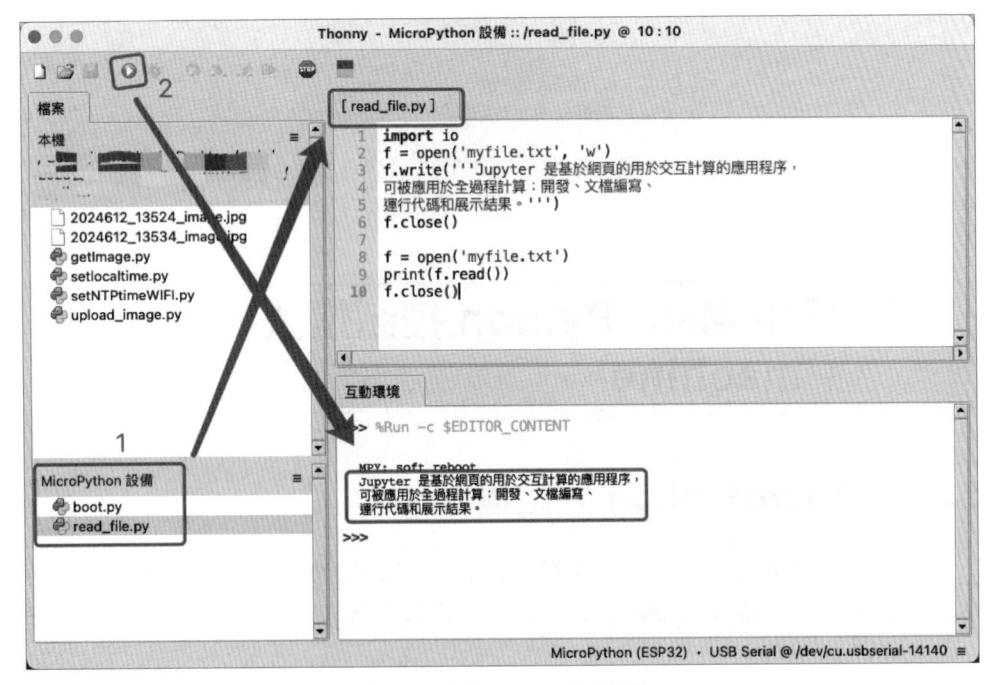

圖 **5-1** 使用 Thonny 執行結果

可以在上方工具列上的選擇〔檢視〕→〔檔案〕，就會出現左方的檔案窗格。

圖 5-2　顯示左方的檔案窗格

5.2　使用 MicroPython 控制燈號、撰寫 ISR – machine

5.2.1　MicroPython 特定模組

因為 MicroPython 主要是應用在單晶片上，所以與硬體有關的模組，需要根據不同的硬體來提供不同的實現的方式，以下是常見的特定模組功能。

- bluetooth – 低級藍芽

- btree – 簡單的 BTree 數據庫

- cryptolib – 加密密碼

- framebuf – 幀緩衝區操作
- machine – 與硬體相關的函數
- micropython – 訪問和控制 MicroPython 內部
- network – 網路配置
- ntptime – 時間同步

5.2.2　machine – 與硬體相關的功能

該 machine 模組包含與特定電路板上的硬體相關的特定功能。該模組中的大多數功能允許直接和不受限制地訪問和控制系統上的硬體塊（如 CPU，定時器，總線等）。使用不當，可能導致故障，鎖定，電路板崩潰，以及在極端情況下硬體損壞。

以下是與硬體相關的類別：

- Pin – 控制 I/O 針腳
- ADC – 模數轉換
- TouchPad – 觸摸面板
- PWM – 脈衝寬度調制
- UART – 雙工串行通信總線
- I2C – 雙線串行協定
- SPI – 串行外設接口總線協定（主端）
- Timer – 控制硬體定時器
- RTC – 即時時鐘
- WDT – 看門狗定時器

▍Pin – 控制 I/O 針腳

針腳對象用於控制 I/O 針腳（也稱為 GPIO – 通用輸入 / 輸出）。針腳對象通常與可以驅動輸出電壓和讀取輸入電壓的物理針腳相關聯。針腳類具有設置針腳模式

（IN、OUT 等）的方法以及獲取和設置數位邏輯電平的方法。透過使用明確指定某個 I/O 針腳的識別碼來構造針腳對象。允許的識別碼形式和識別碼映射到的物理針腳是特定於端口的。識別碼的可能性是整數，字串或具有端口和針腳號的元組。

ESP32-CAM 內建有兩個發光二極管（light-emitting diode，以下簡稱 LED）外設，分別是接在通用型之輸入輸出（General-purpose input/output，以下簡稱 GPIO）4、33，一個是閃光燈 LED，一個是紅燈 LED。以下示例代碼為針對 I/O 針腳 33 進行輸出（output）操作。因為針腳 33 在 ESP32-CAM 中視對應到它的紅色 LED 燈，而這個裝置是低電壓的時候會觸動，高電壓是關閉。

參考代碼

```
from machine import Pin

# create an output pin on pin #33
p0 = Pin(33, Pin.OUT)

# set the value low then high
# 打開 ESP32-CAM 的紅色 LED
p0.value(0)
# 關閉 ESP32-CAM 的紅色 LED
p0.value(1)
class Pin.Pin(id, mode=1, pull=1, value, drive, alt)
```

訪問與給定相關的針腳外設（GPIO 針腳）id。如果在構建對象中給出了其他參數，則它們用於初始化針腳。未指定的任何設置將保持其先前的狀態。

參數

- id 是強制性的，可以是任意對象。可能的值類型包括：int（內部針腳識別碼），str（針腳名稱）和元組（[port，pin] 對）。如是使用 mPython, 可用 Pin.P（0~20），例如（Pin.P0）P0 針腳提供映射為 GPIO。

- mode 指定針腳模式，可以是以下之一：

    - Pin.IN – 針腳配置為輸入。如果將其視為輸出，則針腳處於高阻態。

    - Pin.OUT – 針腳配置為（正常）輸出。

- Pin.OPEN_DRAIN – 針腳配置為開漏輸出。開漏輸出以下列方式工作：如果輸出值設置為 0，則針腳處於低電平有效；如果輸出值為 1，則針腳處於高阻態。並非所有端口都實現此模式，或某些端口可能僅在某些針腳上實現。

- Pin.ALT_OPEN_DRAIN - 針腳配置為漏極開路。

• pull 指定針腳是否連接了（弱）拉電阻，可以是以下之一：

- None – 無上拉或下拉電阻

- Pin.PULL_UP – 上拉電阻使能

- Pin.PULL_DOWN – 下拉電阻使能

• value 僅對 Pin.OUT 和 Pin.OPEN_DRAIN 模式有效，並指定初始輸出針腳值，否則針腳外設的狀態保持不變。

- Pin.on() – 設置針腳為高電平

- Pin.off() – 設置針腳為低電平

PWM – 脈衝寬度調制

```
machine.PWM(pin, freq, duty)
```

創建與設定針腳關聯的 PWM 對象，這樣就可以寫該針腳上的模擬值。

- pin：支援 PWM 的針腳，GPIO0、GPIO2、GPIO4、GPIO5、GPIO10、GPIO1219、GPIO21、GPIO22、GPIO23、GPIO2527。詳見 ESP32 針腳功能表。

- freq：頻率，0 < freq <= 78125 Hz，代表充電頻率，數值低的話會閃爍，數值高的話高源比較穩定。

- duty：佔空比，0 ≤ duty ≤ 0x03FF（十進制：0 ≤ duty ≤ 1023），代表亮度，數值越高，越亮。

PWM.init(freq, duty)

初始化 PWM 的 freq 與 duty。

PWM.freq([freq_val])

當沒有參數時，函數獲得並返回 PWM 頻率。當設置參數時，函數用來設置 PWM 頻率，無返回值。

PWM.deinit()

關閉 PWM。PWM 使用完了之後，需要註銷 deinit()。

以下示例代碼為針對 I/O 針腳 4，白色 LED 燈進行脈衝寬度調制操作，而這個裝置是高電壓的時候會觸動，低電壓是關閉，取得原始頻率，並改為 10，暫停 5 秒，觀察改變後效果，再設定 duty 為 5，暫停 5 秒，觀察改變後效果，最後關閉 PWM。

參考代碼

```
from machine import Pin, PWM
import time
pwm = PWM(Pin(4))        # create PWM object from a pin
print(pwm.freq())        # get current frequency (default 5kHz)
time.sleep(5)
pwm.freq(10)             # set PWM frequency from 1Hz to 40MHz
time.sleep(5)

print(pwm.duty())        # get current duty cycle, range 0-1023 (default 512, 50%)
pwm.duty(5)              # set duty cycle from 0 to 1023 as a ratio duty/1023, (now 25%)
time.sleep(5)
pwm.deinit()
```

輸出結果

```
5000
512
```

Timer 計時器

在合適的硬體上，MicroPython 提供了用 Python 編寫中斷處理程序的能力。中斷處理程序——也稱為中斷服務程序（ISR）——被定義為回調函數。這些是為了響應諸如定時器觸發或引腳上的電壓變化之類的事件而執行的。此類事件可能發生在程序代碼執行過程中的任何一點。這會帶來重大後果，其中一些是 MicroPython 語言特有的。其他的對於能夠響應實時事件的所有系統都是通用的。

```
定時器與引腳觸發示例
from machine import Timer, Pin
# 緊急異常緩衝區
import micropython
micropython.alloc_emergency_exception_buf(100)
# LED 狀態反轉
def toggle_led(led_pin):
    led_pin.value(not led_pin.value())

def led_blink_timed(timer, led_pin, millisecond):
    '''
    led 按照特定的頻率進行閃爍
    LED 閃爍週期 = 1000ms / 頻率
    狀態變換間隔 (period) = LED 閃爍週期 / 2
    '''
    # 計算狀態變換間隔時間 ms
    period = int(0.5 * millisecond)
    # 初始化定時器
    # 這裡回調是使用了 lambada 表達式，因為回調函數需要傳入 led_pin
    timer.init(period=period, mode=Timer.PERIODIC, callback=lambda t: toggle_led(led_pin))

# 聲明引腳 D2 作為 LED 的引腳
led_pin = Pin(33, Pin.OUT)
timer = Timer(1)    # 創建定時器對象
# 定時器觸發
led_blink_timed(timer, led_pin, millisecond=500)
# 引腳上的電壓變化觸發
led_pin.irq(trigger=Pin.IRQ_FALLING, handler=lambda t:print("IRQ_FALLING"))
```

Note

Chapter **06**

ESP32-CAM 進階應用

學習目標

1. 使用 MicroPython 連接 Wi-Fi、同步 NTP
2. 使用 MicroPython 安裝新模組與使用
3. 使用 MicroPython 拍照

6.1 使用 MicroPython 連接 Wi-Fi、同步 NTP

6.1.1　network – 網路配置

本模組提供了特定硬體的網路驅動程序，用於配置硬體網路接口。然後，可以通過 usocket 模組使用已配置接口提供的網路服務。

函數

network.phy_mode([mode])

配置 PHY 模式。定義的模式常數如下：

mode

- MODE_11B -- IEEE 802.11b,1
- MODE_11G -- IEEE 802.11g,2
- MODE_11N -- IEEE 802.11n,4

network.WLAN(interface_id)

新增 WLAN 網路接口物件。

interface_id

- network.STA_IF 站點也稱為客戶端，連接到上游 Wi-Fi 接入點。
- network.AP_IF 作為熱點，允許其他 Wi-Fi 客戶端接入。熱點模式允許用戶將自己的設備配置為熱點，這讓多個設備之間的無線連接在不借助外部路由器網路的情況下成為可能。

WLAN.active(is_active)

帶有參數時，為是否啟用，不帶參數為查詢當前狀態。當啟用 Wi-Fi 功能後，功耗會增加。當不使用 Wi-Fi 功能可使用 active 來真正關閉物理層的無線網路。

is_active

- True 啟用網路接口
- False 停用網路接口

WLAN.connect(ssid, password)

使用指定的密碼連接到指定的無線網路

- ssid：Wi-Fi 名稱
- password：Wi-Fi 密碼

WLAN.disconnect()

斷開當前連接的無線網路。

WLAN.status()

返回無線連接的當前狀態。

- STAT_IDLE -- 沒有連接，沒有活動 -1000
- STAT_CONNECTING -- 正在連接 -1001
- STAT_WRONG_PASSWORD -- 由於密碼錯誤而失敗 -202
- STAT_NO_AP_FOUND -- 失敗，因為沒有接入點回復 ,201
- STAT_GOT_IP -- 連接成功 -1010
- STAT_ASSOC_FAIL -- 203
- STAT_BEACON_TIMEOUT -- 逾時 -200
- STAT_HANDSHAKE_TIMEOUT -- 握手逾時 -204

WLAN.isconnected()

在 STA 模式下，如果連接到 Wi-Fi 接入點並具有有效的 IP 地址則返回 True，否則返回 False。

在 AP 模式下，當站點連接時返回 True，否則返回 False。

WLAN.ifconfig([(ip, subnet, gateway, dns)])

不帶參數時，返回一個 4 元組（ip, subnet_mask, gateway, DNS_server）；帶參數時，配置靜態 IP。

- ip：IP 地址
- subnet_mask：子網遮罩
- gateway：閘道
- DNS_server：DNS 服務器

wlan.config('param')

wlan.config(param=value, ...)

獲取或配置常規網路接口參數。這些方法允許使用超出標準 IP 配置的其他參數（如所處理 wlan.ifconfig()）。這些包括特定於網路和硬體的參數。對於配置參數，應使用關鍵字參數語法，可以一次配置多個參數。

表 6-1　關鍵字參數語法表

param	value
mac	MAC address（bytes）
essid	Wi-Fi access point name（string）
channel	Wi-Fi channel（integer）
hidden	Whether ESSID is hidden（boolean）
authmode	Authentication mode supported（enumeration, see module constants）
password	Access password（string）

```
# enable station interface and connect to Wi-Fi access point
import network
import binascii

wlan = network.WLAN(network.STA_IF)
wlan.active(True)
if not wlan.isconnected():
    print('connecting to network...')
    wlan.connect('your-ssid', 'your-password')
    while not wlan.isconnected():
        pass
print('network config: ', wlan.ifconfig())
print('MAC Address: ',binascii.hexlify(wlan.config('mac')).decode())
wlan.disconnect()
```

輸出結果

```
connecting to network...
network config:  ('192.168.233.160', '255.255.255.0', '192.168.233.106', '192.168.233.106')
MAC Address:   08b61f283b60
```

6.1.2　time – 時間相關功能

　　time 模組提供獲取當前時間和日期、測量時間間隔和延遲的函數。時間紀元（Time Epoch）：Unix 設備使用 1970-01-01 00：00：00 UTC 的 POSIX 系統紀元標準。但是，嵌入式設備使用 2000-01-01 00：00：00 UTC 的紀元。

　　維護實際日曆日期／時間需要即時時鐘（RTC）。在具有底層作業系統（包括某些 RTOS）的系統上，RTC 可能是隱式的。配置和維護實際日曆時間是 OS/RTOS 的責任，是在 MicroPython 之外完成的，它只是使用 OS API 來查詢日期／時間。然而，在裸機端口上，系統時間取決於 machine.RTC() 物件。當前日曆時間可透過 machine.RTC().datetime(tuple) 函數配置。

　　在嵌入系統中，通常透過以下方式維護時間：

- 備用電池（可能是特定板的附加可選組件）。
- 使用網路時間協議（需要由端口／用戶配置）。
- 由用戶在每次供電時手動配置（許多板在硬復位後保持 RTC 時間，儘管在這種情況下有些可能需要再次配置）。

time.time()

　　以整數形式返回自 Epoch 以來的秒數，但因為 ESP32-CAM 並有沒有電池，所以每次開機的預設時間為 2000-01-01 00：00：00 UTC。如果想開發可移植的 MicroPython 應用程序，不應該依賴這個函數來提供系統日期，建議使用網路時間協議（Network Time Protocol, NTP）。如果需要更高的精度，請使用 time_ns()，如果可以接受相對時間，則使用 ticks_ms() 和 ticks_us() 函數。

time.time_ns()

　　類似於 time() 但返回自 Epoch 以來的納秒，為一個整數。

time.ticks_ms()

　　返回帶有任意參考點的遞增毫秒計數器，為一個整數。

time.ticks_us()

　　就像 ticks_ms() 上面一樣，但以微秒為單位。

正常來說 ESP32-CAM 並沒有配置電池，所以每次連接到電腦時，ESP32-CAM 的時間應該是 2000-01-01 00：00：00 UTC，然而，我們是使用 Thonny 來進行開發 ESP32-CAM，所以如果要觀察沒經過調整後的時間，必須把 Thonny 的自動配置時間功能關閉，如下圖 6-1 所示。

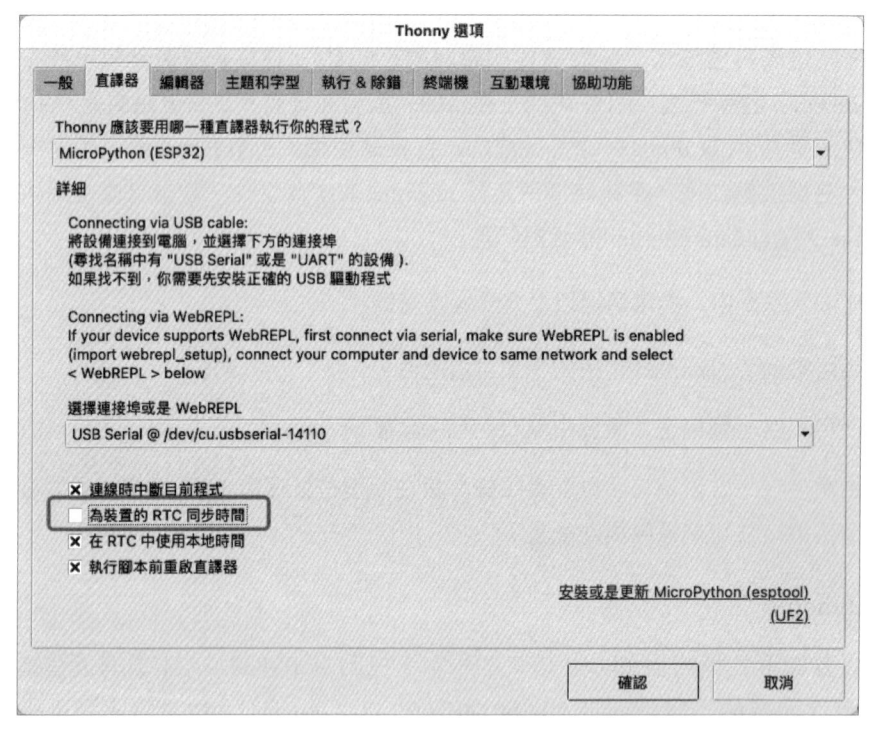

圖 6-1　Thonny 選項中，關閉為裝置的 RTC 同步時間

```
import time
time.time()
time.time_ns()
time.ticks_ms()
time.ticks_us()
```

輸出結果顯示，從為 ESP32-CAM 供電，到執行這段程式的時間為 13 秒：

```
13
13336137000
13335
13343443
```

time.gmtime（[secs]）time.localtime（[secs]）將自 Epoch 以來以秒錶示的時間秒，轉換為一個 8 元組，其中包含：（year, month, mday, hour, minute, second, weekday, yearday）。

該 gmtime() 函數以 UTClocaltime() 返回日期時間元組，並以本地時間返回日期時間元組。

8 元組中條目的格式為：

- 年份包括世紀（例如 2014）。

- 月份是 1-12

- mday 是 1-31

- 小時是 0-23

- 分鐘是 0-59

- second 是 0-59

- 週一至周日是 0-6

- 年日是 1-366

以下代碼為取得目前時間，因為 ESP32-CAM 無法持續維護時間，所以得到的時間預設為為自 2000 年 1 月 1 日以來的開機秒數。

參考代碼

```
import time
localtime = time.localtime(time.time())
print("localtime :", localtime)
gmtime = time.gmtime(time.time())
print("gmtime :", gmtime)
```

輸出結果

```
localtime : (2000, 1, 1, 0, 2, 14, 5, 1)
gmtime : (2000, 1, 1, 0, 2, 14, 5, 1)
```

time.mktime() 這是本地時間的反函數。它的參數是一個完整的 8 元組，表示按照本地時間的時間格式。會返回一個整數，它是自 2000 年 1 月 1 日以來的秒數。以下參考代碼是利用 mktime 函數生成指定日期的秒數，再透過 machine.RTC().datetime 設定系統時間。

```
import time, machine
# 指定特定時間，格式為 (year, month, mday, hour, minute, second, weekday, yearday)
tup = (2023, 3, 1, 19, 18, 26, 2, 60)
setupTime = time.mktime(tup)
print("localtime :", time.localtime(setupTime))
# 將特定時間寫入硬體 RTC 中，格式為 (year, month, day, weekday, hours, minutes, seconds, subseconds)
timeforRTC = (2023, 3, 1, 2, 19, 18, 26, 0)
machine.RTC().datetime(timeforRTC)
print("localtime :", time.localtime(time.time()))
```

輸出結果

```
localtime : (2023, 3, 1, 19, 18, 26, 2, 60)
localtime : (2023, 3, 1, 19, 18, 26, 2, 60)
```

time.sleep(seconds) 睡眠給定的秒數。某些板可能接受秒作為浮點數以休眠幾秒鐘。請注意，為了與它們的使用 sleep_ms() 和 sleep_us() 功能兼容，其他板可能不接受浮點參數。

time.sleep_ms(ms) 給定毫秒數的延遲，應為正數或 0。此函數將延遲至少給定的毫秒數，但如果必須進行其他處理，例如中斷處理程序或其他線程，則可能需要更長的時間。

time.sleep_us(us) 給定微秒數的延遲，應為正數或 0。

參考代碼

```
import time
print("Now : (ms)", time.ticks_ms())
# 等待 1 秒
time.sleep(1)
print("Now : (ms)", time.ticks_ms())
# 等待 10 毫秒 (1/1000 秒)
```

2. 刪除 usp=pp_url。

3. 修改 entry.898245151=32.0，將 32.0 改成打算傳給 google forms 的溫度數值，比方說 entry.898245151=35.2。

4. 在最後面加上 &submit=submit。

   修改完，如下圖 6-6 所示，將這個網址貼到瀏覽器上。

   https://docs.google.com/forms/d/e/1FAIpQLScuWtqDbWAMqiRqc4PnRqBNTBXxKKxTjy-7rG6mBgjqwb7cTA/formResponse?entry.898245151=35.2&submit=submit

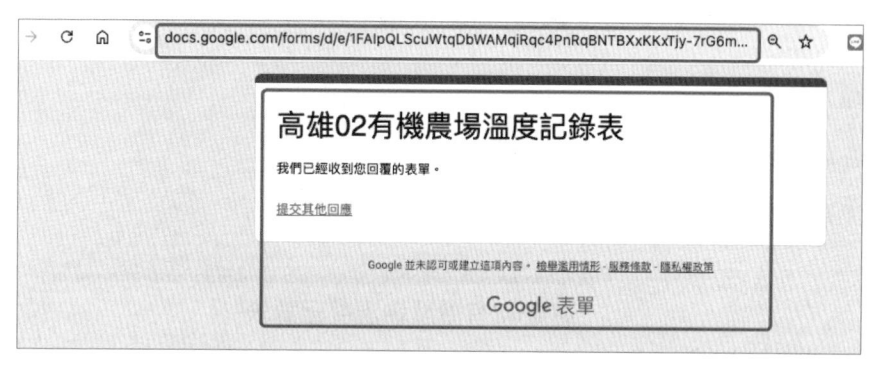

圖 6-6　輸入修改後的預先填入的連結網址

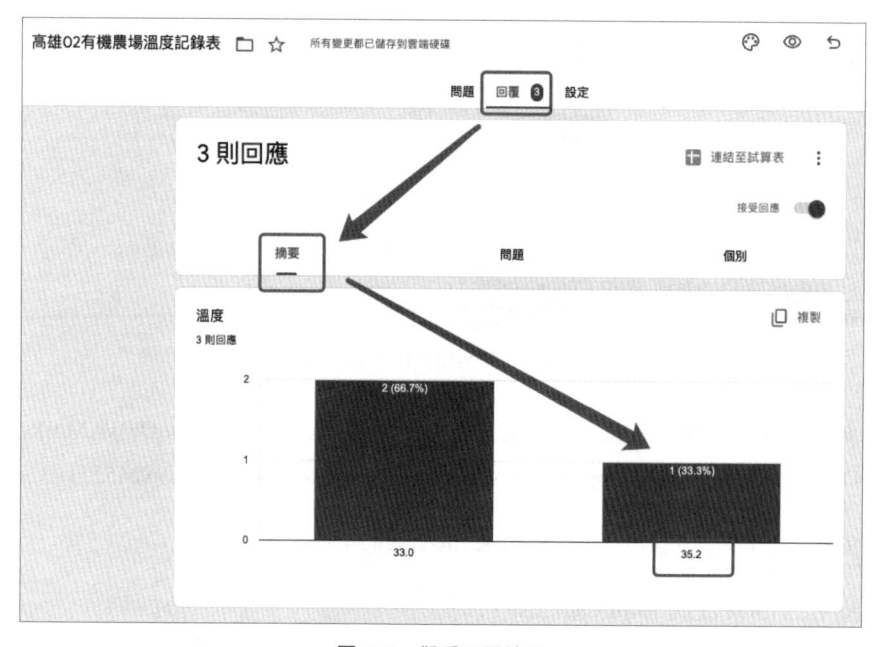

圖 6-7　觀看回覆結果

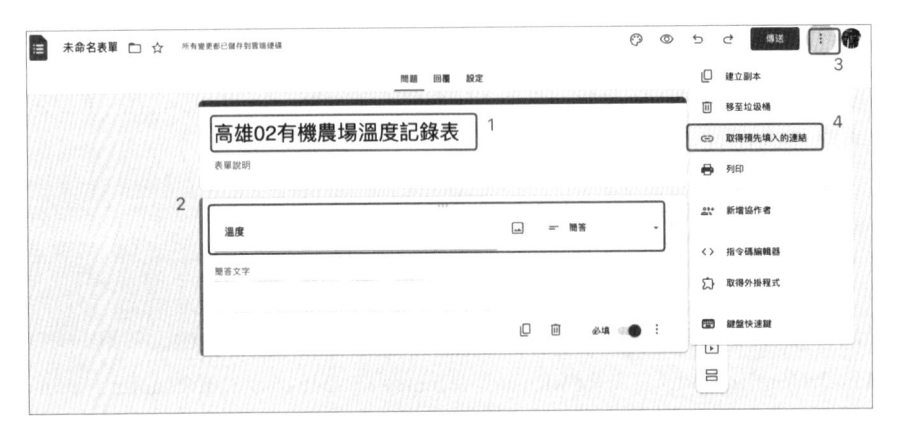

圖 6-4　新增 Google Forms

1. 輸入溫度。
2. 點擊〔取得連結〕。
3. 點擊〔複製連結〕。

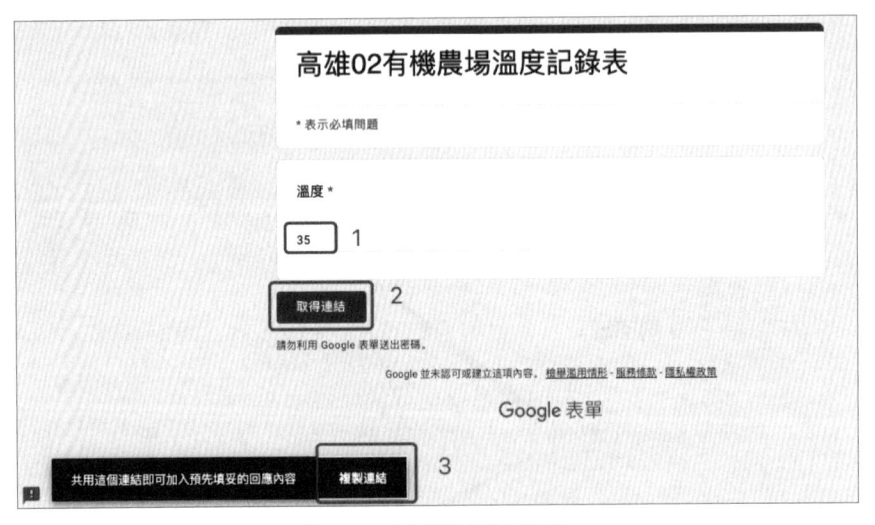

圖 6-5　取得預先填入的連結

連結格式如下 https://docs.google.com/forms/d/e/1FAIpQLScuWtqDbWAMqiRqc4PnRqBNTBXxKKxTjy-7rG6mBgjqwb7cTA/viewform?usp=pp_url&entry.898245151=32.0

修改後方的 viewform?usp=pp_url&entry.898245151=32.0

1. 將 viewform 改成 formResponse。

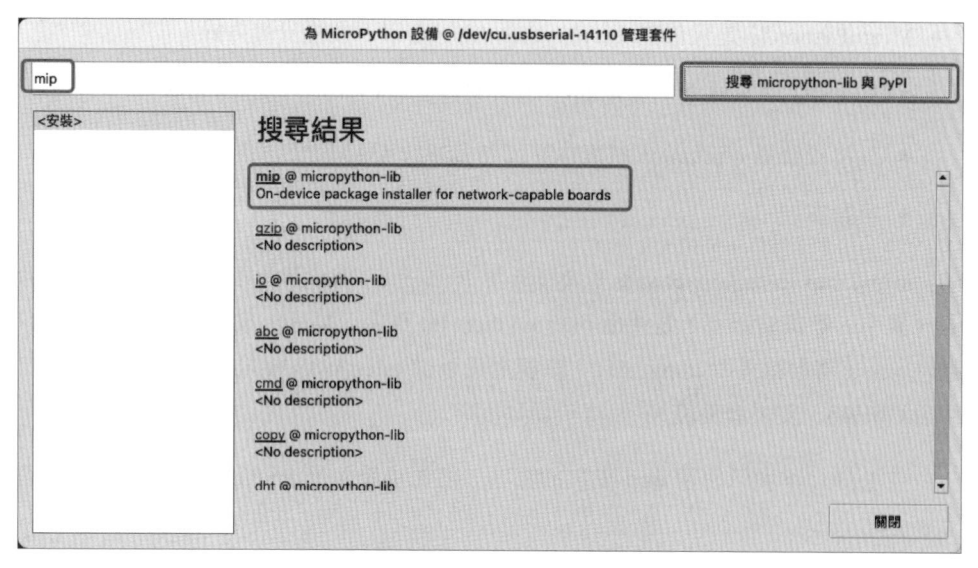

圖 6-2　使用 Thonny 安裝 mip

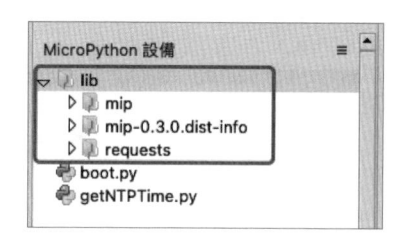

圖 6-3　mip 安裝在 ESP32-CAM 所在路徑

6.2.2　模擬溫度感測器 – 串接 Google Forms

設定 Google Forms

接下來要練習從 ESP32-CAM 上傳溫度到 Google Forms 中，首先先建立 Google Forms，用來記錄溫度的表格：

1. 輸入表格名稱：高雄 02 有機農場溫度記錄表。

2. 設定表格欄位：溫度，類型選擇簡答。

3. 點選右上角選單。

4. 選擇取得預先填入的連結。

- MicroPython 則是發佈在 micropython-lib，有以下幾種安裝方式。
  - 在 ESP32-CAM 上，使用 upip 套件管理器，v1.19 後已改為 mip
  - 在本機使用 mpremote 將套件安裝在 ESP32-CAM 上
  - 手動安裝

mip（mip installs packages）的概念與 Python 的 pip 工具相似，但是它不使用 pypi 索引，默認情況下，是使用 micropython-lib 作為其索引。從 micropython-lib 下載時，mip 將自動獲取 .mpy 文件。該模組可以從 micropython-lib 和第三方站點（套件括 GitHub）安裝套件裝。

在 REPL 環境下使用 mip 安裝的語法，但先決條件是 ESP32-CAM 必須要先連上網。

```
import mip
mip.install("pkgname")   # 直接指定套件名稱，會從 https://micropython.org/pi/v2 找尋並安裝
mip.install("pkgname", version="x.y")   # 指定套件名稱與版次
mip.install("pkgname", mpy=False)   # 安裝原碼文件（會是 .py 而不是 .mpy 檔）
mip.install("http://example.com/x/y/foo.py")   # 安裝第三方套件
mip.install("github:org/repo/path/foo.py", target="third-party") # 從 GitHub 直接安裝
mip.install("github:org/user/path/package.json") # 安裝比較複雜的套件，套件含了一些相依庫的描述
```

mip 預設會把套件安裝在（/lib）中。如果有指定 target 選項，則會安裝在該目錄，但記得在 sys.path 變量中，加入該目錄（sys.path.append（"third-party"）），不然 import 會找不到該套件的所在位置。

安裝 mip

因為原先韌體預設沒有安裝 mip，所以要透過遠程方式（mpremote）安裝 mip，我們可以使用 Thonny 的畫面來操作這個安裝功能，選擇工具列中的工具→管理套件，進入套件管理畫面，如下圖所示。

下圖可以看到在 Thonny 上進行安裝 mip，會連到 PyPI 與 micropython-lib 網站進行搜尋並下載安裝，會安裝在 ESP32-CAM 的 /lib 路徑，安裝時會一併安裝相依套件 requests，安裝完畢後再進入 Thonny 環境，就可以正常使用 mip。

```python
print(" 同步前本地時間 :%s" %str(time.localtime()))
# connect to Wi-Fi
wlan = network.WLAN(network.STA_IF)
wlan.active(True)
wlan.connect('your-ssid', 'your-password')
while not wlan.isconnected():
    pass
print('connected')

ntptime.host = 'time.stdtime.gov.tw'
ntptime.settime()
print(" 同步後 UTC 時間 :%s" %str(time.localtime()))
taipei_timezone = 8
(year, month, day, hour, minute, second, weekday, yearday) = time.gmtime(time.time())
timeforRTC = (year, month, day, weekday, hour + taipei_timezone, minute, second, 0)
machine.RTC().datetime(timeforRTC)
print(" 根據時間調整後的本地時間 :%s" %str(time.localtime()))
```

輸出結果

```
同步前本地時間 :(2000, 1, 1, 0, 0, 29, 5, 1)
connected
同步後 UTC 時間 :(2024, 8, 11, 8, 54, 22, 6, 224)
根據時間調整後的本地時間 :(2024, 8, 11, 16, 54, 22, 6, 224)
```

6.2　使用 MicroPython 安裝新模組與使用

在電腦的 Python 可以透過 pip 來安裝第三方的套件，本篇文章主要是介紹如何在 MicroPython 裡安裝新的套件 requests，以及透過這新套件上傳資料到 Google Forms，模擬上傳溫度的感測功能。

6.2.1　安裝套件

以下步驟表示新增和使用套件時的流程：

- Python 模組和套件被轉換為分發套件檔案，並在 Python 套件索引（PyPI）上發佈。

```
time.sleep_ms(10)
print("Now : (ms)", time.ticks_ms())
```

輸出結果

```
Now : (ms) 2787980
Now : (ms) 2788981
Now : (ms) 2788991
```

6.1.3　ntptime – 時間同步

該模組用於時間同步，提供準確時間，國際標準時間（UTC）。Network Time Protocol（NTP）是用來使計算機時間同步化的一種協議，它可以使計算機對其服務器或時鐘源（如石英鐘、GPS 等等）做同步化。它可以提供高精準度的時間校正。

ntptime.settime()

同步時間服務器的國際標準時間。

ntptime.host

時間服務器，預設時間服務器為 "pool.ntp.org"。

台灣可用的 ntp server 如下：

- tock.stdtime.gov.tw
- watch.stdtime.gov.tw
- time.stdtime.gov.tw
- clock.stdtime.gov.tw
- tick.stdtime.gov.tw

示例中先連上指定的 Wi-Fi，取得網路連線，接著時間服務器，接著 ESP32-CAM 同步時間服務器的時間，接著再設定時區時間：

```
import time, network, ntptime
import machine
```

使用 ESP32-CAM 回覆

❑ 安裝 urequests

在 Thonny 中安裝 urequests，因為需要透過這個套件才能模擬瀏覽器的動作，說明一下，mip 也有安裝 requests 的套件，但這個套件無法是用 https 的存取，所以需要額外安裝套件。

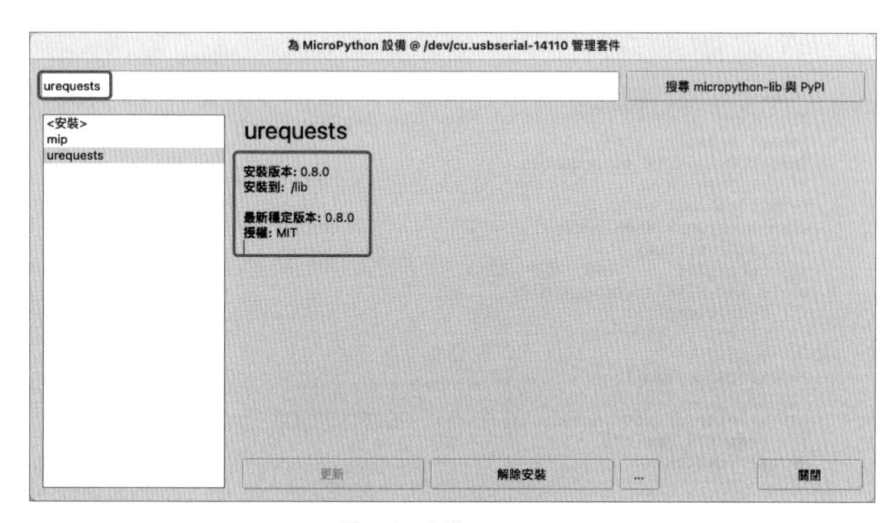

圖 6-8　安裝 urequests

在接著在 Thonny 中輸入以下程式碼，記得將

- 7 行：Wi-Fi 的 ssid 跟 password 替換成自己的 Wi-Fi 帳號。

- 14 行：輸入修改後的預先填入的連結網址，記得再將溫度修改一下，好辨識是否是新資料。

```
import network, time
import urequests as requests

print('connect ot Wi-Fi')
wlan = network.WLAN(network.STA_IF)
wlan.active(True)
wlan.connect('your-ssid', 'your-password')
while not wlan.isconnected():
    time.sleep(1)
    print('.',end='')
```

```
    pass
print('connected')

url = 'https://docs.google.com/forms/d/e/1FAIpQLScuWtqDbWAMqiRqc4PnRqBNTBXxKKxTjy-7rG6mBgjqwb7cTA/formResponse?entry.898245151=32.5&submit=submit'
r = requests.get(url)
print(r.reason)
```

執行成功會顯示 OK。

```
[ get_google_forms.py ]
 1  import network, time
 2  import urequests as requests
 3
 4  print('connect ot Wi-Fi')
 5  wlan = network.WLAN(network.STA_IF)
 6  wlan.active(True)
 7  wlan.connect( , '' ,        )
 8  while not wlan.isconnected():
 9      time.sleep(1)
10      print('.',end='')
11      pass
12  print('connected')
13
14  url = 'https://docs.google.com/forms/d/e/1FA...
15  r = requests.get(url)
16  print(r.reason)
```

```
>>> %Run -c $EDITOR_CONTENT

MPY: soft reboot
connect ot Wi-Fi
...connected
b'OK'

>>>
```

圖 6-9　安裝 urequests

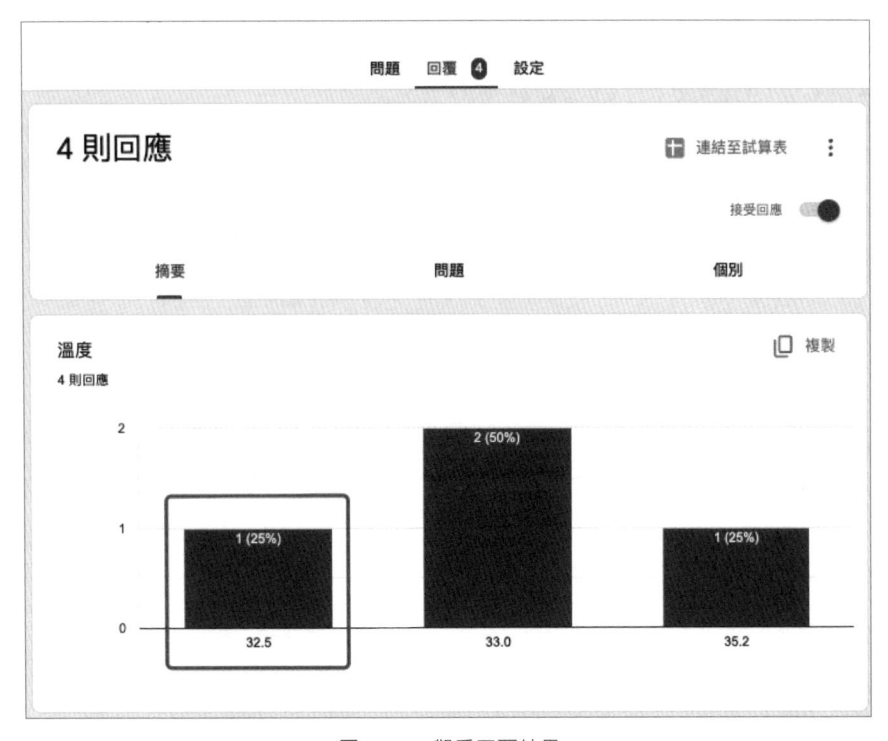

圖 6-10　觀看回覆結果

6.3　使用 MicroPython 拍照

6.3.1　攝影機硬體規格

根據 ESP32-CAM 的規格書上所說，它支援 OV2640 和 OV7670 攝影鏡頭，而我們所下載的韌體版本只支援 OV2640，在操作軟體之前必須先理解一下硬體規格，這樣才可以有效發揮它的硬體效能。

| OV2640 硬體規格

- 像素：200 萬像素（UXGA 1622X1200）
- 供電電壓：3.3V
- IO 電壓：1.7V ~ 3.3V DC

6-17

- 輸出格式：
  - YUV（422/420）/YCnCr422
  - RGB565/555
  - 8-bit compressed data
- 圖片輸出速度：
  - UXGA/SXGA 15fps
  - UXGA/SXGA 30fps
  - SVGA 30fps
  - CIF 60FPS
- 高靈敏度適合低照度應用
- 低電壓適合嵌入式應用
- 標準的 SCCB 接口，兼容 I2C 接口
- 自動影響控制功能包括：自動曝光控制、自動增益控制、自動白平衡，自動消除燈光條紋、自動黑電平校準
- 圖像細節控制包括色飽和度、色相、伽瑪、銳度 ANTI_BLOOM
- 支援圖像縮放
- 鏡頭失光補償
- 飽和度自動調節
- 邊緣增強自動調節
- 降噪自動調節

6.3.2　camera 軟體定義

　　以下所寫的語法都僅支援 esp32-cam-micropython-2022 所提供的韌體，如果更換韌體，語法將完全不同。使用以下語法列出所有相關方法與屬性：

Chapter **06** ESP32-CAM 進階應用

```
import camera
for item in dir(camera):
    print(item)
```

輸出結果

```
__class__
__name__
__dict__
aecvalue
aelevels
agcgain
brightness
capture
capture_bmp
capture_jpg
conf
contrast
deinit
flip
framesize
init
mirror
pixformat
quality
saturation
speffect
whitebalance
camera.init()
初始化攝像頭
camera.deinit()
關閉攝像頭
camera.framesize()
```

OV2640 模組所支援的解析度包含下列這些，輸入數字即可，如 camera.framesize(10) 表示設定為 800×600 像素。

▌FRAME_96×96 - 96×96 像素

1. FRAME_96×96 - 96×96 像素

2. FRAME_QQVGA - 160x120 像素（QQVGA 代表 Quarter Quarter VGA）

6-19

3. FRAME_QCIF - 176×144 像素（QCIF 代表 Quarter CIF）

4. FRAME_HQVGA - 240×160 像素（HQVGA 代表 Half Quarter VGA）

5. FRAME_240X240 - 240×240 像素

6. FRAME_QVGA - 320×240 像素（QVGA 代表 Quarter VGA）

7. FRAME_CIF - 352×288 像素（CIF 代表 Common Intermediate Format）

8. FRAME_HVGA - 480×320 像素（HVGA 代表 Half VGA）

9. FRAME_VGA - 640×480 像素（VGA 代表 Video Graphics Array）

10. FRAME_SVGA - 800×600 像素（SVGA 代表 Super VGA）

11. FRAME_XGA - 1024×768 像素（XGA 代表 Extended Graphics Array）

12. FRAME_HD - 1280×720 像素（HD 代表 High Definition）

13. FRAME_SXGA - 1280×1024 像素（SXGA 代表 Super XGA）

14. FRAME_UXGA - 1600×1200 像素（UXGA 代表 Ultra XGA）

camera.capture()

拍攝照片並保存

camera.brightness()

設置鏡頭亮度，值為 -2,2(default 0)

camera.whitebalance()

設置鏡頭白平衡，如 camera.whitebalance(1)

- WB_NONE -- 0
- WB_SUNNY -- 1
- WB_CLOUDY -- 2
- WB_OFFICE -- 3
- WB_HOME -- 4

camera.saturation()

設置鏡頭飽和度，值為 -2,2(default 0)

camera.speffect()

設置鏡頭濾鏡

- EFFECT_NONE -- 0
- EFFECT_NEG -- 1
- EFFECT_BW -- 2
- EFFECT_RED -- 3
- EFFECT_GREEN -- 4
- EFFECT_BLUE -- 5
- EFFECT_RETRO -- 6

camera.mirror()

設置鏡頭鏡像效果，值為 0,1

camera.flip()

設置鏡頭旋轉，值為 0,1

camera.quality()

影像品質，值為 10-63 數字越低意味著品質越好

以下程式會利用 esp32-cam 拍攝一張照片，檔名為當前時間。

```
import camera
import io
import time
res = camera.init()
if res:
    camera.framesize(10)
    camera.contrast(2)
    camera.speffect(2)
```

```python
    time.sleep(2)
    img=camera.capture()
    (year, month, day, hour, minute, second, weekday, yearday) = time.gmtime(time.time())
    image_name = f'{year}{month}{day}_{hour}{minute}{second}_image.jpg'
    f = open(image_name, 'wb')
    f.write(img)
    f.close()
    camera.deinit()
else:
print('camera is not ready, reset ESP32-CAM')
```

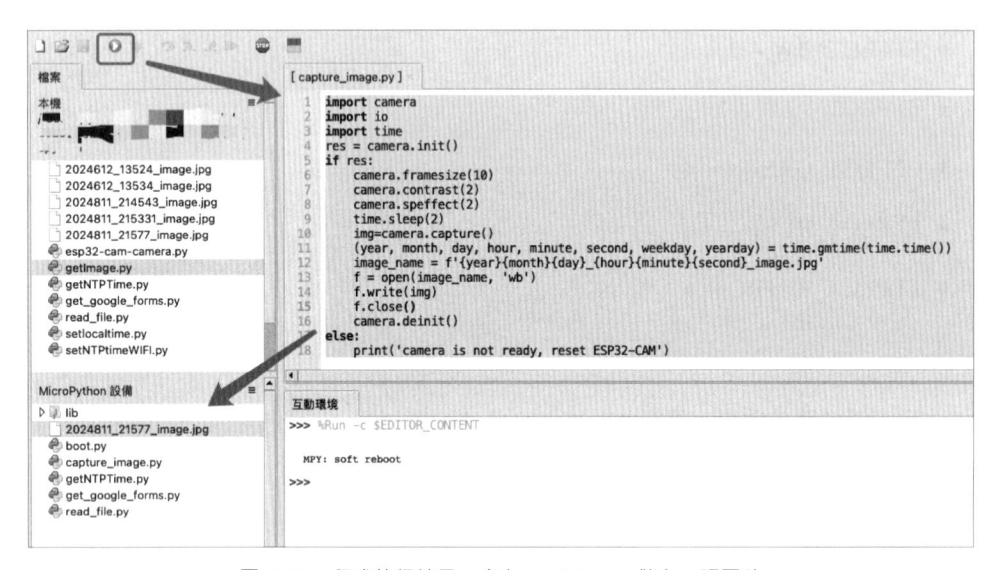

圖 6-11　程式執行結果，會在 esp32-cam 儲存一張圖片

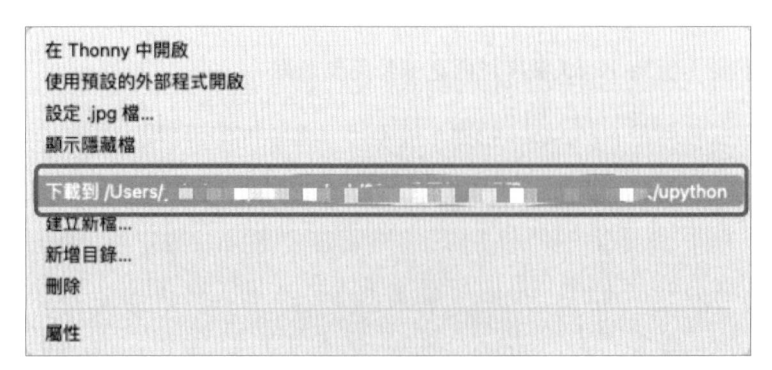

圖 6-12　將圖片下載到本機觀看

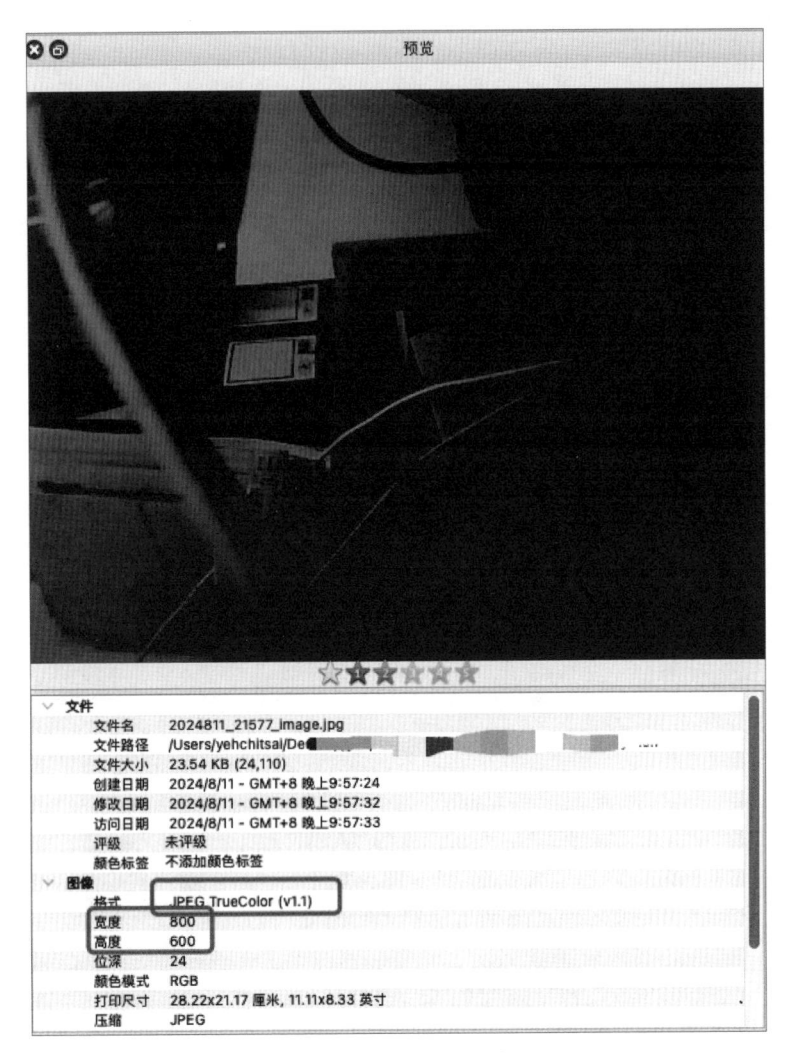

圖 6-13　依照上面的設定解析度為 800×600

Note

Chapter 07

AWS 基礎概念

學習目標

1. AWS 雲端基礎
2. AWS 雲端安全
3. 申請 AWS 帳戶

7.1 AWS 雲端基礎

7.1.1 Amazon Web Services（AWS）簡介

　　Amazon Web Services（AWS）是一個安全的雲平台，提供大量基於雲的全球性產品。由於這些產品透過網際網路提供，用戶可以按需訪問可能需要的計算、儲存、網路、資料庫和其他 IT 資源，以及用於管理這些資源的工具。一般而言，AWS 是透過 Web 服務的方式來提供雲端服務，而 Web 服務是使軟體自身可透過網際網路或私有網路（內部網路）提供的任何軟體。Web 服務對應用程式編程介面（Application Program Interface，API）互動的請求和回應使用標準化格式，例如可擴展標記語言（XML）或 JavaScript 物件表示法（JSON）。Web 服務不依賴於任何一種作業系統或程式語言。

以下是一些 AWS 常見的產品：

- AWS Identity and Access Management（IAM）讓用戶能夠安全地管理對 AWS 服務和資源的訪問。透過 IAM，用戶可以建立和管理 AWS 用戶和群組，可以使用 IAM 權限來允許和拒絕用戶和群組對 AWS 資源的訪問。

- Amazon EC2：AWS 計算資源，相當於雲端的一台虛擬電腦。

- AWS Lambda：無伺服器的程式執行服務產品。

- Amazon S3：是一種託管的雲儲存解決方案，設計為無縫擴展並提供 11 個 9 的持久性。可以在一個儲存桶中儲存幾乎任意多的物件，還可以在儲存桶中寫入、讀取和刪除物件。

- Amazon API Gateway：可讓開發人員輕鬆地建立、發佈、維護、監控和保護任何規模的 API。API 可作為應用程式的「前門」，以便從後端服務存取資料、商業邏輯或功能。

- Amazon DynamoDB：是無伺服器的 NoSQL 資料庫服務，能開發任何規模的現代應用程式。作為無伺服器資料庫，DynamoDB 無須冷啟動、無須版本升級、無維護時段、無須修補，也無須停機維護。

- Amazon Rekognition：無須從頭開始建置機器學習（ML）模型和基礎設施，即可將預先訓練或可自訂的電腦視覺 API 快速新增至應用程式中。

在 AWS 中新增和管理資源的方式有三種，都是基於類似 REST 的通用 API（作為 AWS 的基礎）構建而成：

- AWS 管理控制台：該控制台為 AWS 提供的大部分功能提供豐富的圖形界面。

- AWS 命令行界面（AWS CLI）：AWS CLI 提供一套可以從 Linux、macOS 或 Microsoft Windows 中的命令腳本啟動的實用工具。

- 開發工具包（SDK）：AWS 提供幾種常用程式語言訪問 AWS 的開發套件。這可讓用戶在現有應用程式中輕鬆使用 AWS 資源，同時支援完全透過程式新增用於佈署和監控複雜系統的應用程式。

7.1.2　AWS 全球基礎設施

AWS 提供了全球基礎設施的設計和構建，主要是希望提供一個具備高品質的全球網路服務，並提供靈活、可靠、可擴展的安全雲計算環境。下圖是截至 2023 年 5 月的 AWS 全球基礎設施地圖（https://aws.amazon.com/tw/about-aws/global-infrastructure），圖 7-1 顯示了 ❶ 全球 31 個地理區域，其中包含了 99 個可用區域，而且已宣告計劃將在加拿大、以色列、馬來西亞、紐西蘭和泰國增加 5 個 AWS 區域和 15 個可用區域；❷ 是地圖上的圖示，淡綠色的圓點表示已經建置好的區域，紅色的圓點則是即將佈建的區域與可用區域，將滑鼠移至圓點會顯示詳細的內容。

圖 7-1　AWS 全球基礎設施地圖
資料來源：AWS

AWS 區域（Regions）是一個實際的地理位置，擁有一個或多個可用區域（Availability Zones，以下簡稱 AZ），可用區域是由一個或多個資料中心組成。為了要實現容錯能力和穩定性，區域之間彼此隔離，一個區域中的資源不會自動複寫到其他區域，在特定區域中儲存資料時，資料不會複寫到該區域之外。但如果有跨多區域資料轉移的業務需要，用戶需自行負責在多個區域間複寫資料。

一般來說，用戶只要申請一個 AWS 帳戶，就可以使用全球所有區域的 AWS 服務。但因為國家政策問題，有些區域的帳戶是需要額外申請，且與其他區域是不能互相溝通的。Amazon AWS（中國）帳戶只能訪問北京區域和寧夏區域，不能看到全球其他區域。獨立的 AWS GovCloud（美國）區域則是專門針對美國政府機構和客戶，方便他們將敏感工作負載移至雲中，從而滿足其特定的法規和合規性要求。

選擇儲存資料和使用 AWS 服務的最佳區域，通常會考慮幾個因素。

- 資料監管和法律要求：當地法律可能會要求某些資訊的保留具有地域限制。比方說金融交易資料必須要儲存在當地的資料中心，不可以放在境外的資料中心。
- 延遲：通常把應用程式和資料放在距離用戶最近的區域中運行，這樣有助於減少延遲。
- 服務：每個區域提供的 AWS 服務不盡相同，所以要先確認需要的服務是否在該區域有提供。
- 成本：相同的服務在不同的區域，會有不同的定價，主要是考慮建置成本或是攤提的時間，所以在可接受的選擇下，可以選擇教便宜的區域來使用該服務。

每個 AWS 區域都有多個相互隔離的位置，稱為可用區（Availability Zones）。每個可用區提供多個資料中心（通常為三個），所以比單個資料中心擁有更高的可用性、容錯能力和可擴展性，來運行應用程式和資料庫。可用區是 AWS 全球基礎設施的完全隔離分區。可用區擁有自己的電源基礎設施，通常與其他可用區在地理位置上相隔數公里以上，但不會超過 100 公里。可用區之間提供高吞吐量且完全冗餘的專用光纖，與高頻寬、低延遲的網路互相聯接，可實現可用區之間的同步複寫。AWS 建議跨可用區進行複寫，以獲得彈性與高度可用的應用程式，在彈性部分，因為跨可用區，所以可以進行負載均衡，來容納更多的請求；而當在災難發生時，如雷擊、龍捲風、地震等危險，能夠承受暫時或長期的可用區故障。

AWS 基礎設施的基礎是資料中心（Data Center），客戶無法指定用於部署資源的資料中心，可用區是客戶可以指定的最精細的規範級別。資料中心則是實際資料的存放位置，Amazon 運行著具有高可用性的先進資料中心，經過專門的安全性設計，並考慮到以下因素：

- 每個地理位置都經過仔細評估以降低環境風險。
- 資料中心具有冗餘設計，在保持服務水平的同時能夠預測故障並具有容錯能力。
- 為確保可用性，跨多個可用區對重要系統組件進行了備份。

- 為了確保性能，AWS 會持續監控服務的使用情況，以部署基礎設施來支援可用性承諾和要求。

- 資料中心位置不公開，對它們的所有訪問都受限制。

- 如果出現故障，自動化流程會將資料流從受影響的區域轉移出去。

AWS 節點（Points）泛指邊緣站點（Edge Locations）和區域邊緣緩存（Regional Edge Caches），位於全世界大部分主要城市，當用戶從源伺服器獲取內容時，AWS 會將內容儲存在 AWS 節點，以減少延遲。當內容因為不被頻繁訪問因而不足以保留在邊緣站點內時，則使用區域邊緣緩存保留這些內容。

7.1.3　AWS 定價

AWS 有三個基本的成本基準：

- 計算

- 儲存

- 出站資料傳輸

在大多數情況下，不必為入站資料傳輸或與同一 AWS 區域其他 AWS 服務之間的資料傳輸付費。但存在一些例外情況，因此請務必在開始使用 AWS 服務前確認資料傳輸費率。出站資料傳輸費用會跨服務匯總，然後按出站資料傳輸費率收取。此項費用在每月的帳單中顯示為 AWS 資料傳出費用。

此原則是 AWS 定價的基礎，在每個月月底，按實際使用量付費。用戶可以隨時開始或停止使用產品，無須簽署長期方案。

AWS 提供一系列雲端運算服務，對於每項服務，用戶只需按實際需要的資源量付費，這種按使用付費的定價模式包括：

- 按實際使用量付費（On-Demand）。

- 預留容量，付費更少，通常是針對 Amazon EC2 與 Amazon RDS 等計算服務。

- 使用越多，付費越低，通常是針對儲存與傳輸服務。Amazon S3 採取分級定價，使用量越大，每 GB 支付的費用越少。以在新加坡地區的標準 S3 的儲存定價為例，第一個 50 TB/ 月，每 GB 收費 0.025 USD；下一個 450 TB/ 月，每 GB 收費 0.024 USD；高於 500 TB/ 月，每 GB 收費 0.023 USD。此外，對於 AWS 的資料傳輸服務，也有著相同的分級定價優惠，記得，資料傳入通常是免費的。

- AWS 規模越大，價格越低。

AWS 提供多種不額外收費的服務。

- Amazon Virtual Private Cloud（Amazon VPC）：可以使用在 AWS 雲中預置一個邏輯上隔離的網路，從而在自己定義的虛擬網路中啟動 AWS 資源。

- AWS Identity and Access Management（IAM）：控制用戶對 AWS 產品和資源的訪問權限。

- AWS Organizations：可用於合併多個 AWS 帳戶或多個 Amazon Internet Services Private Limited（AISPL）帳戶的付款。整合帳單可以：

  - 單一帳單用於多個帳戶。
  - 能夠跟蹤每個帳戶的費用。
  - 得益於綜合使用量帶來的批量定價折扣，可以降低費用。
  - 可以使用整合帳單來整合所有帳戶並享受分級優惠。

- AWS Elastic Beanstalk：在 AWS 雲中快速部署和管理應用程式的服務。

- AWS CloudFormation：為開發人員和系統管理員提供了一種簡便方法，透過文字描述，就可以創建一連串相關的 AWS 資源，以有序且可預測的方式對其進行資源預配置。

- Auto Scaling Group：自動擴縮可根據用戶定義的條件，自動添加或刪除 EC2 資源，讓使用的資源在需求高峰期無縫增加以保持性能，並在需求平淡期自動減少以最大限度降低成本。

- AWS OpsWorks：是一項應用程式管理服務，可助用戶輕鬆部署和運行各種類型和規模的應用程式。

7.2 AWS 雲端安全

7.2.1 AWS 責任共擔模式

安全性和合規性是 AWS 和客戶的共同責任。這種責任共擔模式旨在幫助減輕客戶的營運負擔，同時，為了提供支援在 AWS 上佈署客戶解決方案的靈活性和客戶控制力，客戶仍需負責總體安全性的某些方面。責任區分通常是指雲「本身」的安全性和雲「中」的安全性。

AWS 上運行、管理和控制各種組件，從軟體虛擬化，一直到運行 AWS 服務的設施的物理安全性，AWS 負責保護運行 AWS 雲端中提供的所有服務的基礎設施。基礎設施包括用於運行 AWS 雲服務的硬體、軟體、網路和設施。

AWS 負責物理基礎設施，包括：

- 資料中心的物理安全性，採用以下措施：基於需要的受控出入；安置匿名設施中、全天候保衛；執行雙重身份驗證；訪問記錄和審查；錄影監控；硬碟消磁與銷毀。
- 硬體基礎設施，如伺服器、儲存設備以及相關的其他設備。
- 軟體基礎設施，託管作業系統、服務應用程式和虛擬化軟體。
- 網路基礎設施，如路由器、交換機、負載均衡器、防火牆、佈線等。AWS 還在外部邊界持續監控網路，保護訪問點，並通過入侵檢測提供冗餘基礎設施。

保護基礎設施是 AWS 的第一要務，AWS 提供了一些來自第三方審計機構的報告，這些機構已經確認 AWS 對各種計算機安全標準和法規的合規性。

AWS 負責保護和維護雲端基礎設施，而客戶負責遷移到雲中的所有內容的安全性，客戶必須採取的安全措施取決於客戶使用的服務以及系統的複雜程度。客戶職責包括負責靜態資料和傳輸中資料的加密、選擇和保護任何實例作業系統（包括更新和安全修補）、保護在 AWS 資源上啟動的應用程式、安全組配置、防火牆配置、網路配置和安全帳戶管理。

當客戶使用 AWS 服務時，他們保持對其內容擁有完全的控制權，客戶負責管理關鍵內容安全要求，包括：

- 選擇在 AWS 上儲存哪些內容。
- 與內容配合使用哪些 AWS 服務。
- 內容儲存在哪些國家 / 地區。
- 內容的格式和結構以及是否進行遮蔽、匿名或加密處理。
- 誰有權訪問該內容以及如何授予、管理和撤銷這些訪問權限。

7.2.2　AWS Identity and Access Management（IAM）

AWS Identity and Access Management（IAM）能夠控制 AWS 雲端中的計算、儲存、資料庫和應用程式服務的訪問，IAM 可用於處理身份驗證以及指定和實施授權政策，可以指定哪些用戶可以訪問哪些服務。

IAM 是一種工具，用於集中管理啟動、配置、管理和終止 AWS 帳戶中資源的訪問權限，它支援精細控制對資源的訪問，包括能夠精確指定用戶有權對每個服務呼叫哪些 API。無論用戶使用 AWS 管理控制台、AWS CLI 還是 AWS 開發工具包（SDK），對 AWS 服務的每個呼叫都算是一個 API 呼叫。

透過 IAM，用戶可以管理誰可以訪問哪些資源，以及如何訪問這些資源，可以針對不同資源向不同人員授予不同權限。例如，允許一些用戶完全訪問 Amazon EC2、Amazon S3、Amazon DynamoDB、Amazon Redshift 和其他 AWS 服務。但是，對於其他一些用戶，可以允許只對幾個 S3 儲存桶進行唯讀訪問。同樣，可以授予其他一些用戶僅管理特定 EC2 執行個體的權限，也可以允許少數用戶只訪問帳戶帳單訊息，而不能訪問其他訊息。

IAM 是 AWS 提供給 AWS 帳戶（Account）的一項服務，無須支付額外費用。以下說明 IAM 四個組件的功能。

- IAM 用戶（Users）是 AWS 帳戶中定義的人員，它們必須對 AWS 產品進行 API 呼叫。每個用戶在 AWS 帳戶內都必須具有唯一的名稱（名稱中不含空格）和多組不得與其他用戶共享的安全憑證。在此說明一下，AWS 帳戶對於 AWS 來說，是實際存在的用戶，也是主要的付款物件，但是 IAM 用戶與 AWS 帳戶兩者都可以登錄 AWS 管理控制台，AWS 帳戶是以 AWS 帳戶根用戶（account root user）登錄。

- IAM 組（Groups）是 IAM 用戶的集合，可使用 IAM 組簡化為多個用戶指定和管理權限的過程。

- IAM 角色（Roles）是一個工具，用於授予對 AWS 帳戶中特定 AWS 資源的臨時訪問權限。

- IAM 政策（Policy）是一個定義權限的檔案，以確定用戶可以在 AWS 帳戶中執行的操作。政策授予對特定資源的訪問權限，並指定用戶可以對這些資源執行的操作。政策可以顯式拒絕訪問。

身份驗證（Authentication）是一個基本計算機安全概念：用戶或系統必須先證明其身份，才可以獲得權限（Authorization）去執行。定義 IAM 用戶時，將選擇允許用戶訪問 AWS 資源時使用的訪問類型：以 AWS 管理控制台訪問和程式方式訪問。可以僅分配以程式方式訪問或僅分配控制台訪問，也可以同時分配這兩種類型的訪問。下圖 7-2 顯示 ❶ 主控台存取就是使用 AWS 管理控制台訪問；而 ❷、❸ 的存取金鑰就是程式方式訪問時需要提供的安全憑證。

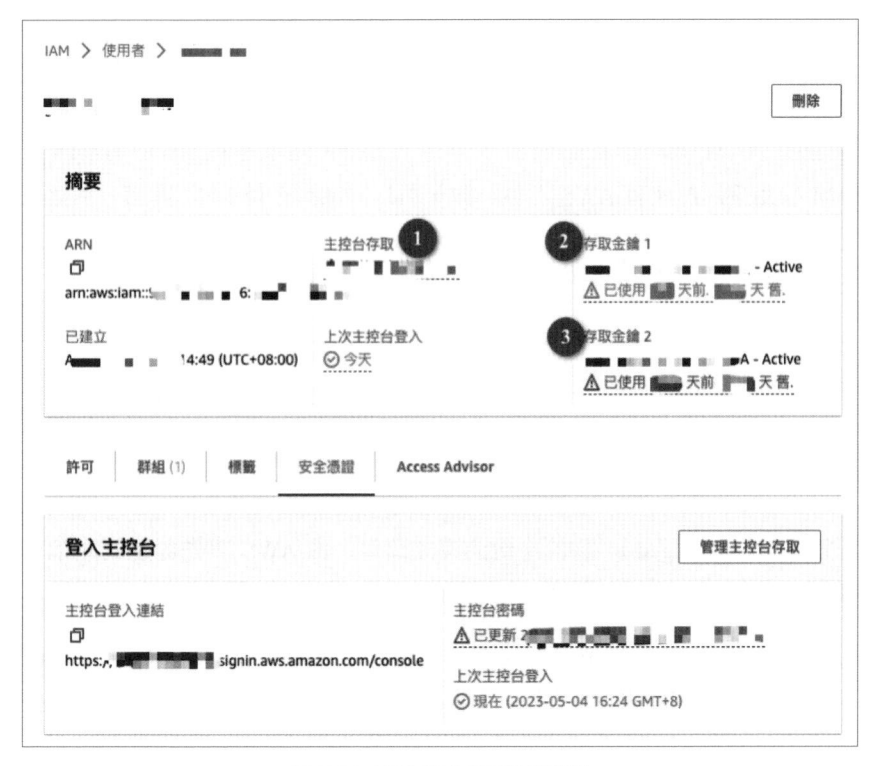

圖 7-2　AWS IAM 用戶訪問類型

當授予程式訪問權限，IAM 用戶使用 AWS CLI、AWS 開發工具包或某些其他開發工具進行 AWS API 呼叫時，需提供訪問密鑰 ID 和秘密訪問密鑰，這些資料可以在上圖的存取金鑰中取得。當授予 AWS 管理控制台訪問權限時，IAM 用戶需要填寫在瀏覽器中登錄窗口中顯示的內容，系統會提示用戶提供 12 位數字帳戶 ID 或相應的帳戶別名，還必須輸入 IAM 用戶名和密碼。如果為用戶啟用了多重因素認證（Multi-Factor Authentication，以下簡稱 MFA），系統還會提示他們提供 MFA 令牌，才能訪問 AWS 服務和資源。

　　最低特權原則是計算機安全方面的一個重要概念，它提倡根據用戶的需求，只向用戶授予所需的最低用戶特權。在創建 IAM 政策時，最佳實踐是遵循授予最低特權這一安全性建議。

　　預設情況下，IAM 用戶無權訪問 AWS 帳戶中的任何資源或資料，須透過創建政策，明確向用戶、組或角色授予權限，政策是一個採用 JavaScript 物件表示法（JavaScript Object Notation，以下簡稱 JSON）格式的檔案。政策中列出了是允許還是拒絕對 AWS 帳戶中資源的訪問。預設情況下，用戶不能在帳戶中執行任何操作（隱式拒絕），除非明確允許執行這些操作。未經明確允許的所有操作都會被拒絕，而明確拒絕的所有操作將始終被拒絕。

　　請注意，IAM 服務配置的範圍為全局，這些設定不是在 AWS 區域級別定義的，IAM 設定適用於所有 AWS 區域。政策可以附加到任何 IAM 實體，包括用戶、組、角色或資源。政策的評估順序不會影響評估結果，所有政策都將完成評估，而結果一定是該請求被允許或拒絕。出現衝突時，以最嚴格的政策為準。

　　IAM 政策有兩種：第一種為基於身份的政策（Identity-based policies）是可以附加到委託人（也稱為「身份」，例如 IAM 用戶、角色或組）的權限政策。這些政策可以控制該身份在什麼條件下可以針對哪些資源執行哪些操作。基於身份的政策可以進一步分類為：

- 託管政策（managed）：基於身份的獨立政策，由 AWS 事先創建的政策，可以附加到 AWS 帳戶中的多個用戶、組和角色。

- 內聯政策（inline）：由用戶新建和管理的政策，直接嵌入到單個用戶、組或角色中。

第二種為基於資源的政策（resource-based policies）是附加到資源（如 S3 儲存桶）的 JSON 政策檔案，這些政策可以控制指定的委託人可以對該資源執行哪些操作，以及在什麼條件下執行這些操作。

下圖是一個 IAM 政策的範例，該範例中，IAM 政策將僅授予用戶可以完全存取以下資源的權限：

- 名稱為 table-name 的 DynamoDB 表。

- 名稱為 bucket-name 的 S3 儲存桶及其包含的所有物件。

此外，該 IAM 政策還包含顯式拒絕（"Effect"："Deny"）元素。該 NotResource 元素可幫助確保用戶不能使用政策中指定的操作和資源以外的任何其他 DynamoDB 或 S3 操作或資源，即使在其他政策中已授予相關權限也不例外。顯式拒絕語句優先級高於允許語句。

```
{
  "Version": "2012-10-17",
  "Statement":[{
    "Effect":"Allow",
    "Action":["DynamoDB:*","s3:*"],
    "Resource":[
      "arn:aws:dynamodb:region:account-number-without-hyphens:table/table-name",
      "arn:aws:s3:::bucket-name",
      "arn:aws:s3:::bucket-name/*"]
  },
  {
    "Effect":"Deny",
    "Action":["dynamodb:*","s3:*"],
    "NotResource":["arn:aws:dynamodb:region:account-number-without-hyphens:table/table-name",
      "arn:aws:s3:::bucket-name",
      "arn:aws:s3:::bucket-name/*"]
  }
  ]
}
```

顯式允許 將允許用戶訪問特定的 AWS 資源

...Amazon S3存儲桶

顯式拒絕 可確保用戶無法使用該表和這些存儲桶之外的任何其他 AWS 操作或資源

顯式拒絕語句優先級高於 允許語句

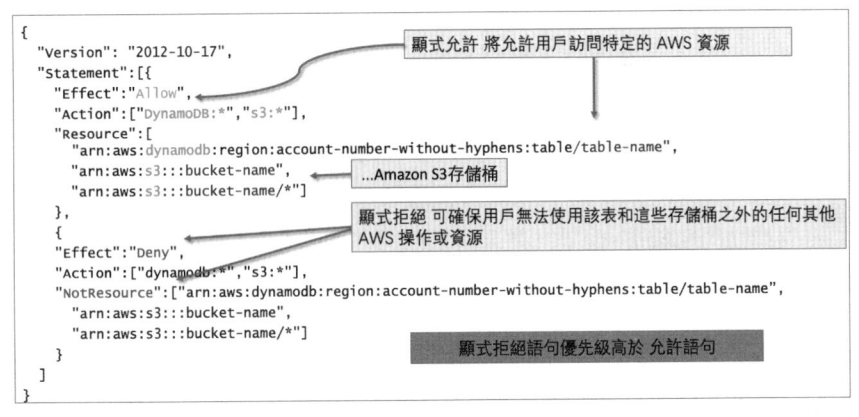

圖 7-3 AWS IAM 政策範例
（資料來源：AWS）

基於身份的政策附加到用戶、組或角色，而基於資源的政策附加到資源（如 S3 儲存桶），這些政策可指定哪些可以訪問該資源，以及可以對該資源執行哪些操作。基於資源的政策僅以內聯方式定義，這意味著只對資源本身定義政策，而不是創建一個單獨的 IAM 政策文件進行附加。例如，要針對 S3 儲存桶創建一個 S3 儲存桶政策（一種基於資源的政策），請導航到該儲存桶，單擊 Permissions（權限）選項卡，單擊 Bucket Policy（儲存桶政策）按鈕，然後定義 JSON 格式的政策文件。Amazon S3 訪問控制列表（ACL）是另一個基於資源的政策示例。

7-11

下圖 7-4 表示了 IAM 政策確定流程，在確定是否允許權限時，IAM 會先檢查是否存在任何的顯式拒絕政策。如果不存在顯式拒絕政策，IAM 會繼續檢查是否存在任何的顯式允許政策。如果既不存在顯式拒絕政策，也不存在顯式允許政策，IAM 將使用預設政策，即拒絕訪問，這一過程稱為隱式拒絕。僅當所請求的操作不是顯示拒絕，而是顯式允許時，才允許用戶執行操作。

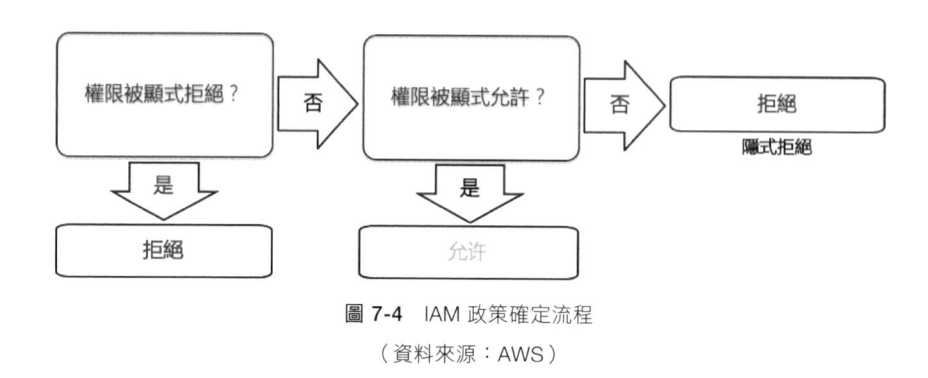

圖 7-4　IAM 政策確定流程

（資料來源：AWS）

IAM 角色（Role）是在帳戶中創建的一種具有特定權限的 IAM 身份。IAM 角色與 IAM 用戶相似，因為它也是一種 AWS 身份，可以向其附加權限政策，這些權限用於確定該身份在 AWS 中可以或不可以執行哪些操作。但是，角色旨在由需要它的任何人承擔，而不是唯一地與某個人員關聯。此外，角色沒有關聯的標準長期憑證（如密碼或訪問密鑰）。但是，當某個實體代入角色時，它會為該實體提供角色會話的臨時安全憑證。

可以使用角色向通常無法訪問的 AWS 資源的用戶、應用程式或服務授予訪問權限。例如，需要允許移動應用程式使用 AWS 資源，但是不希望將 AWS 密鑰嵌入應用程式中（在應用程式中難以輪換密鑰，而且用戶可能會提取並濫用這些密鑰）。此外，你有時可能希望向擁有在 AWS 之外（例如在 Windows 登錄的用戶）定義的身份的用戶授予 AWS 訪問權限。

下圖 7-5 展示了 IAM 角色的使用範例，在 Amazon EC2 執行個體中的應用程式要存取 S3 儲存桶中的照片，依照先前所學習的方式，必須把 IAM 用戶的存取金鑰寫在應用程式中，但如此一來，在任何地方執行應用程式都可以存取 S3 存儲桶了，為了將應用程式與訪問權限解除相依性，我們利用 IAM 角色的觀念，❶將訪問 S3 儲存桶的 IAM 政策附加到 IAM 角色中❷Amazon EC2 執行個體帶入角色，這樣一來 Amazon EC2 執行個體就具有存取 S3 儲存桶的權限了 ❸Amazon EC2 執行個體中的應用程式,也具有存取 S3 儲存桶的權限。

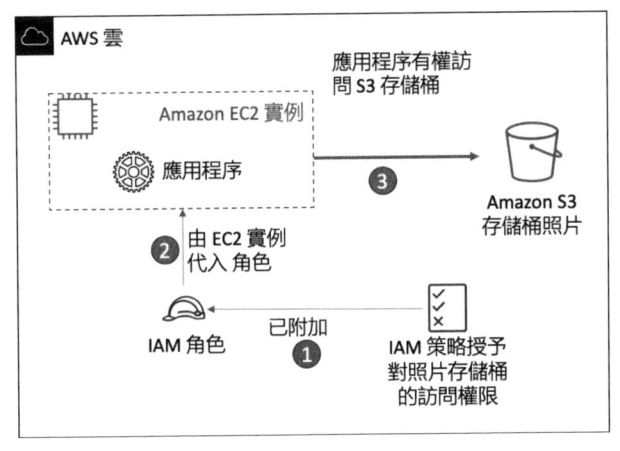

圖 7-5 IAM 角色使用範例

(資料來源:AWS)

7.2.3 確保 AWS 資料的安全性

當目標是保護數位資料的安全時,資料加密是一個必不可少的工具。資料加密對可識別的資料進行編碼,以便無權訪問可用於對資料進行解碼的私有密鑰的所有人都無法讀取相關資料。因此,即使攻擊者獲得了對資料的訪問權限,他們也無法獲取有價值的訊息。

靜態資料是指以物理方式儲存在磁碟或磁帶上的資料。可以在 AWS 上創建加密檔案系統,以便所有資料和元資料(Metadata)都可以透過開放標準高級加密(AES)-256 加密算法進行靜態加密。當使用 AWS KMS 時,加密和解密會自動處理,因此無須修改應用程式。如果組織受公司或監管政策的約束,需要對靜態資料和元資料進行加密,AWS 建議對儲存資料的所有服務啟用加密。用戶可以加密 AWS KMS 支援的任何服務中儲存的資料。

傳輸中的資料是指在網路中移動的資料。傳輸中資料的加密通過結合使用傳輸層安全性(Transport Layer Security,以下簡稱 TLS)與開放標準 AES-256 密碼來實現,TLS 以前稱為安全通訊層(Secure Sockets Layer,以下簡稱 SSL)。

AWS Certificate Manager 是一項 AWS 服務，可用於預置、管理和部署要與 AWS 服務和你的內部資源一起使用的 SSL 或 TLS 證書。SSL 或 TLS 證書用於保護網路通訊的安全，並確認網站在網際網路上的身份以及資源在私有網路上的身份。使用 AWS Certificate Manager，可以請求證書，然後將其部署在 AWS 資源（如負載均衡器或 CloudFront 分配）上。AWS Certificate Manager 還可以處理證書續訂事宜。透過 HTTP 傳輸的 Web 流量不安全，但是，透過安全 HTTP（HTTPS）傳輸的流量使用 TLS 或 SSL 進行加密。HTTPS 流量透過對通信進行雙向加密來防止竊聽和中間人攻擊。

預設情況下，所有 Amazon S3 儲存桶都是私有的，只能由獲得顯式訪問授權的用戶訪問。管理和控制對 Amazon S3 資料的訪問至關重要，AWS 提供了許多工具和選項，用於控制對 S3 儲存桶或物件的訪問，包括：

- 使用 Amazon S3 阻止公有訪問。這些設定會覆蓋任何其他政策或物件權限。為你不希望提供公開訪問權限的所有儲存桶啟用阻止公有訪問。此功能提供了一個直接方法來避免意外洩露 Amazon S3 資料。

- 編寫 IAM 政策，用以指定可以訪問特定儲存桶和物件的用戶或角色。

- 編寫儲存桶政策，以確定特定儲存桶或物件的訪問權限。此選項通常在用戶或系統無法使用 IAM 進行身份驗證時使用。儲存桶政策可以配置為授予跨 AWS 帳戶的訪問權限，或授予對 Amazon S3 資料的公開或匿名訪問權限。如果使用儲存桶政策，應對其進行仔細編寫並全面測試。可以在儲存桶政策中指定一個拒絕語句來限制訪問。即使用戶具有附加到用戶的基於身份的政策中授予的權限，訪問也將受到限制。

- 針對儲存桶和物件設定訪問控制列表（ACL）。

- AWS Trusted Advisor 提供了儲存桶權限檢查功能，用於發現帳戶中有權授予全局訪問權限的儲存桶。

7.2.4 確保合規性

AWS 與外部認證機構和獨立審計員合作，為客戶提供有關 AWS 所建立和運行的政策、流程及控制措施的資訊。提供了一個完整的 AWS 合規性計劃列表。可以使用 AWS 服務來滿足合規性目標的認證的範例，ISO/IEC 27001：2013 認證便是一例。它指定了建立、實施、維護和持續改進資訊安全管理系統的相關要求。此項認證的基礎是制定並實施嚴格的安全計劃，包括開發和實施資訊安全管理系統。資訊安全管理系統定義了 AWS 如何以整體和全面的方式持續管理安全性。AWS Config 服務可供客戶評估和審查 AWS 資源配置，它可以持續監控和記錄 AWS 資源配置，並支援自動依據配置需求評估記錄的配置。藉助 AWS Config，可以查看配置更改以及 AWS 資源之間的關係，查看詳細的資源配置歷史記錄，並判斷目前的配置在整體上是否符合內部指南中所指定的配置要求。如此一來，就能夠簡化合規性審查、安全性分析、變更管理和營運問題檢查。下圖 7-6 顯示的 AWS Config 控制面板截圖中看到的那樣，AWS Config 會保留帳戶中 ❶ 存在的所有資源的庫存列表，然後檢查配置 ❷ 規則和 ❸ 資源的合規性。發現不合規的資源會被標記出來，提醒帳戶中存在配置問題，應予以處理。AWS Config 是一項 ❹ 區域性服務，如果要跨區域追蹤資源，需要在每個要使用的區域中啟用追蹤功能，而 AWS Config 提供聚合器功能，可顯示多個區域甚至多個帳戶的匯總資源視圖。

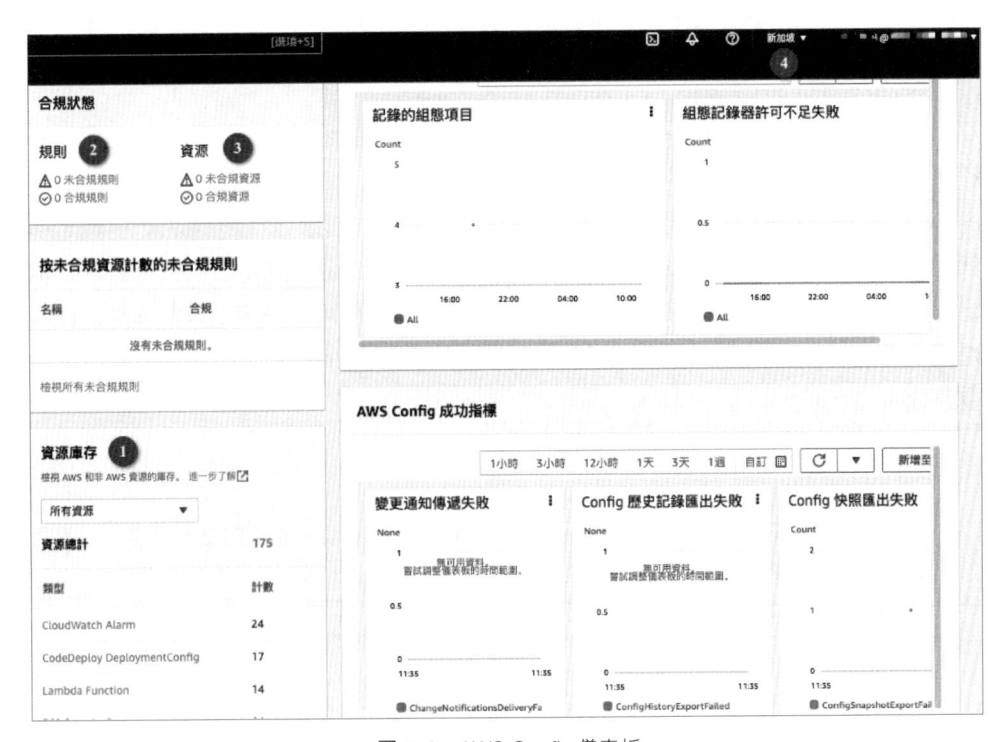

圖 7-6　AWS Config 儀表板

7.3 申請 AWS 帳戶

7.3.1 申請 AWS 一般帳戶

AWS 一直都有提供為期 12 個月的 AWS 免費方案（Free Tier），主要是讓客戶探索 AWS 服務，並針對每個服務免費試用一段指定的時間。免費方案有三種不同的優惠類型組成：

- 12 個月免費方案：可讓客戶免費使用產品一段指定的時間，從建立帳戶當日算起為期一年。

- 永遠免費優惠：可讓客戶免費使用產品一段指定的時間，只要是 AWS 客戶就能無限期使用，換句話說，就是這個服務本來就不收費。

- 短期試用：根據選擇的服務，短期試用服務可免費使用一段指定的時間或一次性的用量限制。

注意，很重要，只要超量就會收費，不要誤會成 12 個月愛怎麼用就怎麼用。舉例來說，免費方案中，允許客戶每月使用 750 小時的 Linux 在 t2.micro 或 t3.micro 的 EC2 執行個體上。那一次開 5 台可以嗎？可以的，加起來運行超過 750 小時，那就直接扣款了。而這個 AWS 免費方案使用資格會於 12 個月的期限結束時到期。切記，到期後，AWS 就會按照正常費率開始對使用者所使用的任何 AWS 服務和資源進行收費。所以建議還是在有人教導的情況下使用 AWS 的服務比較不會因為超用而被收費。

常見的免費方案服務舉例如下：

- 每月 750 小時的 Amazon Elastic Compute Cloud（Amazon EC2）計算，這個 EC2 指的是 t2.micro 類型的虛擬機。

- 每月 750 小時的 Amazon RDS，這個 RDS 的類型指的是 db.t2.micro。

- 5 GB 的 Amazon Simple Storage Service（Amazon S3）標準儲存。

- 25 GB 的 Amazon DynamoDB。

- 每月 100 萬個免費 AWS Lambda 請求。

詳細內容還是請參照 AWS 免費方案。

以上述提到的 Amazon EC2 為例，就算是客戶建立一個 t2.micro 的 EC2 實例（主機），但你還是需要硬碟空間，而這個免費方案所提供的免費硬碟大小是 30GB 的 Amazon Elastic Block Storage（EBS），如果到目前為止都沒超過 AWS 免費方案的限制的話，那是不用收費的。但客戶如果使用這個 EC2 架站，而且對外提供下載檔案，如果不超過 1GB／月，那就不用錢，如果超過了，那你就會被 AWS 收費了。

此外要注意的是，如果 12 個月內有購買任何服務就會自動轉成正式會員，之後的服務就會依照 AWS 的收費標準來收費，比方說，購買了預留的 EC2。

申請時記得先具備以下：

- Email 帳號
- 手機號碼
- 信用卡／金融卡（主要是針對沒辦法申請信用卡的學生）

新建帳號的話就直接前往官方網站註冊即可，Sign up for AWS。

7.3.2　申請 Learner Lab 帳戶

Learner Lab 是 AWS Academy 計畫裡提供一個帳號，讓學員可以自行使用 AWS 的服務，讓學生可以在 50 USD 的金額下，自行練習所要使用的 AWS 服務，比較建議是針對已經有經驗的學生讓他們練習負載均衡、寫專案，有目標性的學習，不然，學生其實是無所適從的。預設情況下，每次使用 Learner Lab 的實驗，會話持續 4 小時，但學員可以通過選擇 Start Lab（開始實驗）重置會話計時器來延長。

實驗會話運行時間。在每次會話結束時，學員創建的所有資源將持續保留，所以要特別注意，它不像是一般課程的實驗，實驗會話結束後會自動回收 AWS 資源，簡單來說，是會持續計費的。但是，Amazon Elastic Compute Cloud（Amazon EC2）實例會自動關閉（stop），而非終結（terminate），所以只要下次重新啟動就可以。Amazon Relational Database Service（Amazon RDS）實例等其他資源會繼續運行。請記住，某些 AWS 功能（例如，負載均衡器或 NAT 閘道）會在兩次會話之間產生費用。學員可能最好在會話結束時刪除這些類型的資源，以後再根據需要重新創建它們。

建立課程 – 教師

步驟 1. 建立班級

下圖接著輸入事先著註冊好的帳號登錄，登錄成功後就會進入 AWS Academy 學習平台管理畫面後，在左側導覽列中單擊〔帳戶〕→〔Create a Class〕，進入建立新課程畫面，如下圖 4-7 所示。

圖 7-7　開始建立班級

步驟 2. 建立課程

接著建立課程資料，需要輸入

- 課程名稱（Course）：AWS Academy Learner Lab。

- 課程開始日期 / 時間（Start Date / Start Time）：注意開課期間必須小於一年。

- 課程結束日期 / 時間（End Date / End Time）：注意開課期間必須小於一年。

- 設定所在時區（Time Zone）：依自己所在時區來決定。

- 使用語言（Language）：根據老師與學生能接受的語言來設定。

- 課程教授方式（Delivery Modality）：線上（Online）還是面對面（In-person）上課或是兩者都有（Blended）。

下圖 7-8 顯示輸入課程內容畫面，輸入完畢後點擊送出（SUBMIT）。

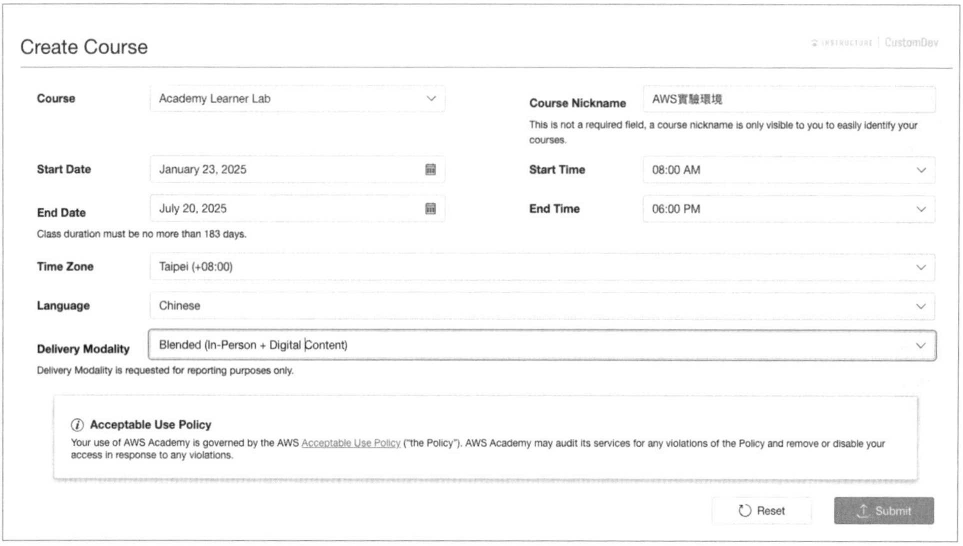

圖 7-8　輸入課程內容

步驟 3. 收到開課成功確認信

大約一、兩個小時候就會收到一封確認信，如下圖 7-9 所示。

圖 7-9　開設課程確認信件

下圖 7-10 單擊課程連結，進入 AWS Academy 學習平台，就會看到新申請的課程。

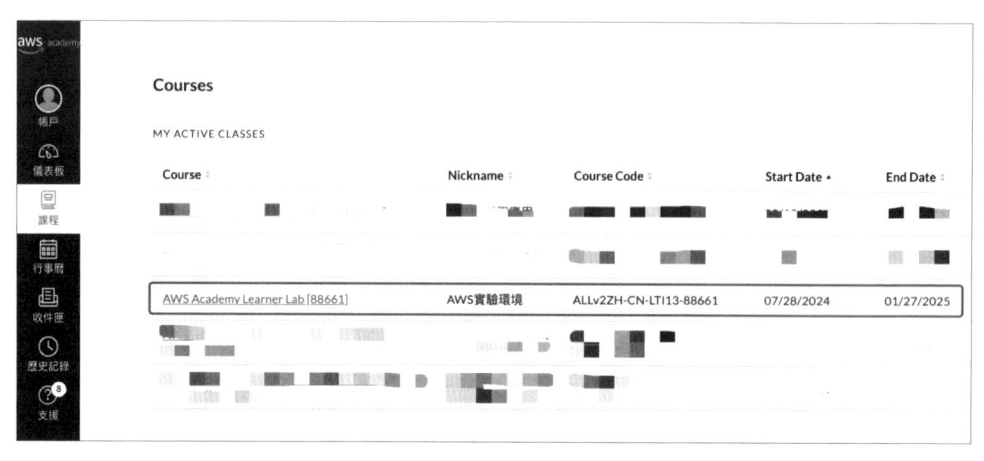

圖 7-10　開設課程成功

教師 – 新增學員

因為 AWS Academy Learner Lab 課程並沒有中文化，所以裡面的訊息都是英文的，在 AWS Academy Learner Lab 課程的選單中，下圖 7-11 點擊〔People〕選項，會出現課程人員管理畫面。

圖 7-11　課程人員管理畫面

下圖 7-12 單擊〔＋People〕按鈕，進入【Add People】畫面，此時輸入先前收集到的學生 email 列表，記得多個 email 要用逗號（,）進行區隔，而角色要選擇〔學生〕，模塊要選擇〔AWS Academy Learner Lab〕，輸入完畢後單擊〔Next〕按鈕。

圖 7-12　使用 email 添加學生

接著 AWS Academy 學習平台會根據 email 去查出這學生是否先前有註冊過，如果有，在〔Name〕欄位會直接顯示，若無，則顯示「Click to add a name」。如果想要輸入學生姓名也可以在這裡直接輸入，但建議是不需要，因為名稱可以由學生自行修改。下圖 7-13 這裡切記要勾選所有要添加的人員，因為預設是沒勾選的，單擊〔Next〕按鈕。

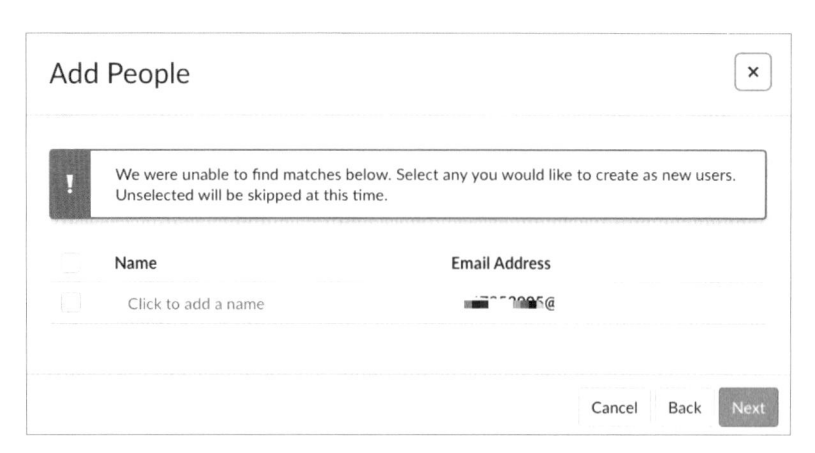

圖 7-13　確認添加學生畫面

接著下圖 7-14 只要單擊〔Add Users〕按鈕，系統會寄「Course Invitation」信件到學生指定的信箱 email 中，信件需要一些時間才會寄達。

圖 7-14　準備好添加學生畫面

回到課程【People】畫面，會顯示目前課程裡的所有人員，而收到「Course Invitation」信件並完成註冊的話，就會顯示上次活動時間，若沒有，則會在姓名下方出現〔Pending〕，下圖 7-15 可以單擊上方的〔Resent〕，一次性的重送邀請，也可以單擊每個人員後方的選單，選擇〔Resent invitation〕。

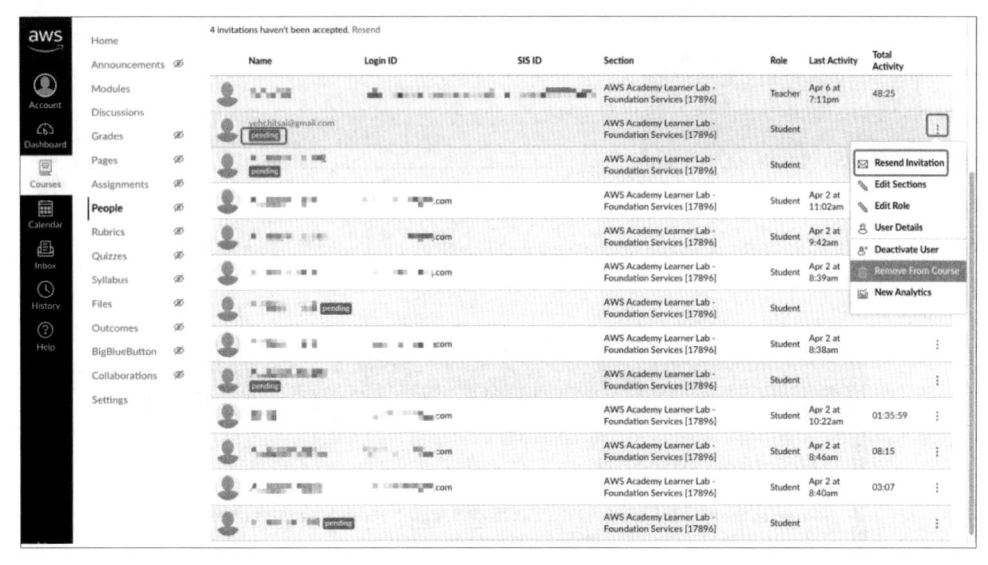

圖 7-15　課程人員列表畫面

學生－接受邀請

下圖 7-16 每個加入課程的學生都會收到「Course Invitation」信件，單擊〔Get Started〕按鈕。

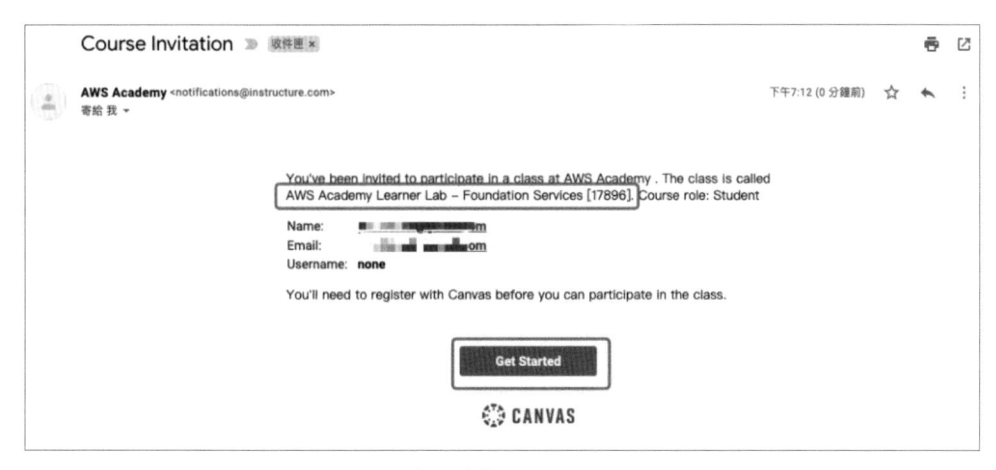

圖 7-16　學生收到「Course Invitation」信件

7-23

下圖 7-17 新建一個帳戶，單擊〔Create My Account〕。

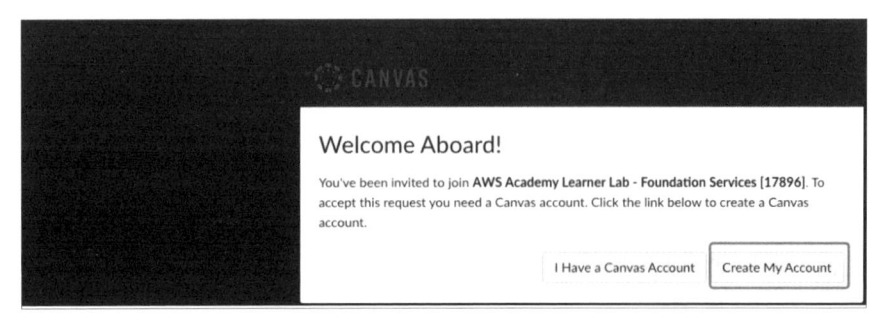

圖 7-17　新建一個帳戶

下圖 7-18 輸入密碼與時區後，單擊〔Register〕。

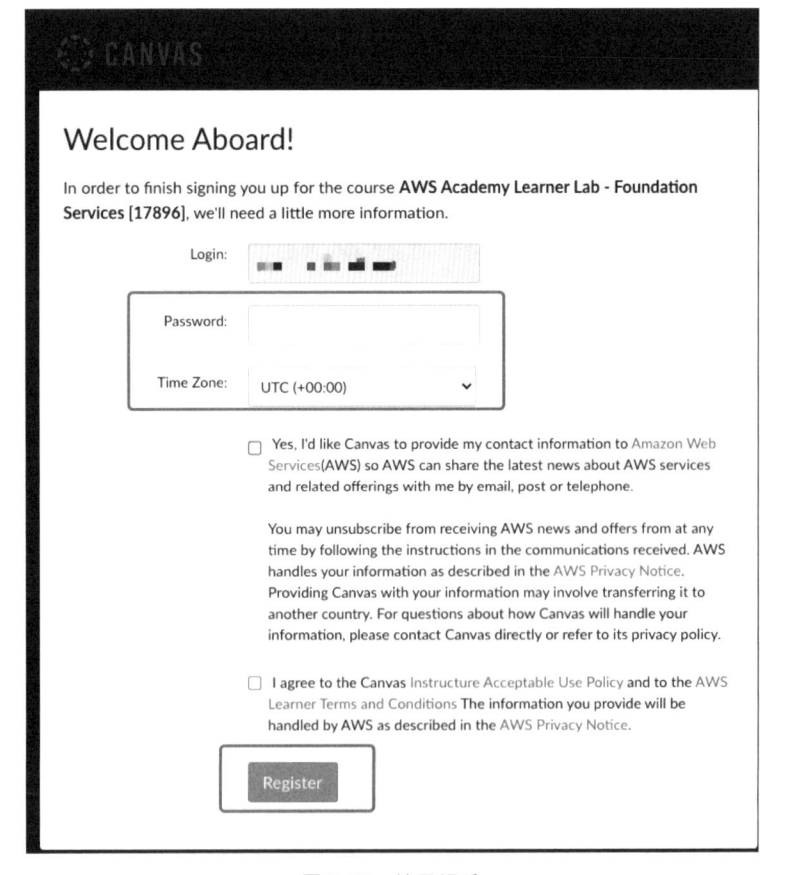

圖 7-18　註冊帳戶

Chapter **07** AWS 基礎概念

下圖 7-19 註冊成功後就會跳轉到 AWS Academy 教育平台。

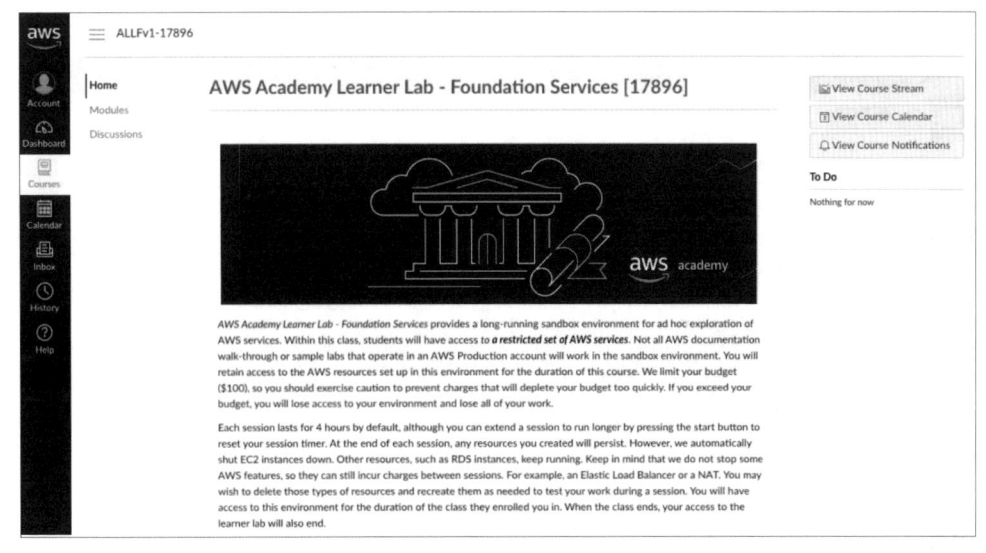

圖 7-19 學生的 AWS Academy 教育平台畫面

接著下圖 7-20 修改學生在課程中顯示名稱，單擊〔帳戶〕→〔設定〕進入設定畫面後，單擊右手邊的〔編輯設定〕按鈕。

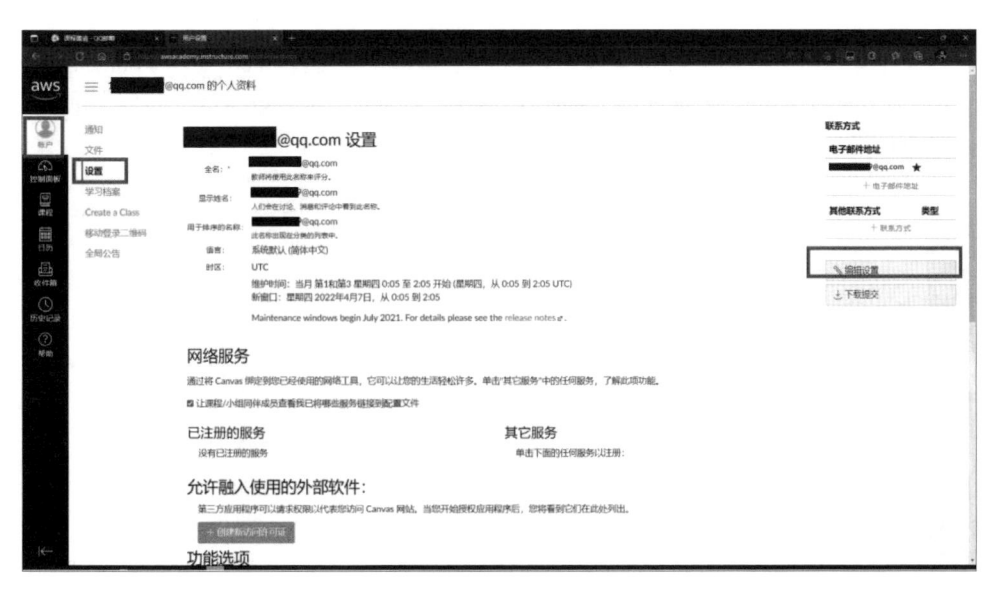

圖 7-20 學生設定畫面

接著下圖 7-21 輸入學生的全名、顯示姓名後，單擊〔更新配置〕則完成學生端的課程配置。

圖 7-21　學生編輯設定畫面

如何使用 Learner Lab – 學生

學生登錄後，下圖 7-22 以單擊〔Modules〕後再單擊〔Learner Lab – Foundational Services〕連結，如下圖所示，建議可以先看「Learner Lab – Student Guide.pdf」比較清楚後續的操作。

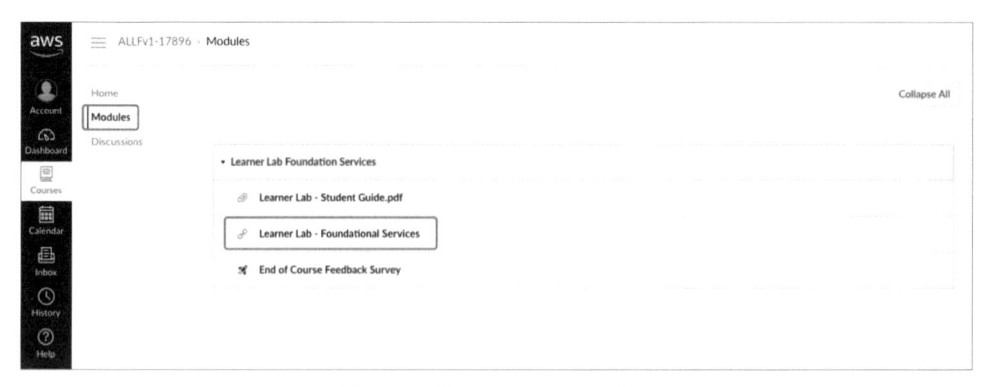

圖 7-22　進入 Learner Lab 模組

Chapter **07** AWS 基礎概念

下圖 7-23 會進入【Vocareum】的授權畫面，拉到畫面最下方，單擊〔I Agree〕就可以。

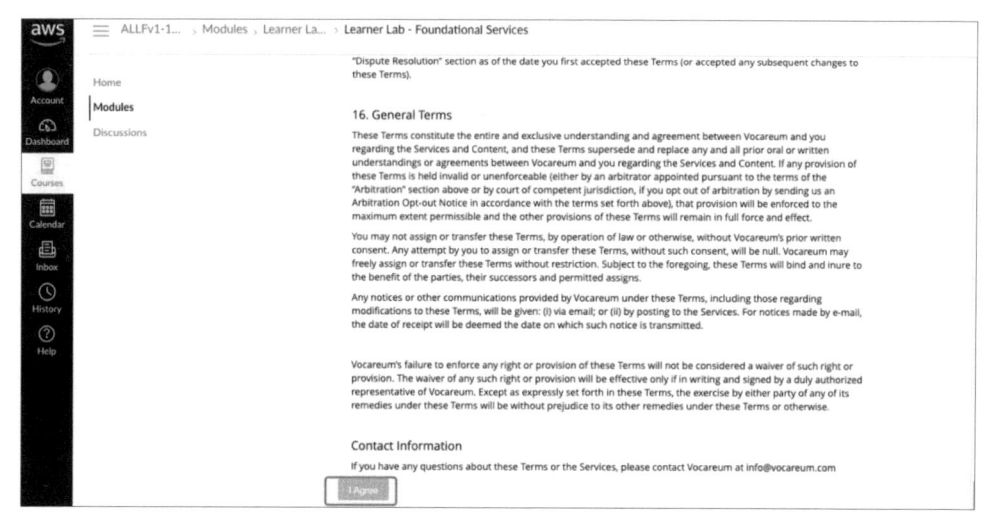

圖 **7-23** 【Vocareum】的授權畫面

接著下圖 7-24 就會看到 Learner Lab 的使用畫面，如果上過 AWS Academy 官方教材的學生，應該就知道這個畫面，就是練習實驗的操作畫面，單擊〔Start Lab〕就會開始實驗帳號，這時候就可以使用 AWS 資源，而相關的密鑰資料可以從「AWS Details」來取得，而「End Lab」就會停止計費，並把所有的 AWS 資源關閉，注意，這只是暫停這些資源，並不會回收，除非單擊〔Reset〕按鈕，就會把目前所有的 AWS 設定好的資源都清除掉。

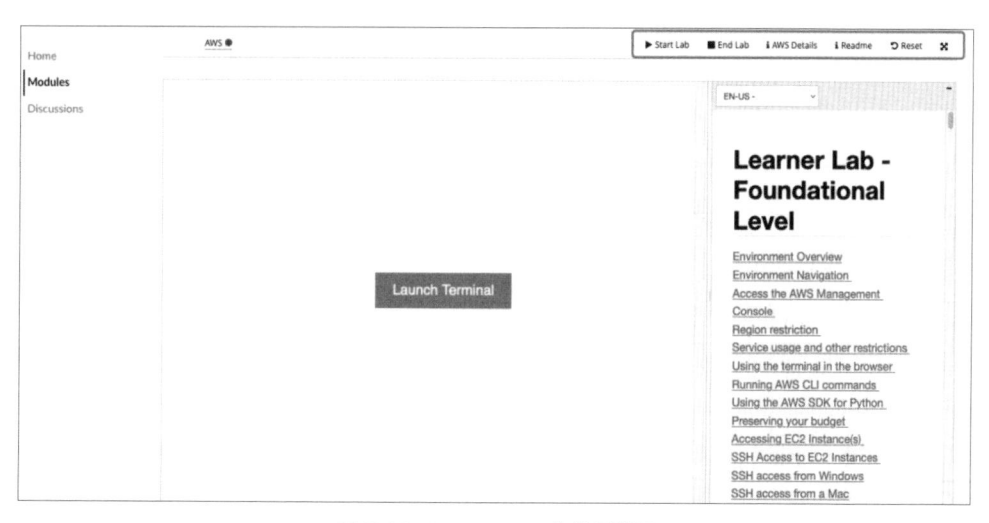

圖 **7-24** Learner Lab 的使用畫面

7-27

Note

Chapter 08

雲端儲存 – Amazon S3

學習目標

1. Amazon S3
2. 實驗：建立靜態網站

8.1　Amazon S3

8.1.1　S3 簡介

公司需要能夠輕鬆安全地大規模收集、儲存和分析其資料。Amazon S3 是專為從任意位置儲存和檢索任意數量的資料而構建的物件儲存，這些資料包括來自網站和移動應用程式、公司應用程式的資料以及來自物聯網（IoT）傳感器或設備的資料。Amazon S3 是物件級儲存，這意味著如果要更改檔案的一部分，必須先做出更改，然後重新上傳整個修改後的檔案。Amazon S3 將資料作為物件儲存在被稱為儲存桶的資源中。

Amazon S3 是一種託管的雲儲存解決方案，設計為無縫擴展並提供 11 個 9 的持久性。可以在一個儲存桶中儲存幾乎任意多的物件，還可以在儲存桶中寫入、讀取和刪除物件。在 Amazon S3 中，儲存桶名稱是通用名稱，並且在所有現有儲存桶名稱中必須具有唯一性。物件大小最大為 5TB。預設情況下，Amazon S3 中的資料以

8-1

冗餘方式儲存在多個設施以及每個設施內的多個設備中。在 Amazon S3 中儲存的資料不會與任何特定的伺服器相關聯，且不必自己管理任何基礎設施，可以將任意數量的物件放入 Amazon S3 中。Amazon S3 可儲存數萬億的物件，而且經常會出現每秒鐘數百萬次請求的峰值狀態。物件可以是幾乎任何資料檔案，例如圖像、影片或伺服器日誌。由於 Amazon S3 可支援大小為幾 TB 的物件，甚至可以將資料庫快照儲存為物件。Amazon S3 還支援使用網際網路通過超文字傳輸協定（HTTP）或安全 HTTP（HTTPS）對資料進行低延遲訪問，因此，可以隨時隨地檢索資料。也可以通過 Virtual Private Cloud（VPC）終端節點私下訪問 Amazon S3。可以使用 AWS Identity and Access Management（IAM）政策、Amazon S3 儲存桶政策，甚至每個物件的訪問控制列表，對哪些人員可以訪問資料進行精細控制。

預設情況下，所有資料都不會公開，但也可以加密傳輸中的資料，並選擇為物件啟用伺服器端加密。可以通過基於 Web 的 AWS 管理控制台、通過 API 和軟體開發工具包以編程方式或通過第三方解決方案（使用 API 或軟體開發工具包）訪問 Amazon S3。Amazon S3 包含事件通知功能，能讓設定在發生特定事件（例如向儲存桶上傳物件或從特定儲存桶中刪除物件）時自動發出通知。這些通知可以發送給管理者，也可用於觸發其他行程，如 AWS Lambda 函數。藉助儲存類分析，可以分析儲存訪問模式，並將正確的資料轉移到正確的儲存。Amazon S3 Analytics 功能可自動識別最佳生命週期政策，將不常訪問的儲存類轉換為「Amazon S3 標準 – 不頻繁訪問」（Amazon S3 標準 – IA）。可以配置儲存類分析政策，以監視整個儲存桶、址首或物件標籤。觀察到不頻繁訪問模式時，可以根據結果輕鬆創建新的生命週期期限政策。儲存類分析還在 AWS 管理控制台中提供每天的儲存使用情況可視化結果。可以將這些資訊導出到 Amazon S3 儲存桶，以使用商業智能（BI）工具（如 Amazon QuickSight）進行分析。

Amazon S3 提供一系列適合不同使用案例的物件級儲存類。這些類包括：

- Amazon S3 標準 –「Amazon S3 標準」旨在為頻繁訪問的資料提供高持久性、高可用性和高性能的物件儲存。「Amazon S3 標準」提供較低的延遲和較高的吞吐量，因此非常適合各種使用案例，包括雲端應用程式、動態網站、內容分發、移動和遊戲應用程式以及大資料分析。

- Amazon S3 智慧型分層 – Amazon S3 智慧型分層儲存類旨在通過自動將資料移至最經濟高效的訪問層來最佳化成本，同時不會影響性能或產生營運開銷。每個物件每月只需支付少量的監控和自動化費用，Amazon S3 即可監控 Amazon S3 智慧型分層中物件的訪問模式，並將連續 30 天未訪問的物件移動到不頻繁訪問層。如果訪問不頻繁訪問層中的物件，則該物件會自動移回頻繁訪問層。在使用 Amazon S3 智慧型分層儲存類時不收取檢索費用，並且在訪問層之間移動物件時不收取額外費用。它非常適合訪問模式未知或不可預測的長期存在的資料。

- Amazon S3 標準 – 不頻繁訪問（Amazon S3 標準 – IA）–「Amazon S3 標準 – IA」儲存類用於不頻繁訪問但必要時要求快速訪問的資料。「Amazon S3 標準 – IA」設計為提供與「Amazon S3 標準」相同的高持久性、高吞吐量和低延遲，並且每 GB 的儲存價格和檢索費用都較低。成本較低且性能出色使得「Amazon S3 標準 – IA」很適合長期儲存和備份，以及用作災難恢復檔案的資料儲存。

- Amazon S3 單區 – 不頻繁訪問（Amazon S3 單區 – IA）–「Amazon S3 單區 – IA」用於不頻繁訪問但必要時要求快速訪問的資料。與其他將資料儲存在最少三個可用區中的 Amazon S3 儲存類不同，「Amazon S3 單區 – IA」將資料儲存在單個可用區中，並且成本比「Amazon S3 標準 – IA」低。「Amazon S3 單區 – IA」很適合這些客戶：想使用成本較低的選項來儲存不頻繁訪問的資料，但不需要「Amazon S3 標準」或「Amazon S3 標準 – IA」的可用性和彈性。對於儲存本地資料或可輕鬆重新創建的資料的輔助備份副本，它是一個很好的選擇。你還可使用它經濟高效地儲存使用 Amazon S3 跨區域複寫從另一 AWS 區域複寫的資料。

- Amazon S3 Glacier – Amazon S3 Glacier 是安全、持久且成本低的儲存類，適用於資料歸檔。可以放心儲存任意數量的資料，成本與本地解決方案相當甚至更低。為了保持成本低廉，同時滿足各種需求，Amazon S3 Glacier 提供三種檢索選項，各自的檢索時間從數分鐘到數小時不等。可直接將物件上傳到 Amazon S3 Glacier，或使用 Amazon S3 生命週期政策在適用於活動資料的任何 Amazon S3 儲存類（Amazon S3 標準、Amazon S3 智慧型分層、Amazon S3 標準 – IA、Amazon S3 單區 – IA）與 Amazon S3 Glacier 之間傳輸資料。

- Amazon S3 Glacier Deep Archive – Amazon S3 Glacier Deep Archive 是成本最低的 Amazon S3 儲存類。它支援長期保留和數字化保存一年可能訪問一到兩次的資料。它專為要將資料集保留 7 到 10 年或更長時間以滿足監管合規性要求的客戶而設計，尤其是受到高度監管的行業（如金融服務、醫療保健和公共部門）客戶。Amazon S3 Glacier Deep Archive 也可用於備份和災難恢復使用案例。它是一種經濟高效且易於管理的磁帶系統替代方案，無論這些磁帶系統是本地庫還是外部服務。Amazon S3 Glacier Deep Archive 是 Amazon S3 Glacier 的補充，而且它還旨在提供 11 個 9 的持久性。儲存在 Amazon S3 Glacier Deep Archive 中的所有物件都被複寫，並儲存在至少三個地理位置分散的可用區中，並且可在 12 小時內還原。

要有效使用 Amazon S3，必須瞭解一些簡單的概念。首先，Amazon S3 將資料儲存在儲存桶內。儲存桶實質上是一組檔案的址首，其名稱必須在所有 Amazon S3 中保持全局唯一。儲存桶是物件的邏輯容器。帳戶中可以擁有一個或多個儲存桶。可以控制每個儲存桶的訪問權限（誰可以在儲存桶中創建、刪除和列出物件）。還可以查看儲存桶及其物件的訪問日誌，並選擇 Amazon S3 儲儲存存桶及其內容的地理區域。

要上傳資料（如照片、影片或文件），請在 AWS 區域創建儲存桶，然後將幾乎任意數量的物件上傳到儲存桶。舉例來說，使用了 Amazon S3 在東京區域創建儲存桶，該區域在 AWS 中由其正式區域程式碼（ap-northeast-1）標識儲存桶具有結構化的 URL，可以使用兩種不同的 URL 樣式來引用儲存桶。

- 儲存桶路徑式 URL 終端節點：https://s3.ap-northeast-1.amazonaws.com/bucket-name

- 儲存桶虛擬託管式 URL 終端節點：https:// bucket-name.s3-ap-northeast-1.amazonaws.com

Amazon S3 將檔案稱為物件。一旦擁有儲存桶，便可立即儲存幾乎任意數量的物件。物件由資料和描述該檔案的所有元資料（包括 URL）組成。要將物件儲存到 Amazon S3 中，請將要儲存的檔案上傳到儲存桶。上傳檔案時，可以設定資料和任何元資料的權限。當在 Amazon S3 中創建儲存桶時，它會與特定的 AWS 區域關聯。將資料儲存在儲存桶中時，它會跨選定區域內的多個 AWS 設施進行冗餘儲存。Amazon S3 旨在持久地儲存資料，即使在兩個 AWS 設施同時發生資料丟失時也是如此。在資料增長時，Amazon S3 會自動管理儲存桶背後的儲存。可以立即開始，而資料儲存空間將隨著應用程式需求一起增長。Amazon S3 還可以擴展以處理大量請求。無須預置儲存空間或吞吐量，並且只需為實際使用量付費。

8.1.2 應用 Amazon S3 與常見場景

可以透過控制台、AWS 命令行界面（AWS CLI）或 AWS 軟體開發工具包訪問 Amazon S3。還可以使用基於 REST 的終端節點直接訪問儲存桶中的資料。這些終端節點支援 HTTP 或 HTTPS 訪問。要支援這種基於 URL 的訪問，Amazon S3 儲存桶名稱必須在全局唯一，並且符合域名伺服器（DNS）標準。此外，物件鍵應使用對 URL 安全的字元。

這種可儲存幾乎無限數量的資料和可從任意位置訪問資料的靈活性，意味著 Amazon S3 適用於各種場景。現在，將考慮 Amazon S3 的一些使用案例：

- 作為任何應用程式資料的儲存位置，Amazon S3 儲存桶提供了共享位置，用於儲存應用程式的任何實例（包括 Amazon EC2 上的應用程式甚至傳統伺服器）都可以訪問的物件。對於用戶生成的媒體檔案、伺服器日誌或應用程式需要儲存在公共位置的其他檔案來說，此功能可能很有用。此外，由於能透過網際網路直接獲取內容，因此，可以從應用程式中卸載內容提供服務，並允許客戶端直接自行從 Amazon S3 獲取資料。

- 對於靜態 Web 託管，Amazon S3 儲存桶能提供網站的靜態內容，包括 HTML、CSS、JavaScript 和其他檔案。

- Amazon S3 的高持久性使其非常適合儲存資料備份。甚至可以將 Amazon S3 配置為支援跨區域複寫，以便一個區域內的 Amazon S3 儲存桶中的資料可以自動複寫到另一個 Amazon S3 區域，從而獲得更高的可用性和災難恢復能力。

Amazon S3 常見場景

- 備份和儲存：為其他應用程式提供資料備份和儲存服務。
- 應用程式託管：提供用於部署、安裝和管理 Web 應用程式的服務。
- 媒體託管：構建冗餘、可擴展且高度可用的基礎設施，以便託管要上傳和下載的影片、照片或音樂。
- 軟體交付：託管可供客戶下載的軟體應用程式。

8.1.3　Amazon S3 定價

使用 Amazon S3 時，具體成本因區域和所提出的特定請求而異。只需按實際使用量付費，包括：每月 GB 量；傳出其他區域；以及 PUT、COPY、POST、LIST 和 GET 請求。

一般來說，只需為跨區域邊界的傳輸付費，這意味著不必為傳入到 Amazon S3 的資料，以及從 Amazon S3 傳出到同一區域內的 EC2 執行個體，或傳出到 Amazon CloudFront 邊緣站點的資料付費。

當開始估算 Amazon S3 的成本時，需要考慮以下各項：

1. 儲存類的類型：

   - 標準儲存旨在提供 11 個 9 的持久性和 4 個 9 的可用性。

   - 「S3 標準 – 不頻繁訪問（S-IA）」是 Amazon S3 中的一個儲存選項，可用來降低成本，方法是將不頻繁訪問的資料儲存在級別比「Amazon S3 標準」儲存略低的冗餘級別上。「標準 – 不頻繁訪問」設計為在指定的一年內提供與 Amazon S3 相同的 11 個 9 的持久性和 3 個 9 的可用性。每個類具有不同的費率。

2. 儲存量：儲存在 Amazon S3 儲存桶中的物件數量和大小。

3. 請求：考慮請求的數量和類型。GET 請求產生的費用的費率與其他請求（如 PUT 和 COPY 請求）不同。

   - GET：從 Amazon S3 中檢索物件。你必須具有 READ 權限才能使用此操作。

   - PUT：向儲存桶添加物件。你必須具有儲存桶的 WRITE 權限才能向其添加物件。

   - COPY：創建已儲存在 Amazon S3 中的物件的副本。COPY 操作與先執行 GET 然後執行 PUT 的效果相同。

4. 資料傳輸：考慮傳出 Amazon S3 區域的資料量。請注意，資料傳入免費，但資料傳出收費。

8.2 實驗：使用 Amazon S3 建立靜態網站

8.2.1 啟動學習者實驗室 Learner Lab

AWS Academy Learner Lab 是提供一個帳號讓學生可以自行使用 AWS 的服務，讓學生可以在 50 USD 的金額下，自行練習所要使用的 AWS 服務，在此先介紹一下 Learner Lab 基本操作與限制。

在 AWS Academy 學習平台 的入口首頁 https://www.awsacademy.com/LMS_Login，選擇以學生（Students）身分登錄，在課程選單中選擇 AWS Academy Learner Lab - Foundation Services 的課程，在課程選單中選擇 單元（Module），接著單擊〔啟動 AWS Academy Learner Lab〕，如下圖所示。

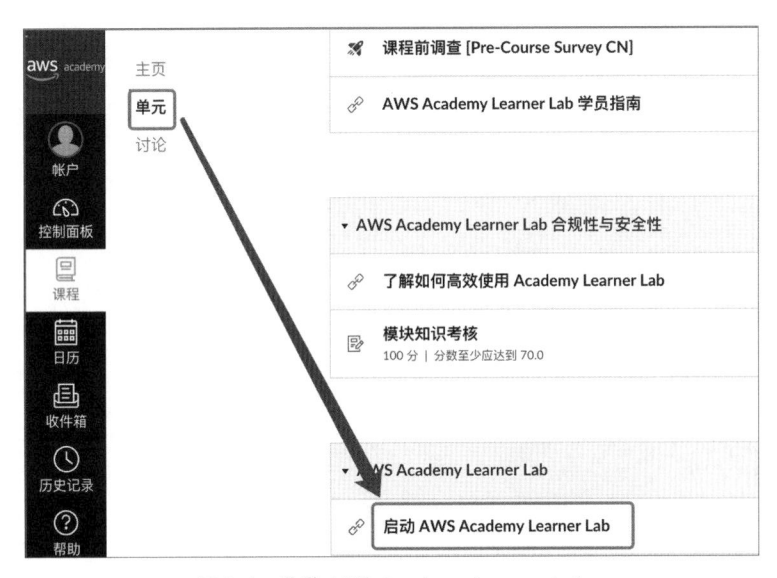

圖 8-1　啟動 AWS Academy Learner Lab

進入 Learner Lab 中，說明一下每個區塊，圖形在下方。

1. 用來啟動 AWS 管理控制台介面，必須是出現綠點才可以點擊，而出現綠點必須要先啟動實驗（Start Lab）。

2. 已用金額與全部實驗金額（Used $0.2 of $50）。

3. 工具列說明：

    - Start Lab：開始實驗帳號，這時候就可以使用 AWS 資源。

    - End Lab：就會停止計費，並把所有的 AWS 資源關閉，注意，這只是暫停這些資源，並不會回收。

    - AWS Details：可以取得使用者（IAM 用戶）相關的密鑰資料。

    - Readme：說明手冊，就是下方的 5.。

    - Reset：就會把目前所有的 AWS 設定好的資源都清除掉。

4. 切換說明的語系，ZH-CN 是簡體中文。

5. 說明手冊。

圖 8-2　Learner Lab 畫面說明

8.2.2　新建 AWS Cloud9 實例

在開始使用 Learner Lab 前，在說明手冊中有詳細的說明，這邊比較需要注意的是 Learner Lab 的使用限制。

- 區域限制：原則上，所有服務訪問僅限於 us-east-1 和 us-west-2 區域。

- 角色限制：IAM 的的限制很大，所以大多數的服務儘可能使用 LabRole 這個角色來操作。

- 金額限制：50 美金。

- AWS Cloud9：此服務可代入 LabRole IAM 角色。支援的實例類型：nano、micro、small、medium、large 和 c4.xlarge。提示：使用 New EC2 instance（新建 EC2 實例）環境類型創建新的 Cloud9 實例時，請在 Network settings（網路設置）中，選擇 Secure Shell（SSH）。

- Amazon Simple Storage Service（S3）：此服務可代入 LabRole IAM 角色。

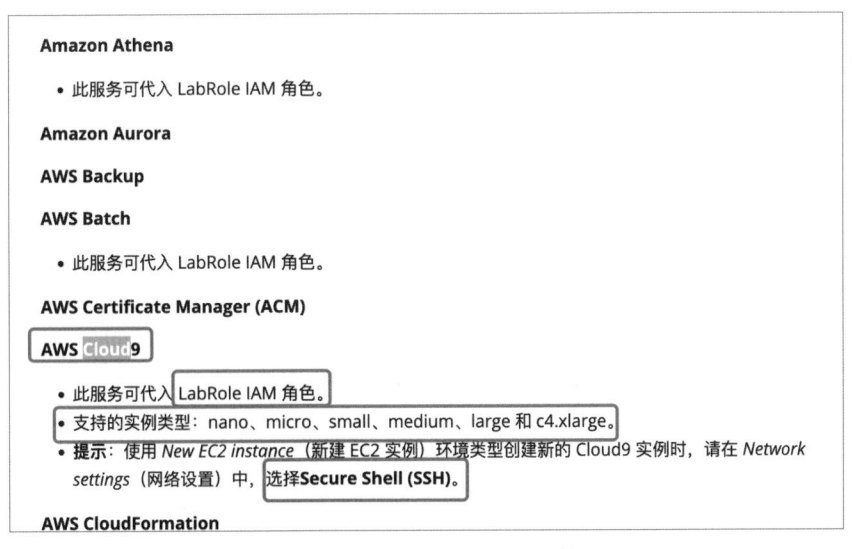

圖 8-3　使用 AWS Cloud9 限制

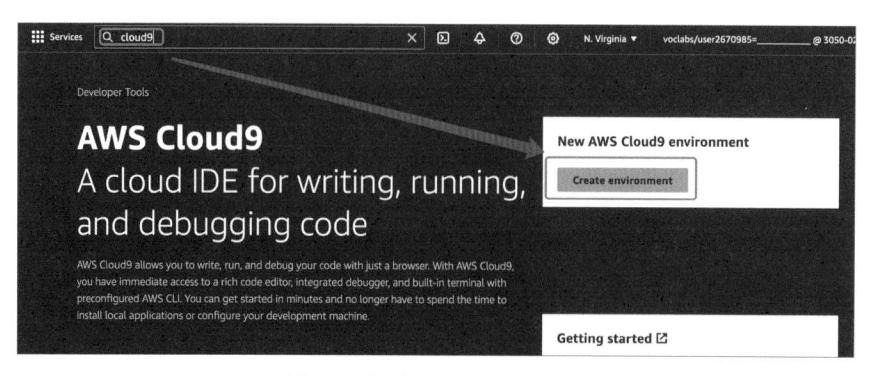

圖 8-4　新建 AWS Cloud9 環境

在配置 AWS Cloud9 環境時，在 Connection 選項中選擇 Secure Shell（SSH）。

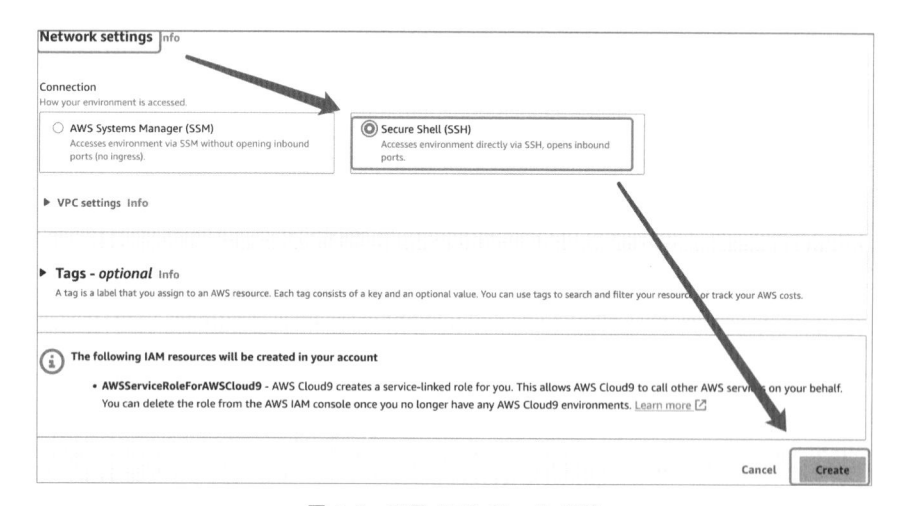

圖 8-5　配置 AWS Cloud9 環境

在完成 AWS Cloud9 環境建置後，點選 Open 連接到 cloud9 的環境。

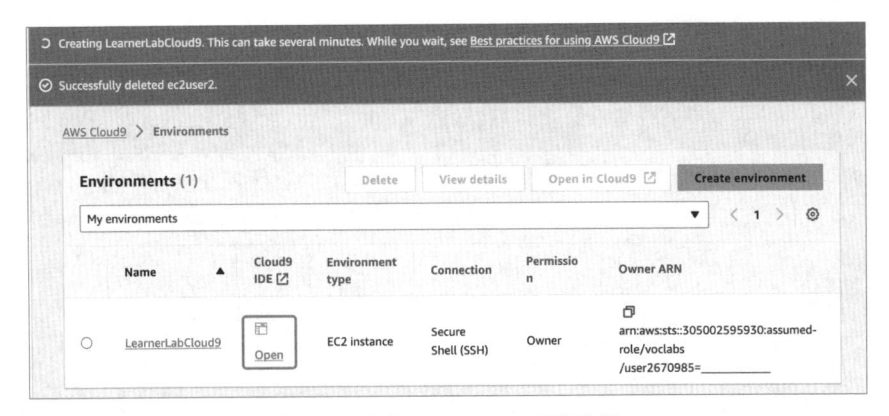

Chapter 08 雲端儲存 – Amazon S3

圖 8-6　完成 AWS Cloud9 環境建置

8.2.3　連接到 AWS Cloud9 IDE 並配置環境

AWS Cloud9 IDE 畫面與 VS Code 畫面相似，左手邊是功能視窗，可以檢視檔案與其他功能；右上方是檔案編輯畫面，可以進行檔案編輯，撰寫程式進行 AWS SDK 操作；右下方則是終端命令列介面，可以輸入指令，進行 AWS CLI 操作。

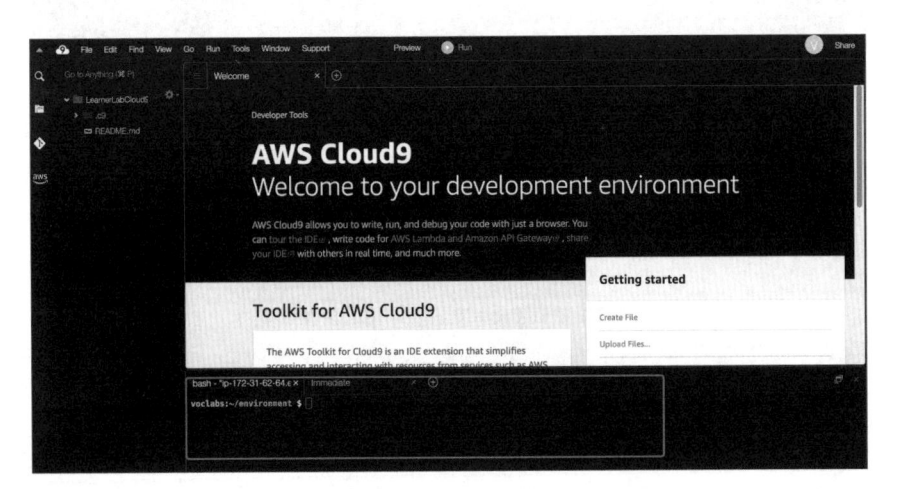

圖 8-7　AWS Cloud9 IDE

在下方的終端輸入以下指令，取得實驗所需要的資源，可以在左上角看到已下載的檔案。

```
git clone https://github.com/yehchitsai/AIoTnAWSCloud
```

8-11

AI＋ESP32-CAM＋AWS
物聯網與雲端運算的專題實作應用

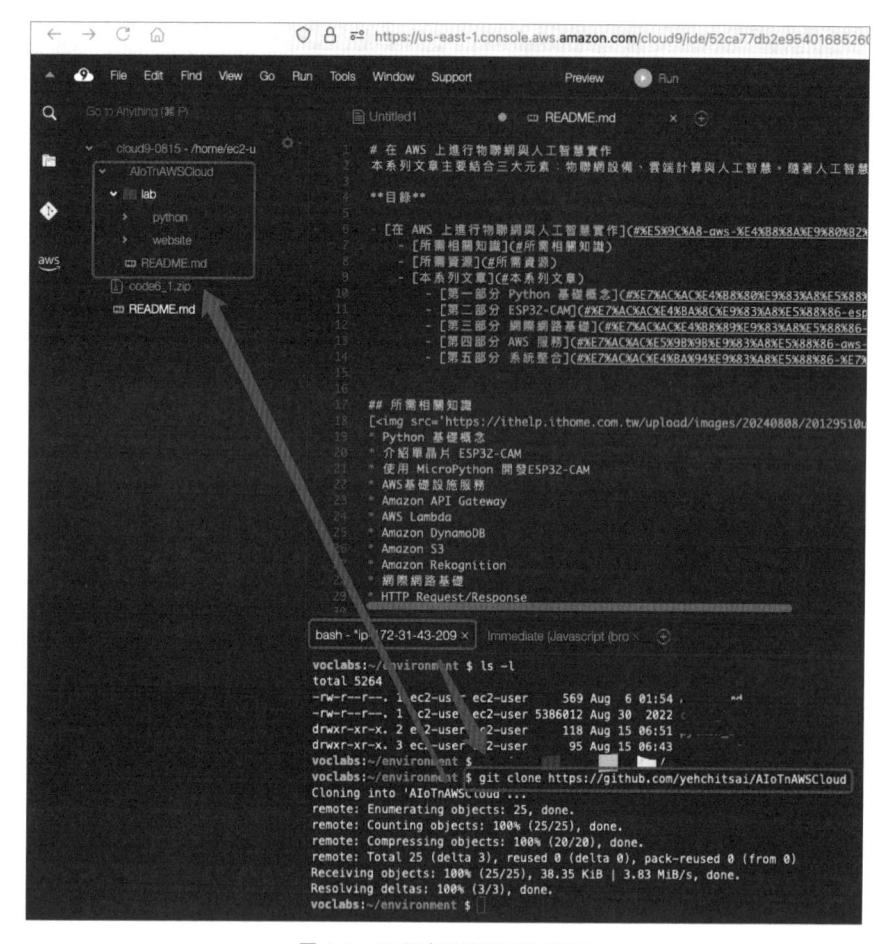

圖 8-8　取得實驗所需要的資源

表 8-1 檢查 Cloud9 開發環境的套件版本

工具	版本
git	2.40.1 (git -v)
AWS CLI	aws-cli/2.17.24 Python/3.11.9 Linux/6.1.102-108.177.amzn2023.x86_64 exe/x86_64.amzn.2023 (aws –version)
python	3.9.16 (python3 -V)
boto3	1.34.161 (pip list)

8.2.4 使用 AWS CLI 建立 S3 儲存貯體

輸入以下 AWS CLI 指令，用來建立 S3 儲存貯體，將 BUCKET_NAME 改為自己所要建立的 S3 儲存貯體名稱。

```
aws s3api create-bucket --bucket BUCKET_NAME
```

AWS CLI 說明指令：

```
aws [options] <command> <subcommand> [parameters]
```

- aws：呼叫 AWS CLI，這需要安裝 AWS Command Line Interface（AWS CLI）工具才能夠使用，而 AWS cloud 9 環境已經事先安裝好，所以開發者可以不用安裝。
- s3api：對應到 AWS CLI 語法中的 command，內容是 AWS 的資源，s3api 就是指 S3 的資源。
- create-bucket：對應到 AWS CLI 語法中的 subcommand，內容是對 command 中的資源進行何種操作，這裡是建立 S3 儲存貯體。
- --bucket aiotnawscloud0821：對應到 AWS CLI 語法中的 parameters，內容是 S3 儲存貯體的名稱命名為 aiotnawscloud0821。

而回傳值是建立儲存貯體的名稱。

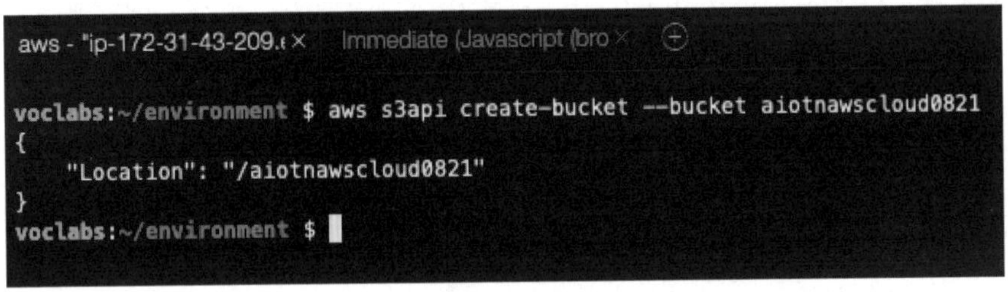

```
voclabs:~/environment $ aws s3api create-bucket --bucket aiotnawscloud0821
{
    "Location": "/aiotnawscloud0821"
}
voclabs:~/environment $
```

圖 8-9　使用 AWS CLI 指令建立 S3 儲存貯體

注意：儲存貯體的名稱是全球唯一的，所以每個人都要取不同的名稱。

注意：這裡存在一個很重要的問題，那就是授權，為何輸入這樣的指令，就可以建立一個儲存貯體在自己的帳號內，AWS CLI 是如何辨識目前的使用者？這是因為 aws cli 事先已經執行 aws configure 指令將個人 token 儲存在 cloud9 的個人目錄中，可以輸入以下指令來觀看目前的：aws_access_key_id/aws_secret_access_key/region。

```
more ~/.aws/credentials
```

圖 8-10　檢視個人密鑰

8.2.5　使用 Python SDK 為儲存貯體設定儲存貯體策略

打開 s3_security_policy.json 檔案，將 BUCKET_NAME 改成自己所建立的儲存貯體的名稱，MY_PUBLIC_IP 則是要上網查找自己電腦的公開 ip，這可能會跟自己電腦上所設定的 ip 不同，因為大多數情況，上網都是多人共用一個公開 ip，如下圖 8-11 所示。

圖 8-11　查找自己電腦的公開 ip

```
{
    "Version": "2008-10-17",
    "Statement": [
        {
            "Effect": "Allow",
            "Principal": "*",
            "Action": "s3:GetObject",
            "Resource": [
                "arn:aws:s3:::BUCKET_NAME/*",
                "arn:aws:s3:::BUCKET_NAME"
            ],
            "Condition": {
                "IpAddress": {
                    "aws:SourceIp": "MY_PUBLIC_IP/32"
                }
            }
        }
    ]
}
```

修改完畢後，接著修改 permissions.py 的 BUCKET_NAME 自己所建立的儲存貯體的名稱，接著執行，就可以在新的儲存貯體上設定政策，讓自己的電腦可以用靜態網站的方式使用 S3。

```
import boto3 import json import pathlib
s3_client = boto3.client("s3", region_name="us-east-1") bucket_name = "BUCKET_NAME"
current_path = str(pathlib.Path(file).parent.resolve()) policy_file = open(current_path + "/dataset/s3_security_policy.json", "r")
s3_client.put_bucket_policy( Bucket = bucket_name, Policy = policy_file.read() )
```

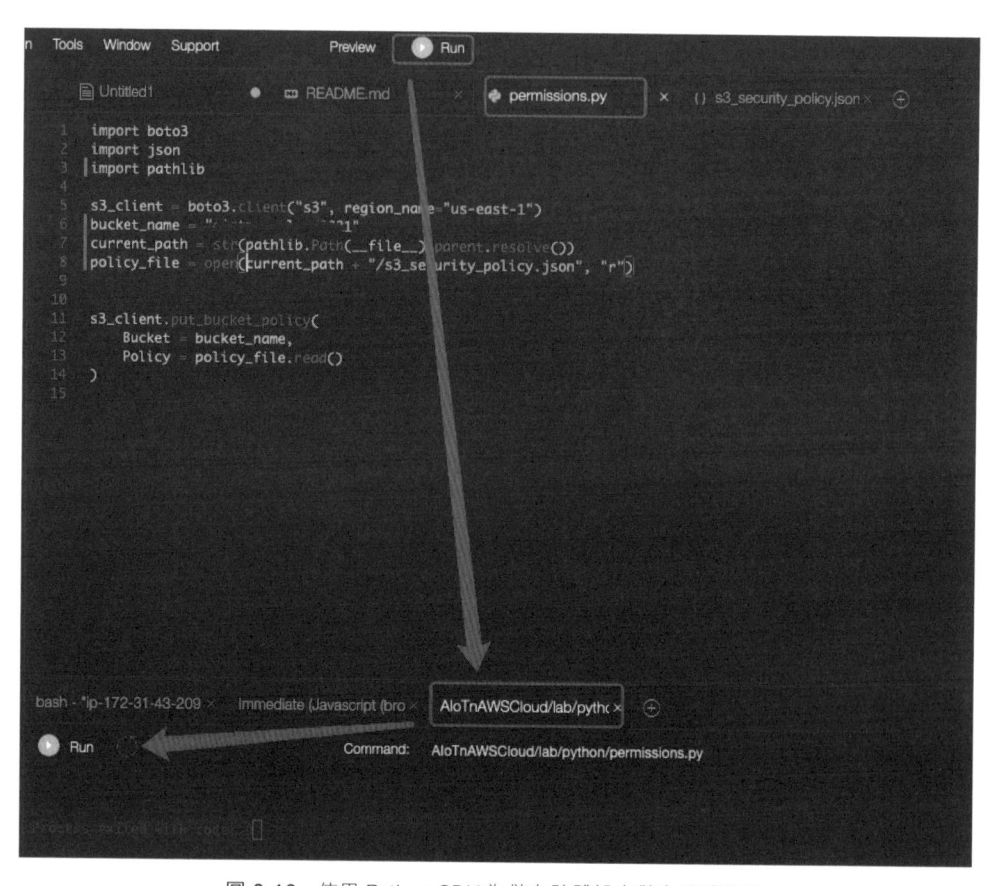

圖 8-12　使用 Python SDK 為儲存貯體設定儲存貯體策略

接著可以到 S3 控制台，檢視 S3 儲存貯體策略。

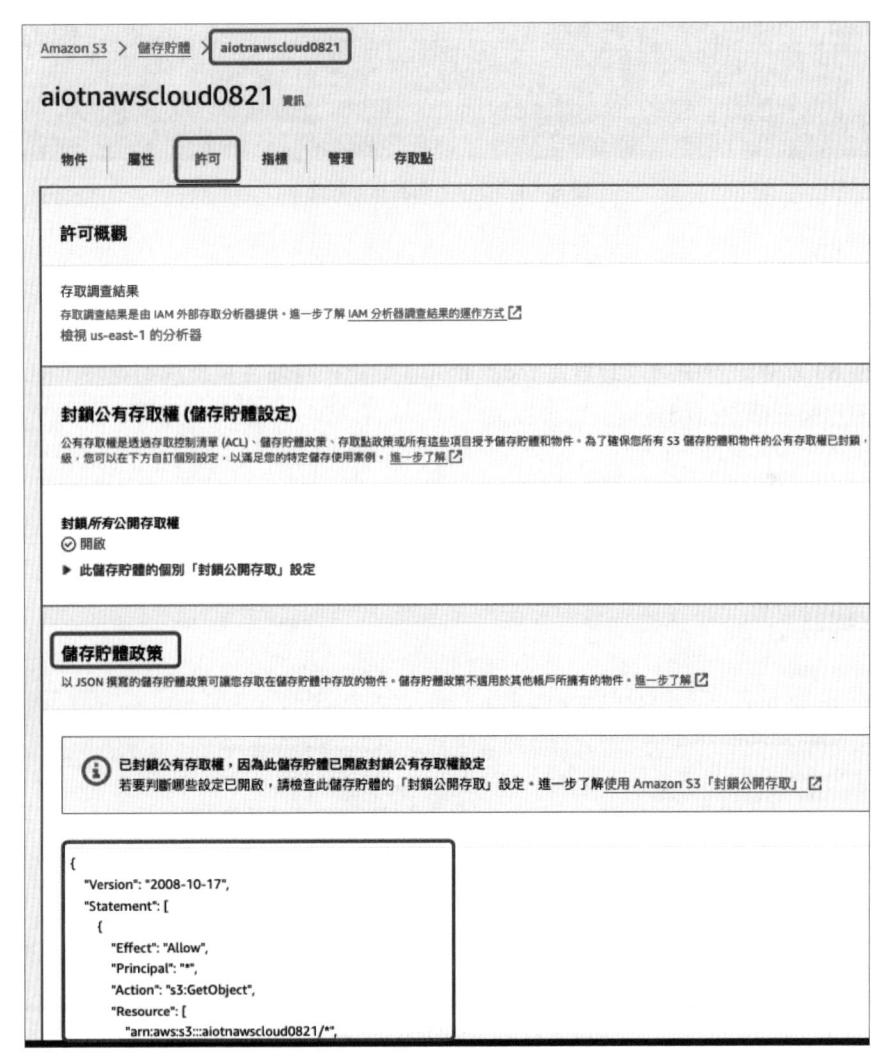

Chapter 08 雲端儲存 – Amazon S3

```
Amazon S3 > 儲存貯體 > aiotnawscloud0821

aiotnawscloud0821 資訊

物件  屬性  許可  指標  管理  存取點

許可概觀

存取調查結果
存取調查結果是由 IAM 外部存取分析器提供。進一步了解 IAM 分析器調查結果的運作方式
檢視 us-east-1 的分析器

封鎖公有存取權 (儲存貯體設定)
公有存取權是透過存取控制清單 (ACL)、儲存貯體政策、存取點政策或所有這些項目授予儲存貯體和物件。為了確保您所有 S3 儲存貯體和物件的公有存取權已封鎖,
級,您可以在下方自訂個別設定,以滿足您的特定儲存使用案例。進一步了解

封鎖所有公開存取權
  開啟
▶ 此儲存貯體的個別「封鎖公開存取」設定

儲存貯體政策
以 JSON 撰寫的儲存貯體政策可讓您存取在儲存貯體中存放的物件。儲存貯體政策不適用於其他帳戶所擁有的物件。進一步了解

ⓘ 已封鎖公有存取權,因為此儲存貯體已開啟封鎖公有存取權設定
  若要判斷哪些設定已開啟,請檢查此儲存貯體的「封鎖公開存取」設定。進一步了解使用 Amazon S3「封鎖公開存取」

{
    "Version": "2008-10-17",
    "Statement": [
        {
            "Effect": "Allow",
            "Principal": "*",
            "Action": "s3:GetObject",
            "Resource": [
                "arn:aws:s3:::aiotnawscloud0821/*",
```

圖 8-13　檢視 S3 儲存貯體策略

8.2.6　將物件上傳到儲存貯體以建立網站

將物件上傳到儲存貯體以建立網站,將 BUCKET_NAME 改為自己建立的 S3 儲存貯體名稱。

aws s3 cp AIoTnAWSCloud/lab/website s3：//BUCKET_NAME/ --recursive --cache-control "max-age=0"

圖 8-14　物件上傳到儲存貯體

8.2.7　測試網站的訪問

在 S3 儲存貯體中到找到首頁 index.html，點選後在屬性頁籤找到物件 URL，複製起來打開一個空白網頁。

圖 8-15　取得首頁的進入網址

貼上網址後，就可以檢視網頁成果。

圖 8-16　檢視網頁

Chapter 09 雲端接口 – Amazon API Gateway

學習目標

1. Amazon API Gateway
2. 實驗：建立 API Gateway-using mock

9.1　Amazon API Gateway

9.1.1　Amazon API Gateway 簡介

API 是一種軟體機制，透過執行以下操作來簡化開發：

- 抽象實作細節
- 僅公開開發人員所需的物件或操作
- 建立資訊提供者和資訊使用者的溝通方式

在〈3.2 HTTP 請求／回應格式〉中有提到行政院即時新聞 API 規格，從這個 API 規格很清楚的可以解釋上述三點。

表 9-1　行政院即時新聞 API 規格

欄位	值
endpoint	https://opendata.ey.gov.tw/api/ExecutiveYuan/NewsEy
傳輸方式	GET
編碼	content-type: application/json; charset=utf-8

表 9-2　上傳參數規格

欄位	說明
Keyword	關鍵字
StartDate	起始日期，格式：yyyy/mm/dd
EndDate	結束日，格式：yyyy/mm/dd
MaxSize	返回最大筆數（最大輸出筆數：1000 筆）
IsRemoveHtmlTag	是否過濾 Html Tag

表 9-3　回傳欄位說明

欄位	說明
標題	文字
內容	文字
上版日期	文字，格式：yyyy-mm-dd
來源網址	文字，格式：URL

Amazon API Gateway 是一種全託管的服務，可讓開發人員輕鬆地建立、發佈、維護、監控和保護任何規模的 API。API 可作為應用程式的「前門」，以便從後端服務存取資料、商業邏輯或功能。使用 API Gateway 時，可以建立 RESTful API 和 WebSocket API，以啟用即時雙向通訊應用程式。API Gateway 支援容器化、無伺服器工作負載和 Web 應用程式。

API Gateway 負責處理有關接受和處理多達數十萬個並行 API 呼叫的所有工作，包括流量管理、CORS（Cross Orgin Resource Sharing）支援、授權和存取控制、調節、監控和 API 版本管理。API Gateway 沒有最低費用或啟動成本。使用者為 API 呼叫和資料傳輸量支付費用，而使用 API Gateway 分級定價模型，可在 API 用量擴展時減少成本。

下圖 9-1 是 AWS 官網所提供的 API Gateway 運作方式，在圖的左手邊很明顯的可以看出 API Gateway 可以作為串流、移動裝置、物聯網甚至是企業內部應用的服務入口；在圖中顯示透過 API Gateway Cache 降低延遲，Amazon CloudWatch 來記錄所有的呼叫記錄；而圖右邊則是顯示 API Gateway 所能串接的服務，不僅是 AWS 所提供的服務（計算、資料庫、串流服務等）也可以是公司內部自建的應用服務。

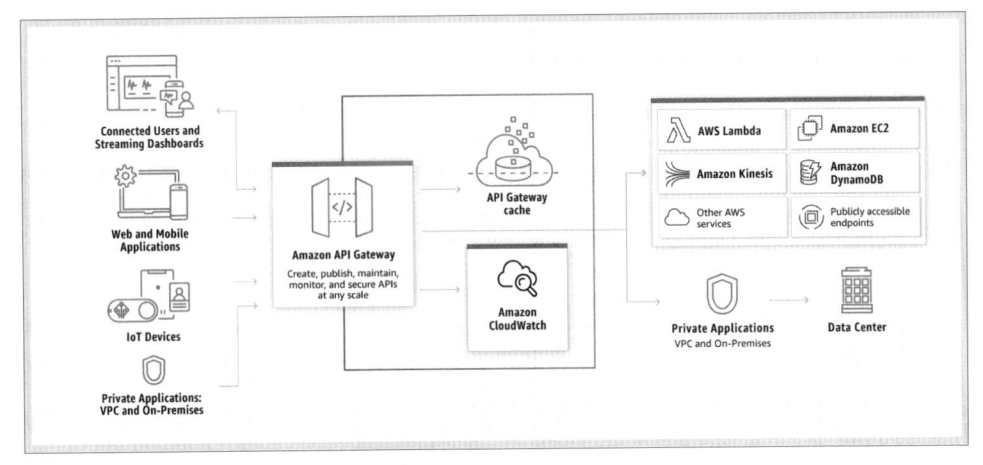

圖 9-1 API Gateway 運作方式

（資料來源：AWS）

9.1.2　API Gateway 類型

API Gateway 主要提供兩類 API 呼叫：

RESTful API：使用 HTTP API 建置針對無伺服器工作負載和 HTTP 後端最佳化的 RESTful API。HTTP API 是建置僅需要 API 代理功能之 API 的最佳選擇。若開發者的 API 在單一解決方案中需要 API 代理功能和 API 管理功能，則 API Gateway 還將提供 REST API。

WEBSOCKET API：使用 WebSocket API 來建立即時雙向通訊應用程式，例如聊天應用程式和串流儀表板。API Gateway 會保持連線不中斷，以處理後端服務和用戶端之間的訊息傳輸。

早期一些 API，例如 SOAP 或 XML-RPC，對開發人員強加了嚴格的框架，REST API（也稱為 RESTful API 或 RESTful Web API）是符合 REST 架構風格設計原則的應用程式介面（API）。REST API 提供了一種靈活、輕量級的方式來整合應用程式並連接微服務架構中的元件。電腦科學家 Roy Fielding 博士於 2000 年在博士論文中定義，REST 為開發人員提供了相對較高的靈活性、可擴展性和效率，基於這些原因，REST API 已成為連接微服務架構中的元件和應用程式的常用方法。

開發人員幾乎可以使用任何程式語言開發 REST API，並支援各種資料格式。唯一的要求是它們符合以下六個 REST 設計原則，也稱為架構限制。

1. 統一介面（Uniform interface）：對相同資源的所有 API 請求都應該看起來相同，REST API 應確保同一份資料（例如使用者的姓名或電子郵件地址）僅屬於一個統一資源識別碼（URI）。

2. 解耦客戶端與伺服器（Client-server decoupling）：在 REST API 設計中，客戶端和伺服器應用程式必須完全相互獨立。客戶端應用程式應該知道的唯一資訊是所請求資源的 URI；它不能以任何其他方式與伺服器應用程式互動。同樣，伺服器應用程式除了透過 HTTP 將請求的資料傳遞給客戶端應用程式外，不應修改客戶端應用程式。

3. 無狀態（Statelessness）：REST API 是無狀態的，這意味著每個請求都需要包含處理它所需的所有資訊。換句話說，REST API 不需要事先建立任何伺服器端會話。伺服器應用程式不允許儲存與客戶端請求相關的任何資料。

4. 可緩存性（Cacheability）：如果可能，資源應該可以在客戶端或伺服器端快取。伺服器回應還需要包含有關是否允許對所傳遞的資源進行快取的資訊。目標是提高客戶端的效能，同時提高伺服器端的可擴展性。

5. 分層系統架構（Layered system architecture）：在 REST API 中，請求和回應經過不同的層。根據經驗，不要假設客戶端和伺服器應用程式直接相互連接。

6. 按需編碼（Code on demand(optional)）：REST API 通常會傳送靜態資源，但在某些情況下，回應也可以包含可執行程式碼（例如 Java 小程式）。在這些情況下，程式碼應該只按需運行。

端點類型（Endpoint Type）

API Gateway Endpoint Type 有分為三種，分別是：

- edge optimized：會將要求路由到最靠近使用者的 CloudFront edge 節點，可取得最低的 latency（延遲）。
- regional：適用於相同地區的用戶端。
- private：僅能從 Amazon Virtual Private Cloud（VPC）透過界面 VPC 端點存取的 API 端點；此端點是你在 VPC 中建立的端點網路界面（ENI）。

9.1.3 比較 REST APIs 和 HTTP APIs

端點類型（Endpoint Type）

表 9-4　端點類型（Endpoint Type）

端點類型	REST API	HTTP API
邊緣最佳化	是	否
區域性	是	是
私有	是	否

安全（Security）

API Gateway 提供多種方法來保護你免 API 受特定威脅的攻擊，例如惡意行為者或流量高峰。

表 9-5　安全（Security）

安全性功能	REST API	HTTP API
相互 TLS 認證	是	是
後端身分驗證的憑證	是	否
AWS WAF	是	否

授權（Authorization）

API Gateway 支援多種機制來控制和管理你的 API。

表 9-6　授權（Authorization）

授權選項	REST API	HTTP API
IAM	是	是
資源政策	是	
Amazon Cognito	是	是
具有 AWS Lambda 功能的自定義授權	是	是
JSON 網路令牌（JWT）	否	是
可以將 Amazon Cognito 與 JWT 授權者（JWT authorizer）一起使用		
可以在 REST APIs 中使用 Lambda 授權程式（Lambda authorizer）來驗證 JWTs		

API 管理（API management）

選擇是否 REST APIs 需要 API 金鑰和每個用戶端速率限制等 API 管理功能。

表 9-7　API 管理（API management）

功能	REST API	HTTP API
自訂網域	是	是
API 鑰匙	是	否
個別用戶端速率限制	是	否
個別用戶端使用量限制	是	否

整合（Integrations）

整合將 API Gateway 連接後端資源。

表 9-8　整合（Integrations）

功能	REST API	HTTP API
公用 HTTP 端點	是	是
AWS 服務	是	是
AWS Lambda 函數	是	是

功能	REST API	HTTP API
與 Network Load Balancer 的私有整合	是	是
與 Application Load Balancer 的私有整合	否	是
私人整合 AWS Cloud Map	否	是
模擬整合	是	否

9.1.4　API Gateway 的開發 – REST API

在 Amazon API Gateway 中，建立一個稱 REST API 時，就是建立為一堆資源的集合。如下圖 9-2 所示，getbiao 是一個 REST API，裡面包含了兩個資源：chufashu 與 postdb，而每個資源實體下可以有一或多個方法（GET），這些方法都是標準的 HTTP 協定所定義的方法，如 get、post、put、options 等。

圖 9-2　API Gateway - REST API 結構

而如同標準 Web API 一樣，API Gateway 的也包含了 request/response，只是基於整合後端 AWS 資源考量，API Gateway 的 REST API 方法分成了四個階段：

- 方法請求（Method Request）：定義了用於客戶端訪問時所定義的 API 規格。

- 整合請求（Integration Request）：要與後端端點（如 Mock Endpoint、Lambda Function、AWS Service、其他 HTTP endpoint）整合，需要透過整合請求，這會將傳入的要求轉送至指定的整合端點 URI。如有必要，可以轉換請求參數或請求主體以滿足後端要求。

- Integration Response：這個階段可以將回傳的資料做轉換，用來設定不同的 status code 會需要 mapping 到的 header value。

- Method Response：表示用戶端收到的要求回應。

為了協助客戶瞭解開發者所設計的 API，也可以在 API 建立過程中或建立之後提供 API 文件。若要啟用此功能，請為支援的 API 新增 Documentation 資源；若要控制用戶端呼叫 API 的方式，可以在授權者（Authorizers）選項請使用 IAM 許可、Lambda 授權者或 Amazon Cognito 使用者集區；要計算 API 使用情況，請設置使用計劃（Usage plans）選項以限制 API 請求。如下圖 9-3 所示。

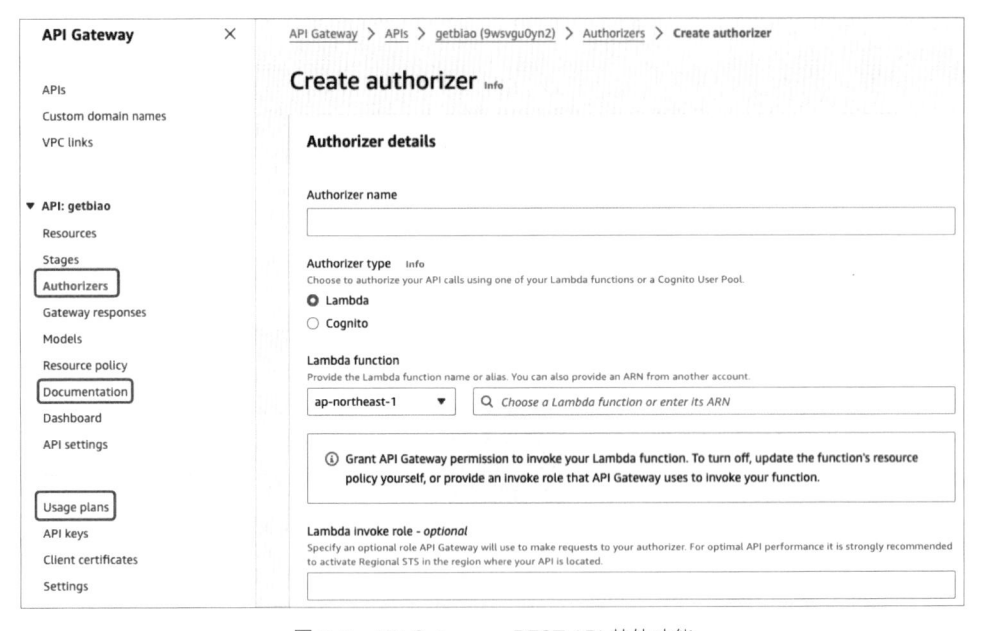

圖 9-3 API Gateway - REST API 其他功能

9.2　實驗：建立 API Gateway – using mock

9.2.1　啟動學習者實驗室

AWS Academy Learner Lab 是提供一個帳號讓學生可以自行使用 AWS 的服務，讓學生可以在 50 USD 的金額下，自行練習所要使用的 AWS 服務，在此先介紹一下 Learner Lab 基本操作與限制。在 AWS Academy 學習平台的入口首頁 https://www.awsacademy.com/LMS_Login，選擇以學生（Students）身分登錄，在課程選單中選擇 **AWS Academy Learner Lab - Foundation Services** 的課程，在課程選單中選擇 單元（Module），接著單擊〔啟動 AWS Academy Learner Lab〕，如下圖 9-4 所示。

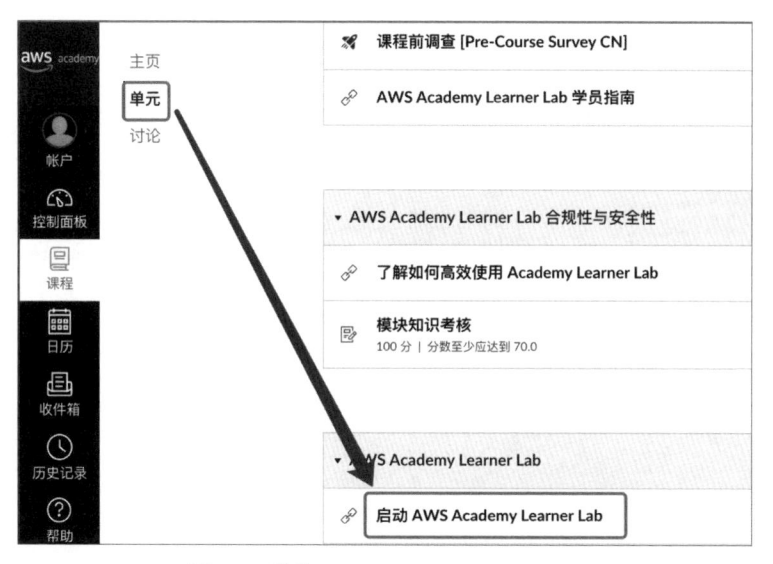

圖 9-4　啟動 AWS Academy Learner Lab

進入 Learner Lab 中，說明一下每個區塊，圖形在下方。

1. 用來啟動 AWS 管理控制台介面，必須是出現綠點才可以點擊，而出現綠點必須要先啟動實驗（Start Lab）。

2. 已用金額與全部實驗金額（Used $0.2 of $50）。

3. 工具列說明：

- Start Lab：開始實驗帳號，這時候就可以使用 AWS 資源。

- End Lab：就會停止計費，並把所有的 AWS 資源關閉，注意，這只是暫停這些資源，並不會回收。

- AWS Details：可以取得使用者（IAM 用戶）相關的密鑰資料。

- Readme：說明手冊，就是下方的 5.。

- Reset：就會把目前所有的 AWS 設定好的資源都清除掉。

4. 切換說明的語系，ZH-CN 是簡體中文。

5. 說明手冊。

圖 9-5　Learner Lab 畫面說明

9.2.2　準備開發環境

事先完成實驗：使用 Amazon S3 建立靜態網站，並進入 Cloud9 的環境中，打開 lab/website/index.html，等一下需要修改這個檔案，讓它指向 API Gateway。

檢查 Cloud9 開發環境的套件版本

表 9-9　檢查 Cloud9 開發環境的套件版本

工具	版本
git	2.40.1（git -v）
AWS CLI	aws-cli/2.17.24 Python/3.11.9 Linux/6.1.102-108.177.amzn2023.x86_64 exe/x86_64.amzn.2023（aws –version）
python	3.9.16（python3 -V）
boto3	1.34.161（pip list）

參考以下 AWS CLI 指令，使用 Amazon S3 建立靜態網站。

```
git clone https://github.com/yehchitsai/AIoTnAWSCloud
aws s3api create-bucket --bucket aiotnawscloud0821
```

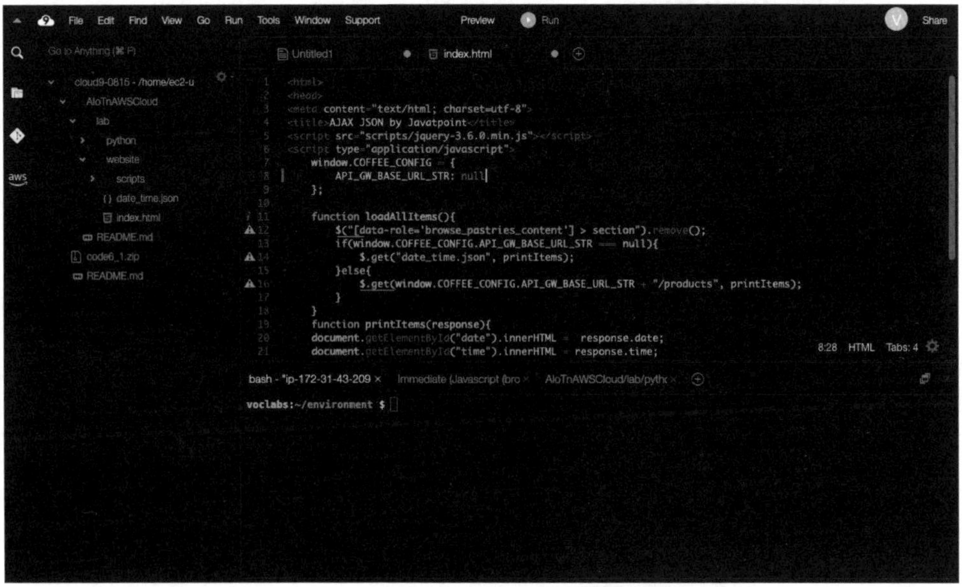

圖 9-6　Learner Lab 畫面說明

9.2.3　建立 API 端點 GET

建立 API 前應該先定義好 API 規格，以下是我們要建立 API 的格式。

表 9-10　建立 API 的格式

欄位	值
endpoint	DateInfo
傳輸方式	GET
編碼	content-type：application/json; charset=utf-8

上傳參數規格：無。

表 9-11　回傳欄位說明

欄位	說明
date	文字，格式：yyyy-mm-dd
time	文字，格式：hh-mm-ss
範例	{ "date"："2024-08-20", "time"："15：16：17"}

打開 API Gateway 控制台，點擊〔建立 API〕，選擇建置 REST API。

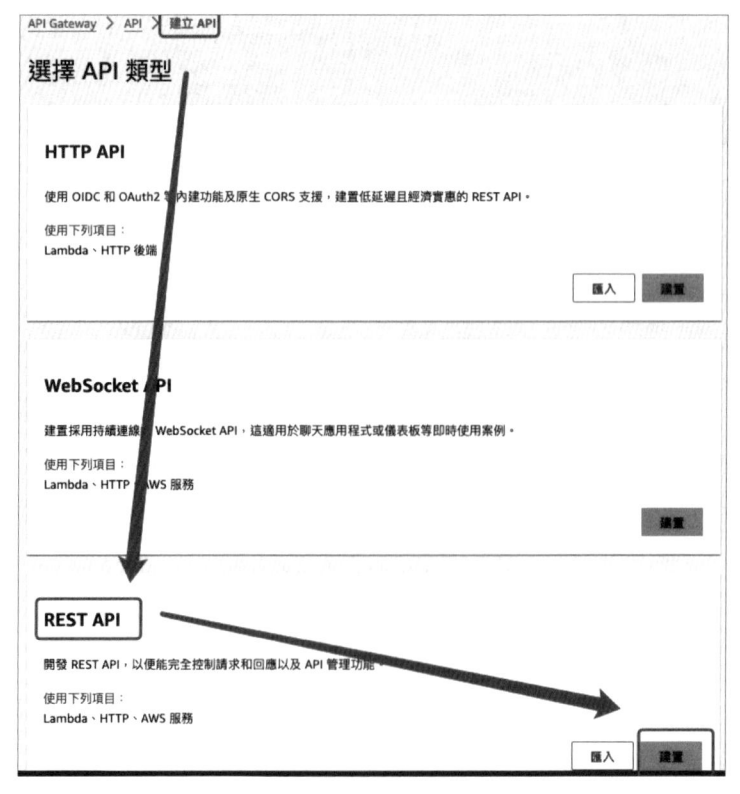

圖 9-7　建置 REST API

建立 REST API 配置

- 新 API：建立新的 REST API
- API 名稱：dateAPI
- API 端點類型：區域

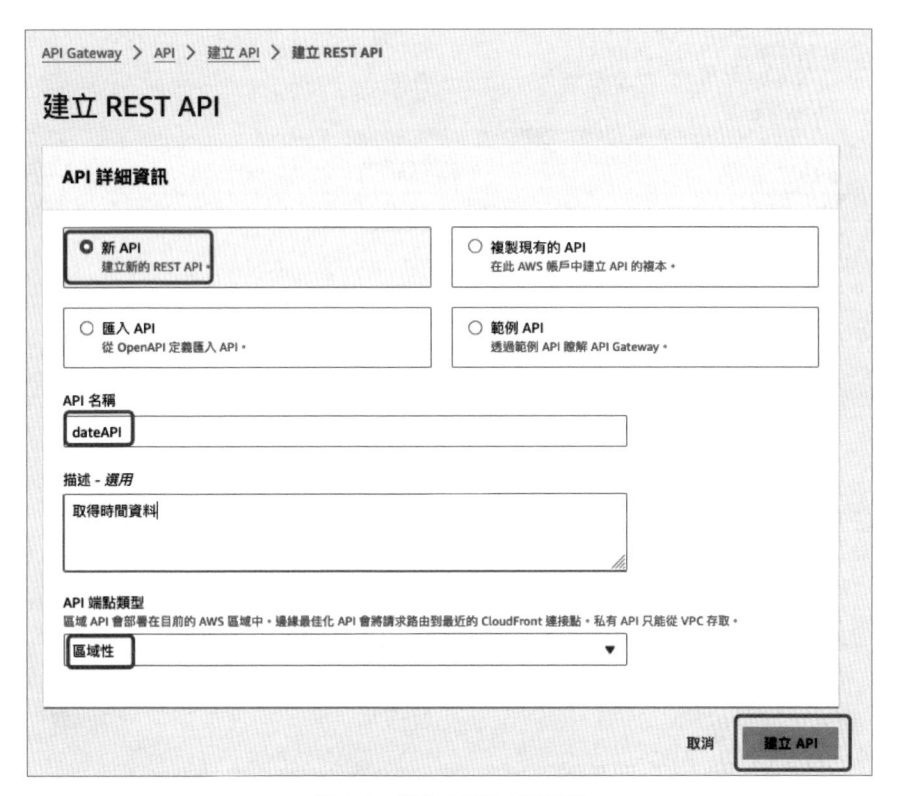

圖 9-8　建立 REST API 配置

建立資源

建立 dateAPI REST API 的資源 DateInfo，可以不用開啟 CORS。

圖 9-9　建立 REST API 資源

建立方法

在資源 DateInfo 下新增一個 GET 方法。

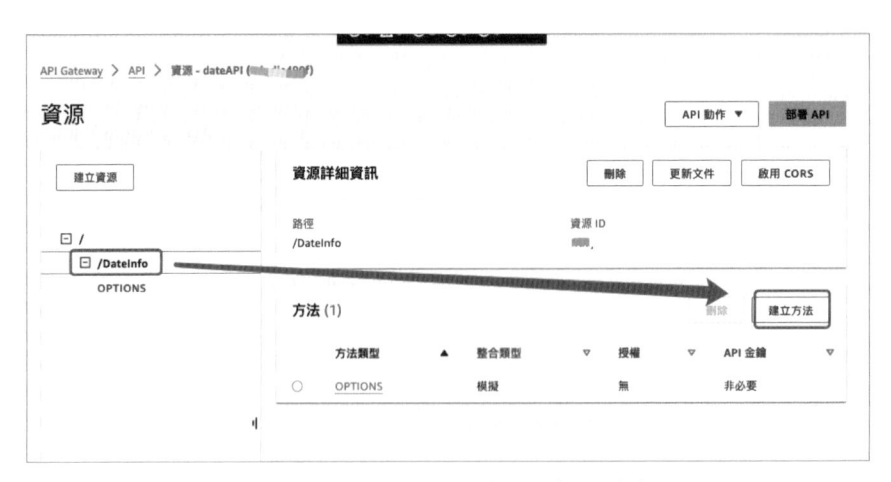

圖 9-10　建立 REST API 資源下的 get 方法

指定方法的整合類型為模擬（mock）。

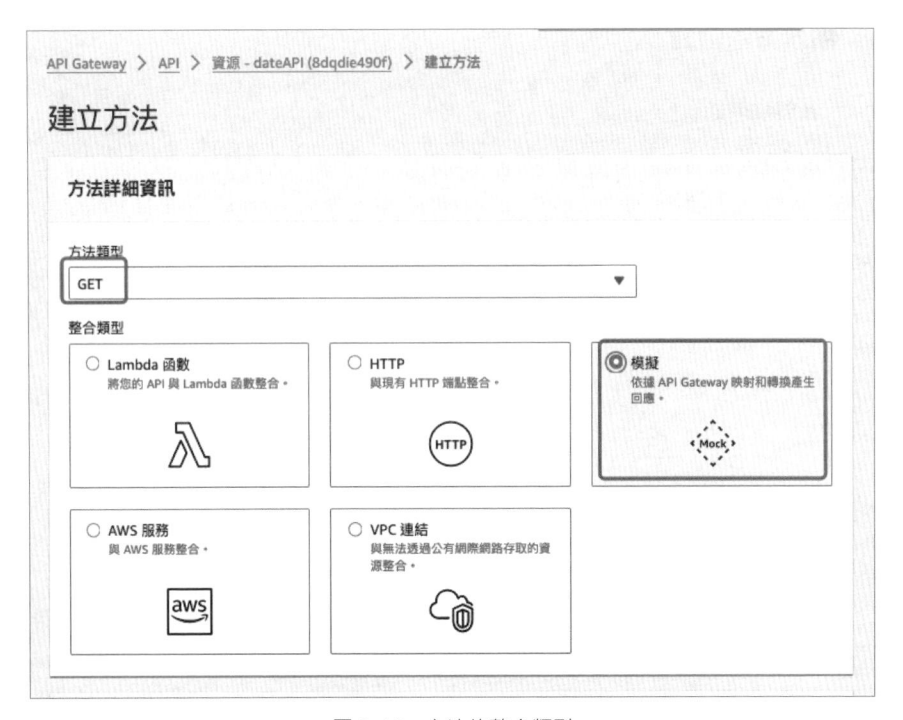

圖 9-11　方法的整合類型

方法回應

編輯方法回應，因為要支援 CORS，所以回應時必需有這三個回應標頭。

- Access-Control-Allow-Headers
- Access-Control-Allow-Origin
- Access-Control-Allow-Methods

![編輯方法回應畫面]

圖 9-12　編輯方法回應

整合回應

編輯整合回應，設定要傳給方法回應的內容，所以需要指定標頭映射與映射範本。

標頭映射如下所示：

注意：mapping value 需要加上單引號。

- Access-Control-Allow-Headers：'Content-Type,X-Amz-Date,Authorization,X-Api-Key,X-Amz-Security-Token'

- Access-Control-Allow-Methods：'GET'

- Access-Control-Allow-Origin：'*'

映射範本內容

```
{
    "date": "2024-08-23",
    "time": "08:16:17"
}
```

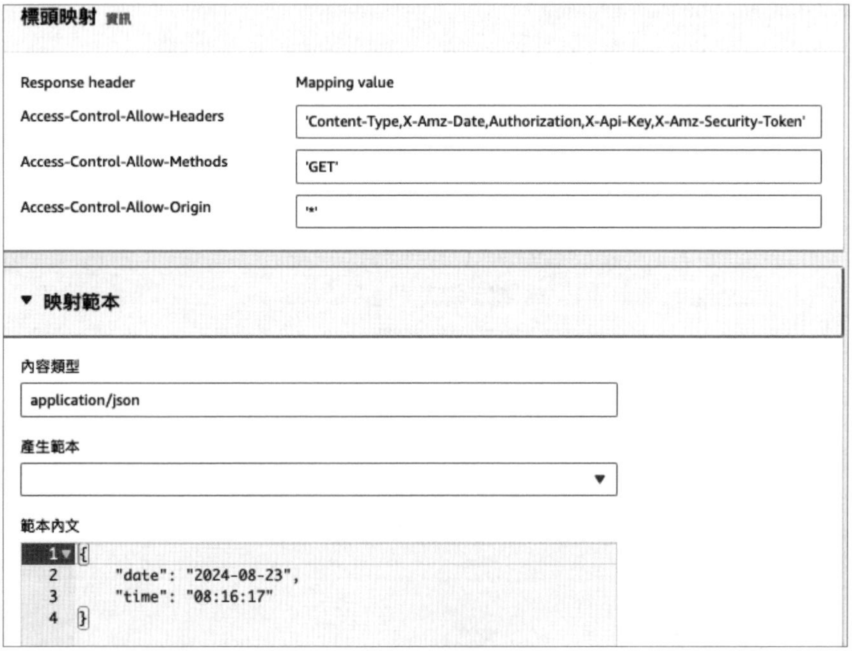

圖 9-13　編輯整合回應

測試

最後選擇測試觀看結果，如果正確會回應狀態 200，以及指定的回應內文與回應標頭。

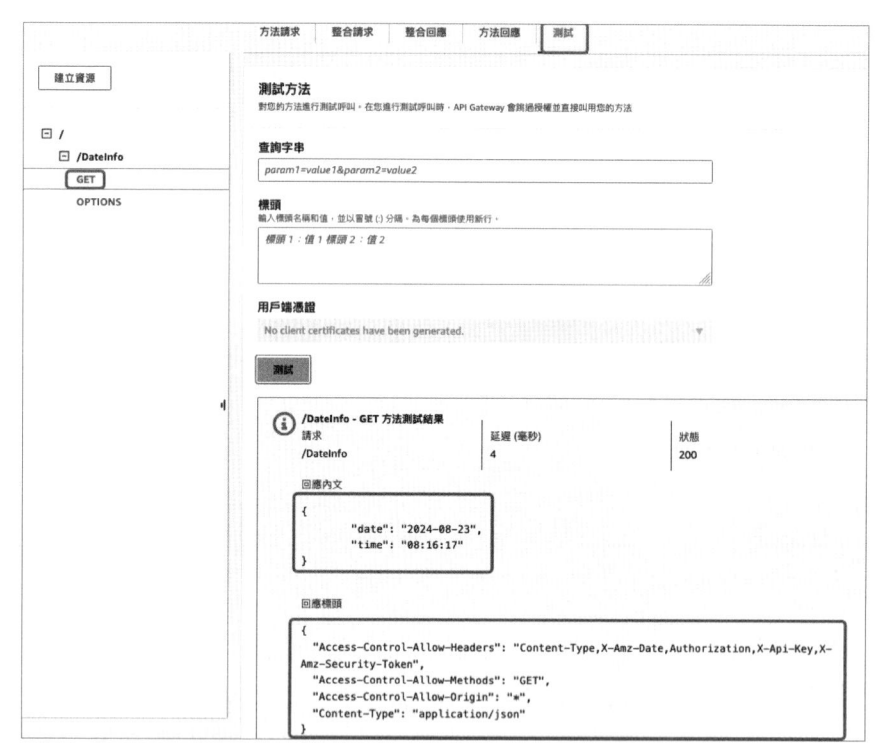

圖 9-14　對於設定好的方法進行測試

9.2.4　部署 API

在左側的資源選單中，可以找到資源畫面的右上方有部署 API 按鈕，點擊後選擇新階段，階段名稱為 dev 後，進行部署。

Chapter 09 雲端接口 – Amazon API Gateway

圖 9-15　部署 API

完成部署後，選擇階段選單，找到叫用 URL，並複製起來。

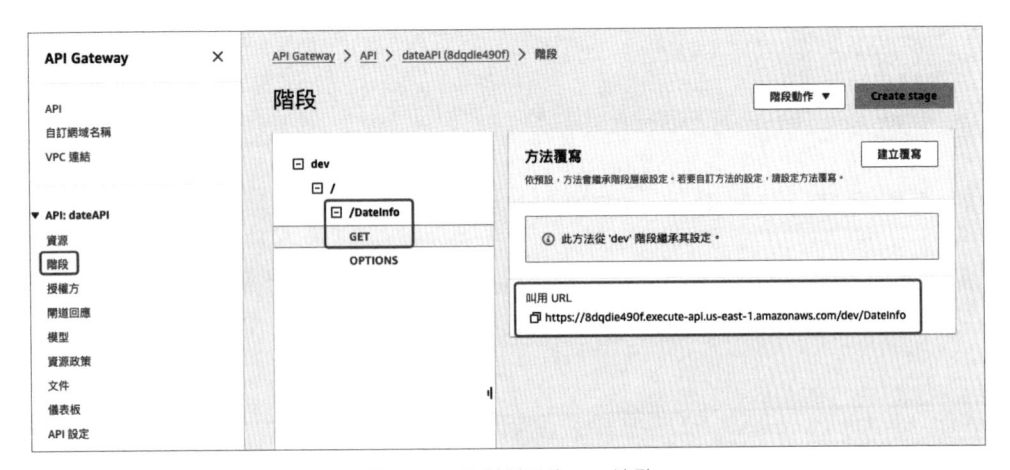

圖 9-16　複製所需的 API 端點

9-19

將叫用 URL 貼在空白瀏覽器上，在瀏覽器上測試 API 資源，如果出現日期資料，即表示 API Gateway 部署成功。

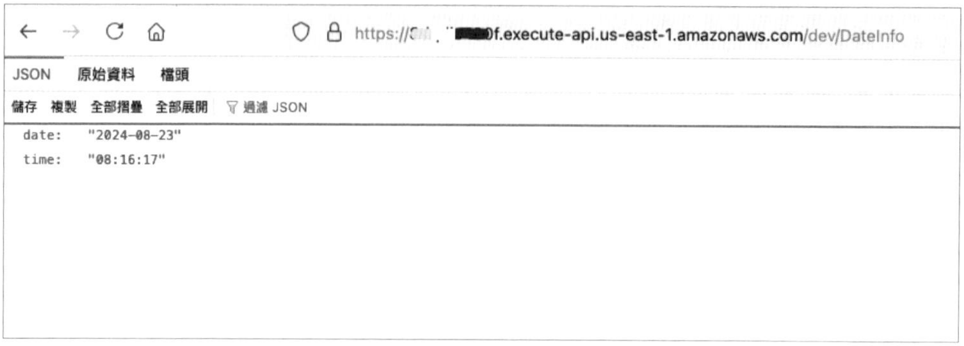
https://[redacted]f.execute-api.us-east-1.amazonaws.com/dev/DateInfo
JSON
原始資料
檔頭
儲存
複製
全部摺疊
全部展開
過濾 JSON
date: "2024-08-23"
time: "08:16:17"

圖 9-17　在瀏覽器上測試 API 資源

9.2.5　更新網站並使用 API

回到 cloud9 畫面中，修改 index.html 第 8 行，將上一階段所得到的 API 端點，指定給 API_GW_BASE_URL_STR。

```
# 將
API_GW_BASE_URL_STR: null
# 改為
API_GW_BASE_URL_STR: [API_ENDPOINT]
```

再將該網頁上傳到 S3 上，在下方的終端畫面輸入以下指令：

```
aws s3 cp  AIoTnAWSCloud/lab/website/index.html s3://aiotnawscloud0821/
```

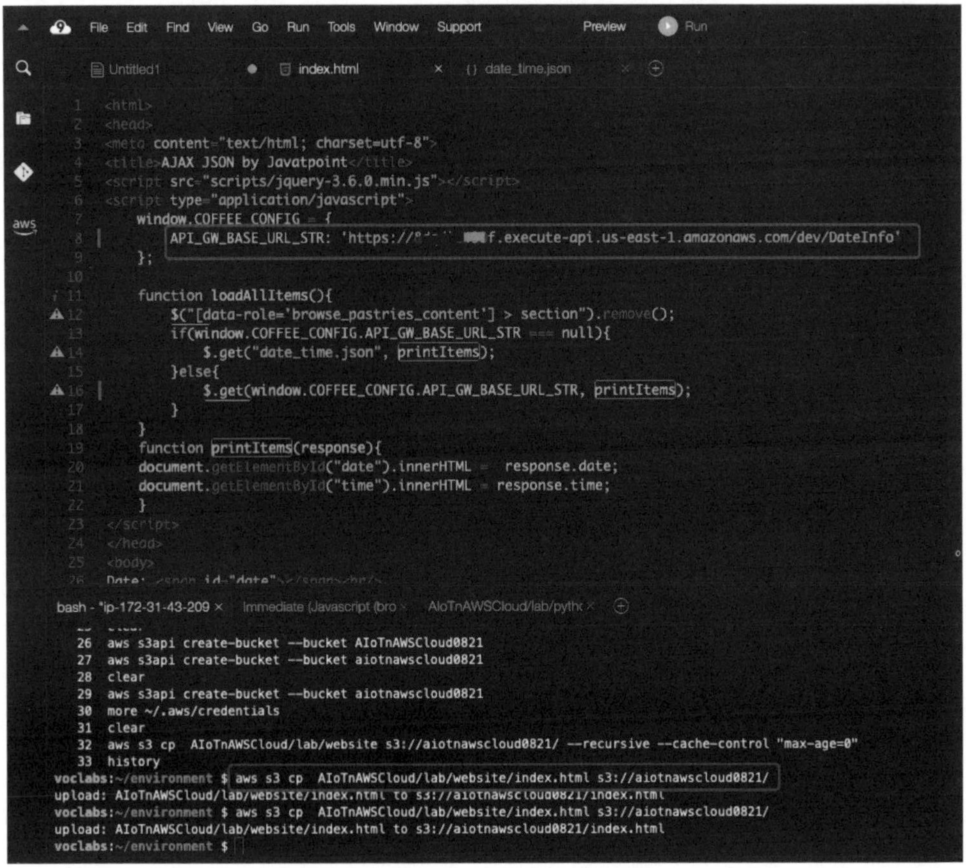

圖 9-18　修改相對應程式碼

進入 S3 控制台，找到 index.html 所在的網址，通常是

URL https://[bucketname].s3.amazonaws.com/[object]

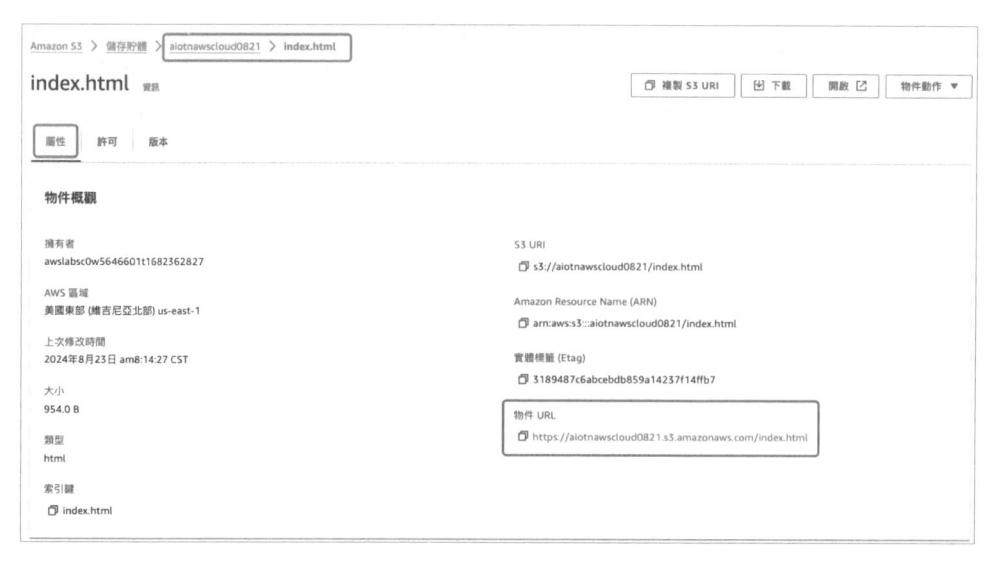

圖 9-19　檢視 index.html 網址

打開 index.html 網址並點擊 Load Information，可以看到下方會出現 ajax 呼叫 API Gateaway，來取得資料，並顯示在畫面上。

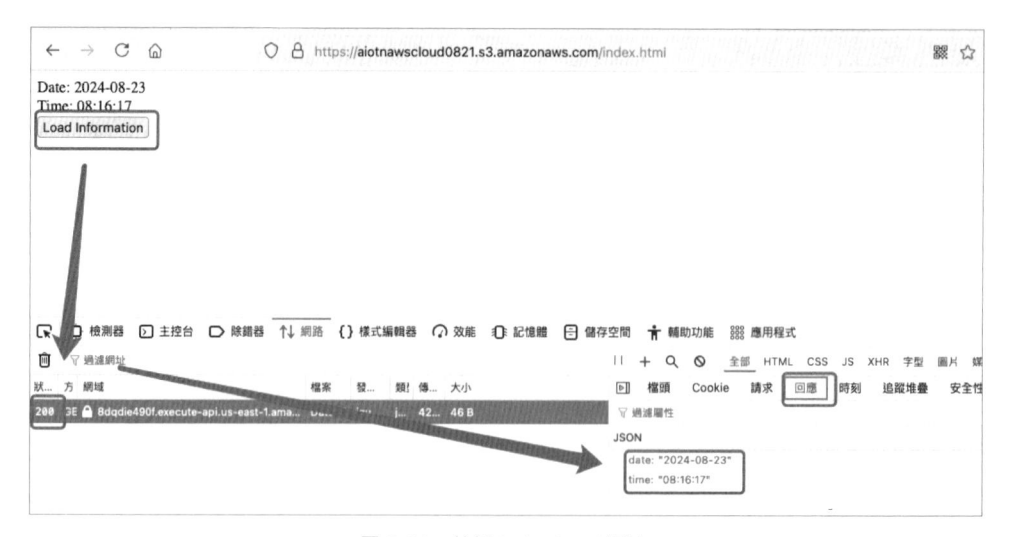

圖 9-20　檢視 index.html 網址

Chapter 10

雲端運算 – AWS Lambda

學習目標

1. AWS Lambda
2. 實驗：使用 GET 方法查詢資料
3. 實驗：使用 POST 方法上傳圖片

10.1 AWS Lambda

10.1.1 AWS 雲端運算服務

如果將所有 AWS 雲端運算服務劃分為四個大類之一：提供基礎設施即服務（IaaS）、無伺服器、基於容器和平台即服務（PaaS），整理出下表 AWS 雲端運算服務分類表，說明如下：Amazon EC2 提供虛擬機，可以將其視為基礎設施即服務（IaaS）。它提供了靈活性，但需要用戶承擔更多伺服器管理職責：選擇作業系統、選擇啟動的伺服器大小和資源的功能等。對於具有使用本地計算經驗的 IT 專業人員，虛擬機是一個熟悉的概念。Amazon EC2 是最早的 AWS 服務之一，目前也仍然是最受歡迎的服務。

AWS Lambda 是一種無須管理的計算平台。透過 AWS Lambda，不用預置或管理伺服器即可運行程式碼，只需按使用的計算時間付費即可。這種無伺服器技術概念對於許多 IT 專業人員來説尚屬新興技術概念,不過它正在日漸流行,因為它支援原生雲端架構,支援在相同工作負載的情況下,該架構能夠以比 7×24 小時運行的伺服器具有更低的成本和實現大規模可擴展性。

基於容器的服務,包括 Amazon Elastic Container Service、Amazon Elastic Kubernetes Service、AWS Fargate 和 Amazon Elastic Container Registry,能夠在單個作業系統(OS)上運行多個工作負載。與虛擬機相比,容器啟動速度更快,可以提供更出色的回應能力,因此,基於容器的解決方案越來越受歡迎。

AWS Elastic Beanstalk 提供了一種平台即服務(PaaS)。透過所需的應用程式服務,快速建立應用程式。它管理作業系統、應用程式伺服器和其他基礎設施組件,方便用戶可以專注於開發應用程式程式碼。

表 10-1　AWS 雲端運算服務分類表

服務	重要概念	特性	易用性
Amazon EC2	• 基礎設施即服務(IaaS) • 基於個體 • 虛擬機	可以根據選擇的配置管理虛擬機	許多 IT 專業人員熟悉的概念
AWS Lambda	• 無伺服器計算 • 基於函數 • 成本低廉	• 寫入和部署按計劃執行的程式碼或可以由事件觸發的程式碼 • 在需要的情況下使用	對於許多 IT 員工而言,這是一個相對較新的概念,但在學習用法後很容易使用
• Amazon ECS • Amazon EKS • AWS Fargate • Amazon ECR	• 基於容器的計算 • 基於實例	更迅速地啟動並執行作業	AWS Fargate 能夠降低管理開銷,但可以使用為你提供更多控制力的選項
• AWS Elastic Beanstalk	• 平台即服務(PaaS) • 適用於 Web 應用程式	• 專注於程式碼 • 可以輕鬆綁定到其他服務	快速輕鬆地開始使用。

(資料來源:AWS)

10.1.2　AWS Lambda 簡介

AWS Lambda 是一種事件驅動型無伺服器計算（serverless computing）服務。Lambda 無須預置或管理伺服器即可運行程式碼。建立一個 Lambda 函數，該函數是包含上傳的程式碼的 AWS 資源。然後，可以將 Lambda 函數的觸發方式設定為按計劃觸發或回應事件觸發。程式碼僅會在被觸發時運行。只需按使用的計算時間付費，程式碼未運行時不產生費用。

不需要瞭解任何新語言、工具或框架，即可使用 Lambda。Lambda 支援多種編程語言，包括 Java、Go、PowerShell、Node.js、C#、Python 和 Ruby。程式碼可以使用任意庫，包括本地庫或第三方庫。

Lambda 實現了完全自動化管理。它能管理所有基礎設施，並將程式碼放在高可用性的容錯型基礎設施上運行，能夠專注於構建出色的後端服務。Lambda 可無縫部署程式碼，執行所有的管理、維護和安全補丁操作，並透過 Amazon CloudWatch 提供內置日誌記錄和監控。

Lambda 提供內置容錯能力。它可在各區域中跨多個可用區維護計算容量，從而幫助保護程式碼免受單個機器故障或資料中心故障的影響。沒有維護時段或計劃停機時間。可以透過使用 AWS Step Functions 構建工作流來編排多個 AWS Lambda 函數，用於複雜或長時間運行的任務。請使用 Step Functions 來定義工作流。這些工作流使用順序、並行、分支和錯誤處理步驟觸發 Lambda 函數集合。藉助 Step Functions 和 Lambda，可以為應用程式和後端構建有狀態、長時間運行的行程。

使用 Lambda，只須為提供的請求以及運行程式碼所需的計算時間付費。帳單以 100 毫秒的增量計費，從而能經濟高效且輕鬆地從每天幾個請求自動擴展到每秒數千個請求。

事件源是 AWS 服務或開發人員建立的應用程式，用於生成可觸發 AWS Lambda 函數使其運行的事件。某些服務通過直接呼叫 Lambda 函數將事件發佈到 Lambda。這些異步呼叫 Lambda 函數的服務包括但不限於 Amazon S3、Amazon Simple Notification Service（Amazon SNS）和 Amazon CloudWatch Events。

Lambda 也可以在未向 Lambda 發佈事件的其他服務中輪詢資源。例如，Lambda 可以從 Amazon Simple Queue Service（Amazon SQS）佇列中輪詢記錄，然後針對獲得的每條消息執行 Lambda 函數。同樣地，Lambda 也可以從 Amazon DynamoDB 讀取事件。某些服務可以直接呼叫 Lambda 函數，例如 Elastic Load Balancing（Application Load Balancer（應用程式負載均衡器））和 Amazon API Gateway。

　　直接使用 Lambda 控制台、Lambda API、AWS 軟體開發工具包（SDK）、AWS CLI 和 AWS 工具箱來呼叫 Lambda 函數。直接呼叫有時很有用，例如在開發移動應用程式並希望該應用程式呼叫 Lambda 函數時。

　　AWS Lambda 會使用 Amazon CloudWatch 自動監控 Lambda 函數。為了排除函數中的故障，Lambda 日誌記錄了函數處理的所有請求。它還會自動儲存由程式碼通過 Amazon CloudWatch Logs 生成的日誌。使用 AWS 管理控制台建立 Lambda 函數時，請首先給函數命名。然後，可以指定：

- 函數使用的運行時環境（例如 Python 或 Node.js 版本）
- 執行角色（用於向函數授予 IAM 權限，使其可以按需與其他 AWS 服務進行互動）

　　然後，單擊建立函數並配置函數。配置包括：

- 添加觸發器
- 添加函數程式碼
- 指定分配給函數的記憶體（以 MB 為單位，範圍 128 MB 至 3008 MB）
- （可選）指定環境變量、描述、超時、運行函數所在的 Virtual Private Cloud（VPC）、要使用的標籤以及其他設定

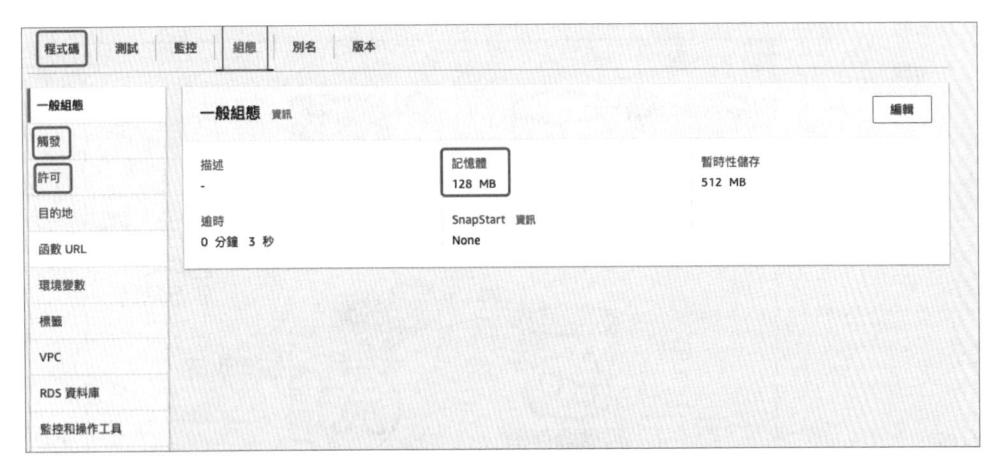

圖 10-1　Lambda 控制台

　　以上所有設定最終都儲存在 Lambda 部署程式包（一個包含函數程式碼和相依函式庫的 ZIP 歸檔）中。使用 Lambda 控制台編寫函數時，控制台會管理軟體包。但是，如果使用 Lambda API 來管理函數，則需要建立部署程式包。

　　現在，請設想一個基於事件的 Lambda 函數的示例使用案例。假設你要將上傳到 S3 儲存桶的每個圖像（.jpg 或 .png 物件）建立縮略圖。為了構建解決方案，你可以建立 Lambda 函數，在上傳物件後，Amazon S3 可以呼叫該函數。之後，Lambda 函數從源儲存桶讀取圖像物件並在目標儲存桶中建立縮略圖。下面是它的工作流程：

❶ 用戶將圖片上傳到 Amazon S3 中的來源儲存桶（物件建立事件）。

❷ Amazon S3 檢測到物件建立事件。

❸ Amazon S3 通過呼叫 Lambda 函數和傳遞事件資料，將圖片建立的事件發佈到 Lambda。

❹ Lambda 通過代入建立 Lambda 函數時指定的執行角色來執行 Lambda 函數。

❺ Lambda 函數通過收到的事件資料獲得來源儲存桶名稱和物件鍵名稱（圖片名稱）。Lambda 函數讀取該圖片，使用圖形庫建立縮圖，並且將縮圖保存到目標儲存桶。

10-5

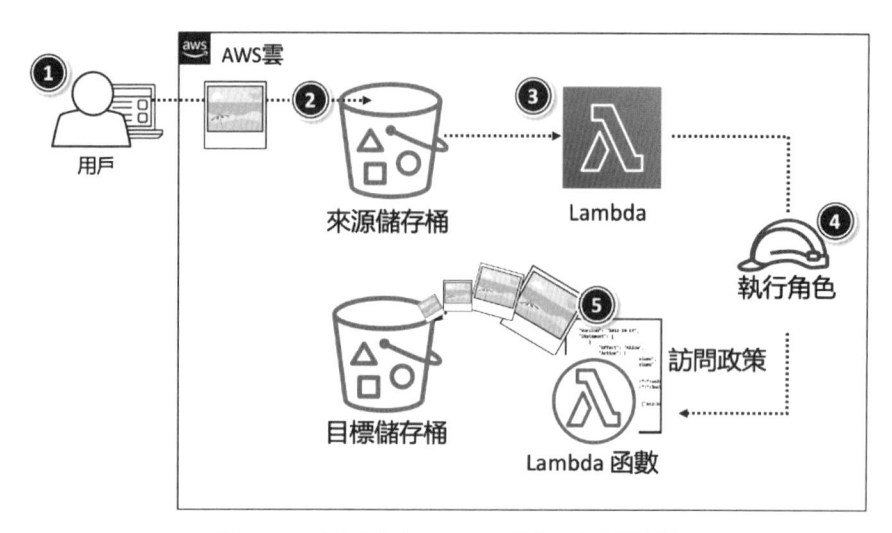

圖 10-2　基於事件的 Lambda 函數建立縮圖範例
（資料來源：AWS）

在建立和部署 Lambda 函數時，AWS Lambda 具有一些已知的限制。AWS Lambda 會限制可用於運行和儲存函數的計算和儲存資源量。例如，單個 Lambda 函數的最大記憶體分配容量為 3008 MB；在一個區域中，函數只能有 1000 個並行執行；AWS Lambda 函數可以配置為每次執行最長運行 15 分鐘。可以將超時設定為 1 秒到 15 分鐘之間的任何值；函數的部署程式包的大小不能超過 250MB。

層是包含庫、自定義運行時或其他相依函式庫的 ZIP 歸檔。利用層可以在函數中使用庫，而不必將庫包含在部署程式包中。使用層有助於避免達到部署程式包的大小限制，層還適用於在 Lambda 函數之間共享程式碼和資料。

限制分為軟性限制和硬性限制，帳戶的軟性限制可以通過提交支援通知單並為提供請求理由來申請放寬。硬性限制不能放寬。

10.1.3　AWS Lambda 開發

部署 Lambda Function 的方法有底下這些方式，可以看出 AWS Lambda 其實是 AWS 的一項核心功能：

- 利用 AWS 管理主控台
- 利用 AWS CLI

- 利用 AWS SAM（AWS Serverless Application Model）
- 利用 AWS CDK（AWS Cloud Development Kit）
- 使用容器 – 採用 AWS 官方鏡像
- 使用容器 – 採用自定義鏡像

不管是上面哪一種作法，實際上 AWS Lambda 實際的運行方式就是以容器（Container）的方式在執行。

在 AWS Lambda 的開發中，可以分成下列幾個步驟：

- 授權：授予開發用戶新增、部署、測試 Lambda 的權限
- 建立：建立 Lambda 的詳細操作
- 編碼：在 Lambda 函數中編寫程式碼
- 部署：保存程式碼到 AWS Lambda 函數中
- 調用／測試：調用 Lambda 函數並得到結果
- 更新程式碼：更新 Lambda 函數

10.1.4 利用 AWS 管理主控台開發 Lambda Function

以下簡單說明一下，如何利用 AWS 管理主控台開發 Lambda Function。

▌授權 [1]

要建立 Lambda 函數並且調用它看到最後的結果，要確保開發者的 IAM 使用者擁有建立並調用 Lambda 函數和查看日誌的權限。

該 IAM 權限策略只能確保用戶查看當前帳戶的所有權限策略，而不能做出增加或者刪除等操作。

IAM 策略如下：

```
{
    "Version": "2012-10-17",
```

---

1 資料來源：AWS

```
    "Statement": [
      {
        "Sid": "VisualEditor0",
        "Effect": "Allow",
        "Action": [
          "iam:CreateRole",
          "iam:ListPolicies",
          "iam:GetPolicyVersion",
          "iam:PassRole",
          "iam:ListAttachedUserPolicies",
          "iam:CreatePolicy",
          "iam:AttachRolePolicy",
          "iam:ListUsers",
          "iam:ListUserPolicies"
        ],
        "Resource": "*"
      }
    ]
}
```

用戶擁有 CloudWatch Logs 之後，AWS 才允許用戶查看 Lambda 函數的運行日誌，方便用戶 debug。

CloudWatch Logs 策略如下：

```
{
    "Version": "2012-10-17",
    "Statement": [
      {
        "Sid": "VisualEditor0",
        "Effect": "Allow",
        "Action": [
          "logs:DescribeLogGroups",
          "logs:DescribeLogStreams",
          "logs:GetLogEvents",
          "logs:CreateLogGroup",
          "logs:CreateLogStream",
          "logs:PutLogEvents"
        ],
        "Resource": "arn:aws:logs:*:*:*"
      }
    ]
}
```

建立 Lambda 函數並且調用函數的權限，這就需要帳戶擁有相關 Lambda 的權限。

- Lambda
  - 列表

    a. ListFunctions：在 AWS 管理主控台列出所有函數

  - 讀取

    a. GetAccountSettings：讀取帳戶的設定

    b. GetFunction：讀取函數

  - 寫入

    a. CreateFunction：建立函數

    b. UpdateFunctionCode：更改函數程式碼

    c. InvokeFunction：調用函數

    d. Lambda 策略如下：

```
{
    "Version": "2012-10-17",
    "Statement": [
        {
            "Sid": "VisualEditor0",
            "Effect": "Allow",
            "Action": [
                "lambda:CreateFunction",
                "lambda:UpdateFunctionCode",
                "lambda:ListFunctions",
                "lambda:InvokeFunction",
                "lambda:GetFunction",
                "lambda:GetAccountSettings"
            ],
            "Resource": "*"
        }
    ]
}
```

信任策略會向 Lambda 服務授予代入角色並代表用戶呼叫 Lambda 函數的權限。

Trust policy 如下：

```
{
    "Effect": "Allow",
    "Principal": {
        "Service": "lambda.amazonaws.com"
    },
    "Action": "sts:AssumeRole"
}
```

建立函數

需要配置函數資料如下：

- 從頭開始撰寫
- 基本訊息
  - 函數名稱：independ-webconsole
  - 執行時間：Python3.11
  - 架構：x86_64
  - 使用 Learner Lab：執行角色使用現有角色，LabRole（這個角色可以使用大多數 Learner Lab 中的資源）
  - 或是使用一般 AWS 帳號：**變更預設執行角色**和**進階設置**為預設配置
- 點擊建立函式

編碼

在 Lambda 函數中撰寫要運行的程式碼，在**程式碼頁籤**中**程式碼來源**撰寫測試的程式。

```
import json

def lambda_handler(event, context):
    layer = int(event.get('layer_nums'))
```

```
    for i in range(layer):
        print('*'*(layer - i),(i+1))
    print('total layers: {}!'.format(str(layer)))
    return {
        'statusCode': 200,
        'body': json.dumps('Hello from Lambda! from webconsole!')
}
```

圖 10-3　編寫程式碼

（資料來源：AWS）

部署

編寫完成程式碼之後，由於還沒有部署，無法進行測試或者調用。部署類似於將程式碼同步到 Lambda 函數中，部署程式碼，點擊 Deploy，撰寫完程式碼之後需要部署程式碼，之後才能進行測試。

測試／調用

編寫完成程式碼並且部署成功之後，可以進行測試／調用 Lambda 函數，得到結果。

一、編輯測試事件

- 點擊 Test

- 設定測試事件

    - 測試事件動作 – **建立新事件**

- 事件名稱 – webconsole-test
- 事件共享設定 – 私有

圖 10-4　設定測試事件

- 範本 – hello-world

在其中編寫測試事件：

```
{
"layer_nums": "8"
}
```

- 點擊〔儲存〕，完成設定

二、測試程式碼

編輯好測試事件之後就能測試撰寫的程式碼了。

- 點擊〔Test〕，測試程式碼
- 查看測試結果
- 切換到 Execution results，查看結果

Chapter 10 雲端運算 – AWS Lambda

```
lambda_function ×    Environment Var ×    Execution result: ×    +
▼ Execution results                    Status: Succeeded   Max memory used: 32 MB   Time: 1.74 ms
Test Event Name
(unsaved) test event

Response
{
  "statusCode": 200,
  "body": "\"Hello from Lambda!, from webconsole!\""
}

Function Logs
START RequestId: ec595c27-64c0-4e9b-a8d2-7db8a7c8b12c Version: $LATEST
******** 1
******* 2
****** 3
***** 4
**** 5
*** 6
** 7
* 8
total layers: 8!
END RequestId: ec595c27-64c0-4e9b-a8d2-7db8a7c8b12c
REPORT RequestId: ec595c27-64c0-4e9b-a8d2-7db8a7c8b12c  Duration: 1.74 ms   Billed Duration: 2 ms   Memo

Request ID
ec595c27-64c0-4e9b-a8d2-7db8a7c8b12c
```

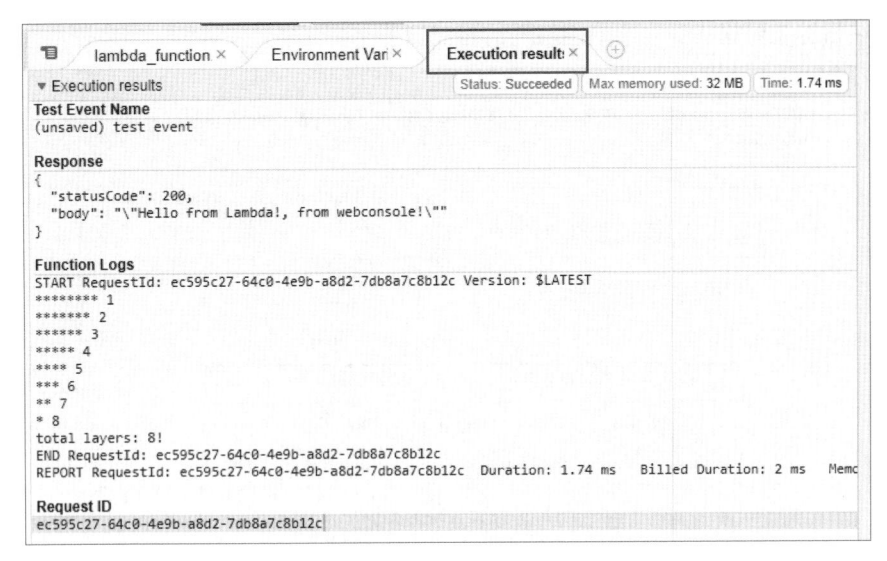

圖 10-5　測試結果

查看 CloudWatch Logs 日誌

用戶在調用 Lambda 函數之後，可以查看其對應的 CloudWatch Logs 日誌，來 Lambda 函數程式碼中的錯誤或者需要修改的地方。簡單來說就是方便用戶 debug。

- 調用 Lambda 函數之後點擊〔監控〕頁籤，點擊〔查看 CloudWatch Logs〕。

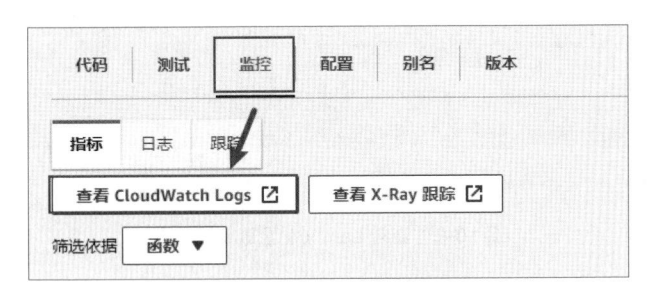

圖 10-6　打開 CloudWatch Logs

10-13

- 在日誌流頁籤找到對應調用時間的日誌流。

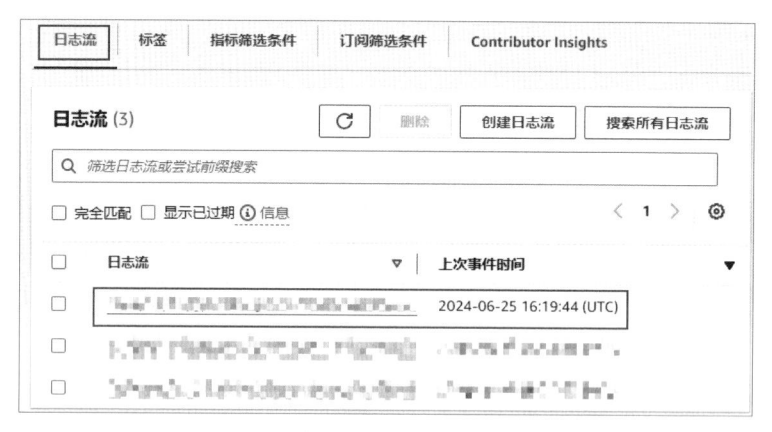

圖 10-7　找到對應調用函數的日誌流

- 在日誌事件中查看 Lambda 函數的調用結果。

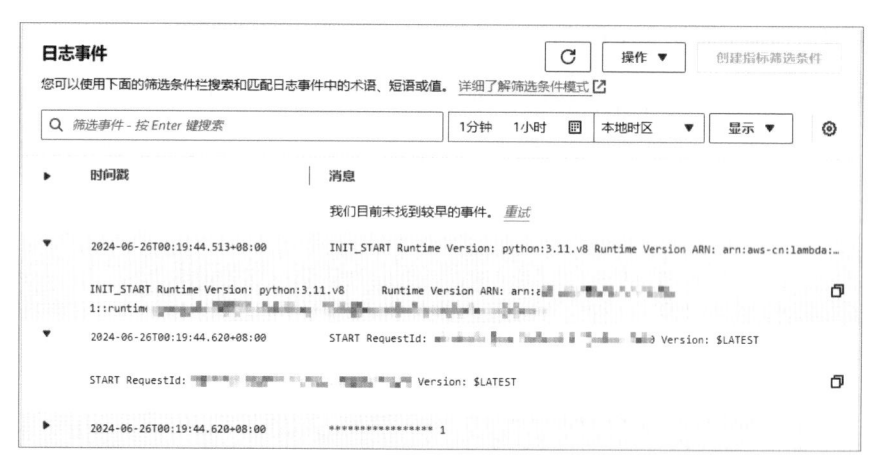

圖 10-8　查看 Lambda 函數調用結果

更新程式碼

當程式碼細節需要修改或者需求發生更改等情況發生的時候，就需要更新編寫的 Lambda 程式碼。在本節將講述如何使用 AWS 管理主控台更新 Lambda 程式碼。

- 點擊左欄函數，選擇要更新的函數，點擊進入函數。

- 點擊程式碼頁籤，在程式碼源中更改程式碼，將行 6 的 * 改成 @。

```python
import json

def lambda_handler(event, context):
    layer = int(event.get('layer_nums'))
    for i in range(layer):
        print('@'*(layer - i), (i+1))
    print('total layers: {}!'.format(str(layer)))
    return {
        'statusCode': 200,
        'body':json.dumps('Hello from Lambda! from webconsole!')
    }
```

- 修改程式碼完成後點擊 Deploy，部署程式碼。
  如果修改完成程式碼後沒有點擊 Deploy 就會提示 Changes not deployed 提示用戶部署程式碼。

- 等待部署完成就可以點擊 Test 測試程式碼了。

- 點擊 Execution results 文件查看程式碼測試結果。

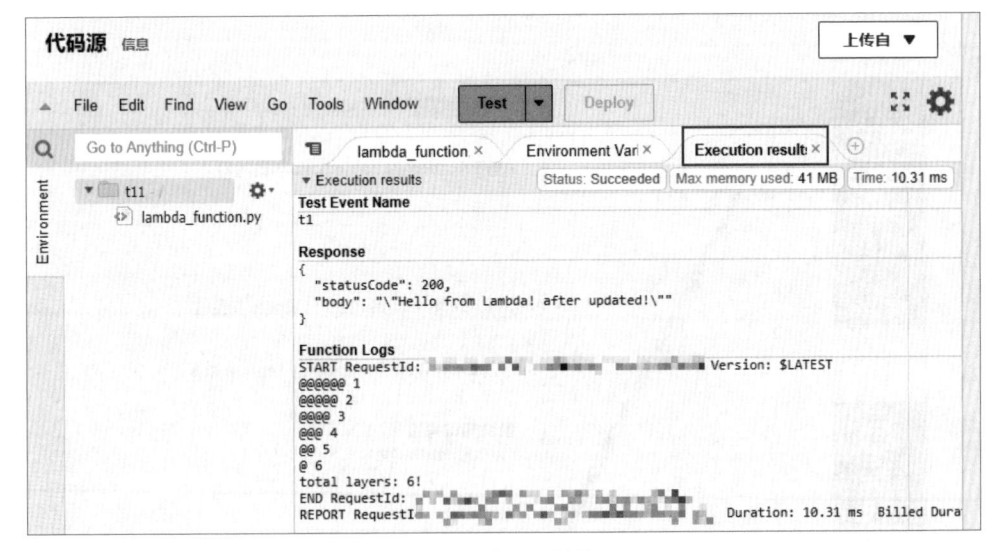

圖 10-9　查看測試結果

10.2 實驗：使用 GET 方法查詢資料 – Lambda

這個實驗是接續實驗：建立 API Gateway-using mock，將整合模擬（MOCK）改為 AWS Lambda，透過 Lambda 回傳伺服器的日期與時間。

10.2.1 啟動學習者實驗室

AWS Academy Learner Lab 是提供一個帳號讓學生可以自行使用 AWS 的服務，讓學生可以在 50 USD 的金額下，自行練習所要使用的 AWS 服務，在此先介紹一下 Learner Lab 基本操作與限制。在 AWS Academy 學習平台的入口首頁 https://www.awsacademy.com/LMS_Login，選擇以學生（Students）身分登錄，在課程選單中選擇 **AWS Academy Learner Lab - Foundation Services** 的課程，在課程選單中選擇**單元**（Module），接著單擊〔啟動 AWS Academy Learner Lab〕，如下圖 10-10 所示。

圖 10-10　啟動 AWS Academy Learner Lab

進入 Learner Lab 中，說明一下每個區塊，圖形在下方。

1. 用來啟動 AWS 管理控制台介面，必須是出現綠點才可以點擊，而出現綠點必須要先啟動實驗（Start Lab）。

2. 已用金額與全部實驗金額（Used $0.2 of $50）。

3. 工具列說明：

   - Start Lab：開始實驗帳號，這時候就可以使用 AWS 資源。

   - End Lab：就會停止計費，並把所有的 AWS 資源關閉。注意，這只是暫停這些資源，並不會回收。

   - AWS Details：可以取得使用者（IAM 用戶）相關的密鑰資料。

   - Readme：說明手冊，就是下方的 5.。

   - Reset：就會把目前所有的 AWS 設定好的資源都清除掉。

4. 切換說明的語系，ZH-CN 是簡體中文。

5. 說明手冊。

圖 10-11　Learner Lab 畫面說明

10-17

10.2.2 撰寫 AWS Lambda

建立函數

進入 Lambda 控制台，建立一個新的 AWS Lambda 函數，配置如下：

- 函數名稱：get_datetime_func（可以自定）
- 執行時間：Python 3.12
- 執行角色：使用現有角色，LabRole（這個角色可以使用大多數 Learner Lab 中的資源）

圖 10-12　建立 AWS Lambda 函數

編碼

在 Lambda 函數中撰寫要運行的程式碼,在**程式碼頁籤**中**程式碼來源**撰寫測試的程式。取得時間的方式可以用世界協調時間(Coordinated Universal Time,簡稱 UTC)是最主要的世界時間標準,它為當前時間建立了參考,形成了民用時間和時區的基礎。因為伺服器時間會因為所在區域不同而不一樣,所以需要根據台北時間(+8)來進行調整。而回傳的回應需要加上標頭資訊:

- Access-Control-Allow-Headers:'Content-Type,X-Amz-Date,Authorization,X-Api-Key,X-Amz-Security-Token'
- Access-Control-Allow-Methods:'GET'
- Access-Control-Allow-Origin:'*'

```python
import json
from datetime import datetime, timedelta

def lambda_handler(event, context):
    datetime_format = "%Y-%m-%dT%H-%M-%S"
    taipei_time = datetime.utcnow() + timedelta(hours=8)
    timestamp_str = taipei_time.strftime(datetime_format)
    resp_date = {
        'date': timestamp_str.split('T')[0],
        'time': timestamp_str.split('T')[-1]
    }
    return {
        'statusCode': 200,
        "headers": {
            "Access-Control-Allow-Headers": 'Content-Type,X-Amz-Date,Authorization,X-Api-Key,X-Amz-Security-Token',
            "Access-Control-Allow-Methods": 'GET',
            "Access-Control-Allow-Origin": '*'
        },
        'body': json.dumps(resp_date)
    }
```

部署

編寫完成程式碼之後,由於還沒有部署,無法進行測試或者調用。部署類似於將程式碼同步到 Lambda 函數中,部署程式碼,點擊 Deploy,撰寫完程式碼之後需要部署程式碼,之後才能進行測試。

測試／調用

編寫完成程式碼並且部署成功之後，可以進行測試／調用 Lambda 函數，得到結果。

一、編輯測試事件

- 點擊 Test
- 設定測試事件
  - 測試事件動作 – **建立新事件**
  - 事件名稱 – testEvent
  - 事件共享設定 – 私有
  - 範本 – **API Gateway Http API**
  - 事件 JSON – 會自動生成

圖 10-13　設定測試事件

- 點擊**儲存**，完成設定

二、測試程式碼

編輯好測試事件之後就能測試撰寫的程式碼了。

- 點擊 **Test**，測試程式碼
- 查看測試結果
- 切換到 **Execution results**，查看結果

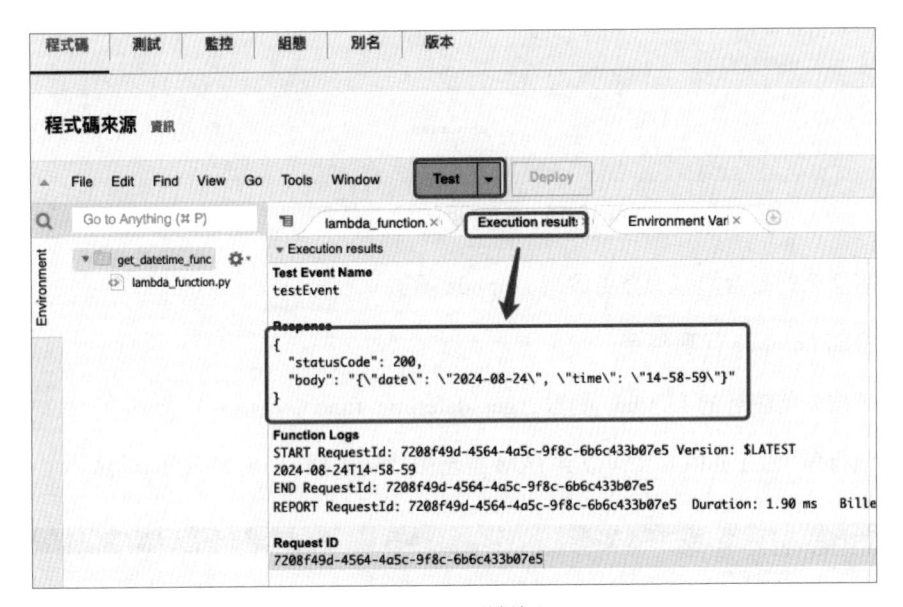

圖 10-14　測試結果

10.2.3　更新 API 端點 GET

打開 API Gateway 控制台，選擇 **dateAPI**（實驗：建立 API Gateway-using mock 所建立的 REST API），選擇 DateInfo 資源中的 GET 方法，編輯整合需求。

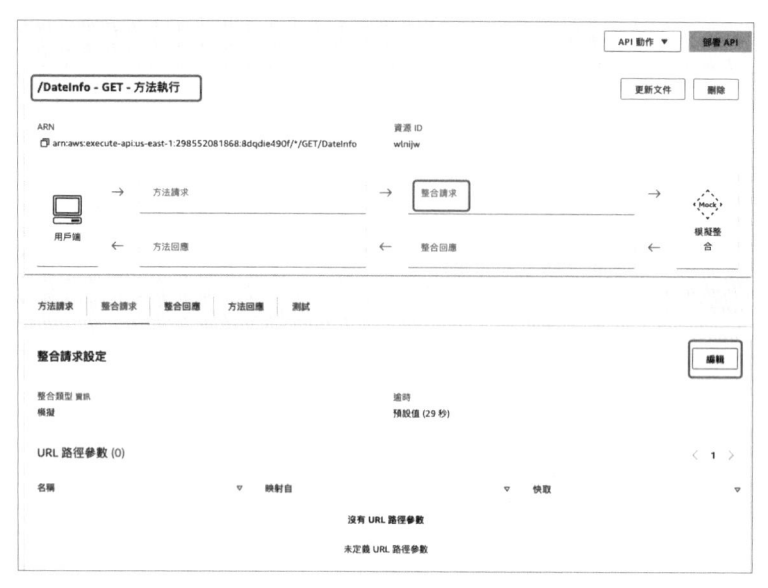

圖 10-15　編輯 GET 方法的整合需求

- 將原來的整合類型模擬更改為 Lambda 函數
- 打開 Lambda 代理整合
- 選擇先前設計的 Lambda 函數：get_datetime_func
- 執行角色：LabRole（可以到 IAM 視窗中找到這個 arn，如下圖 10-16）

圖 10-16　在 IAM 控制台找到 LabRole 的 ARN

圖 10-17　更新 GET 方法的整合需求

測試

　　最後選擇測試觀看結果，如果正確會回應狀態 200，以及指定的回應內文與回應標頭。

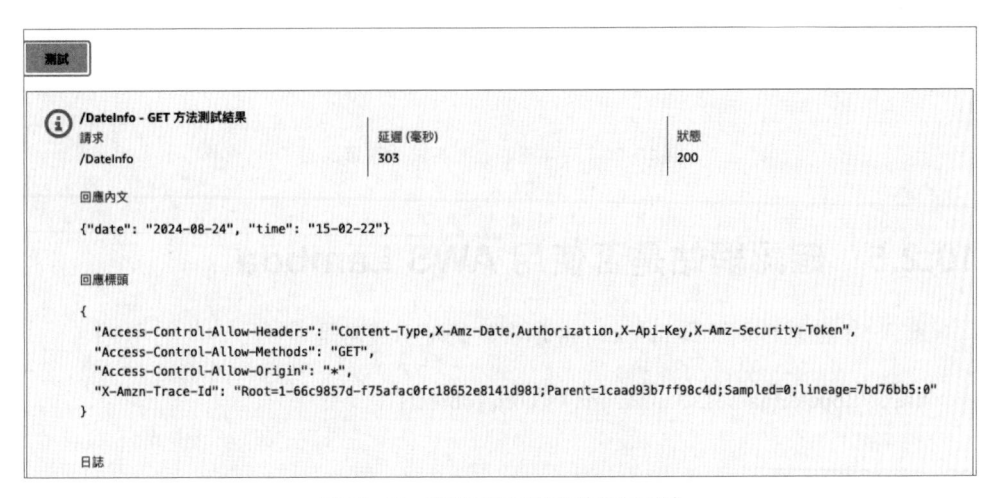

圖 10-18　對於設定好的方法進行測試

10.2.4 部署 API

在左側的資源選單中，可以找到資源畫面的右上方有〔部署 API〕按鈕，點擊後選擇階段名稱為 dev 後，進行部署。

完成部署後，選擇〔階段〕選單，找到〔叫用 URL〕，並複製起來。

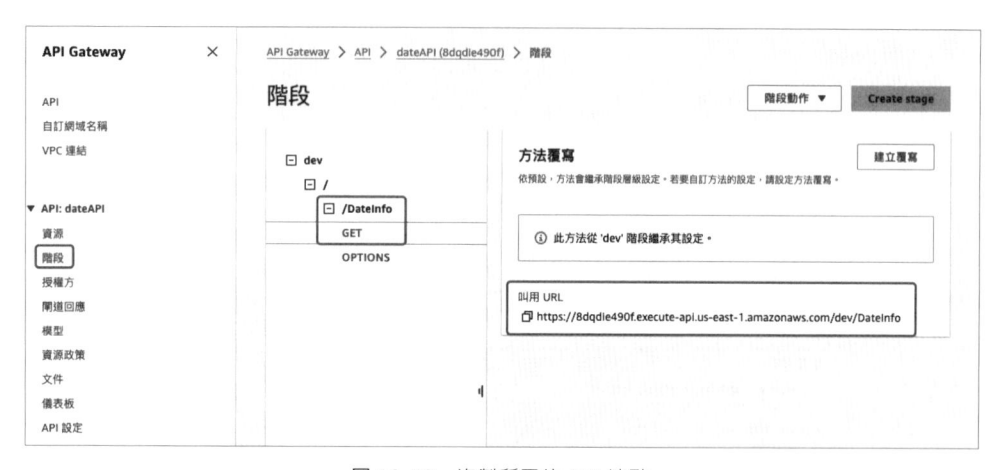

圖 10-19　複製所需的 API 端點

將叫用 URL 貼在空白瀏覽器上，在瀏覽器上測試 API 資源，如果出現日期資料，即表示 API Gateway 部署成功。

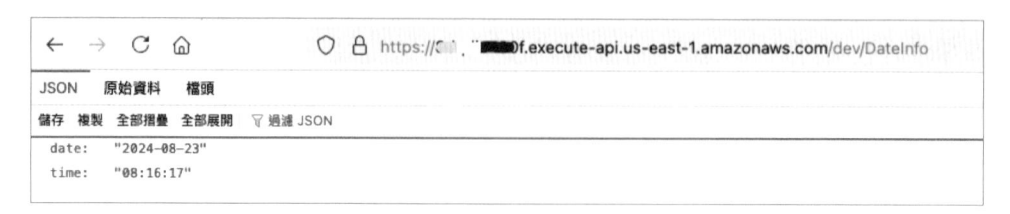

圖 10-20　在瀏覽器上上測試 API 資源

10.2.5 確認網站是否使用 AWS Lambda

進入 S3 控制台，找到 index.html 所在的網址，通常是

https://[bucketname].s3.amazonaws.com/[object]

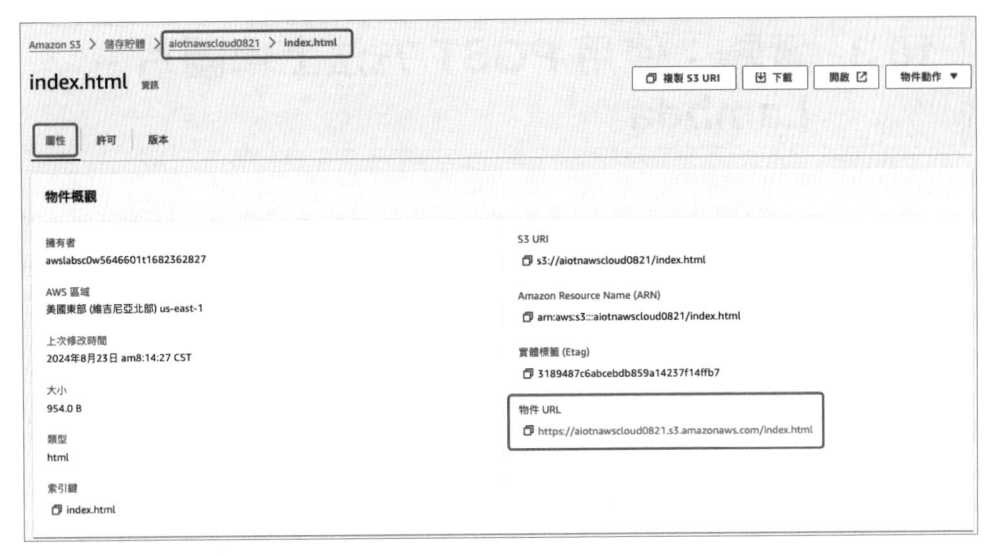

図10-21 檢視 index.html 網址

打開 index.html 網址並點擊〔Load Information〕，可以看到下方會出現 ajax 呼叫 API Gateaway，來取得資料，並顯示在畫面上。可以**重複**點擊〔Load Information〕，可以發現時間會持續更新，這表示是使用 AWS Lambda 函數，而不是使用模擬方法。

圖 10-22　檢視 index.html 網址

10-25

10.3 實驗：使用 POST 方法上傳圖片 – Lambda

使用 S3 來儲存照片可以很容易的建立一個無服務器的應用，只要結合 API Gateway 與 AWS Lambda 就可以讓使用者在不需建置任何服務器的情況下，提供一個照片存放的功能，本實驗將提供這樣的整合練習：API Gateway + Lambda + S3。

10.3.1 啟動學習者實驗室

AWS Academy Learner Lab 是提供一個帳號讓學生可以自行使用 AWS 的服務，讓學生可以在 50 USD 的金額下，自行練習所要使用的 AWS 服務，在此先介紹一下 Learner Lab 基本操作與限制。在 AWS Academy 學習平台的入口首頁 https://www.awsacademy.com/LMS_Login，選擇以學生（Students）身分登錄，在課程選單中選擇 **AWS Academy Learner Lab - Foundation Services** 的課程，在課程選單中選擇**單元**（Module），接著單擊〔啟動 AWS Academy Learner Lab〕，如下圖 10-23 所示。

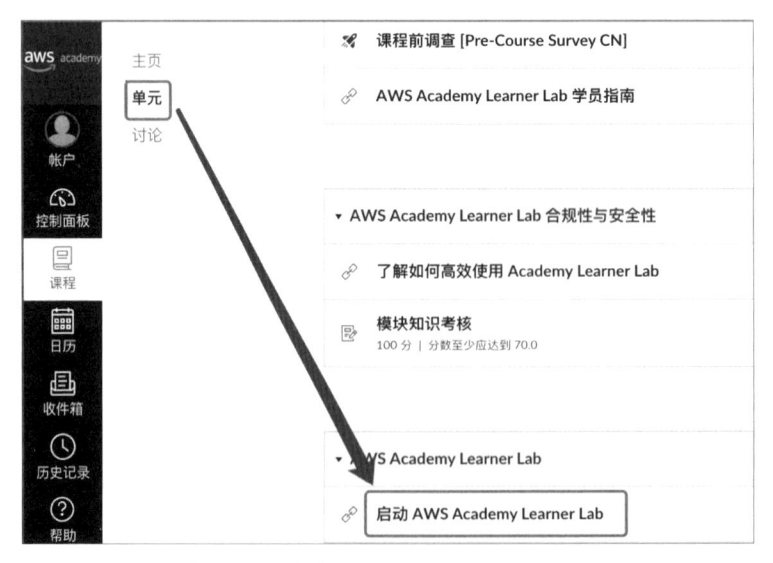

圖 10-23　啟動 AWS Academy Learner Lab

進入 Learner Lab 中,說明一下每個區塊,圖形在下方。

1. 用來啟動 AWS 管理控制台介面,必須是出現綠點才可以點擊,而出現綠點必須要先啟動實驗(Start Lab)。

2. 已用金額與全部實驗金額(Used $0.2 of $50)。

3. 工具列說明:

    - Start Lab:開始實驗帳號,這時候就可以使用 AWS 資源。

    - End Lab:就會停止計費,並把所有的 AWS 資源關閉,注意,這只是暫停這些資源,並不會回收。

    - AWS Details:可以取得使用者(IAM 用戶)相關的密鑰資料。

    - Readme:說明手冊,就是下方的 5.。

    - Reset:就會把目前所有的 AWS 設定好的資源都清除掉。

4. 切換說明的語系,ZH-CN 是簡體中文。

5. 說明手冊。

圖 10-24　Learner Lab 畫面說明

10-27

10.3.2　建立 S3 儲存貯體

▍連接到 AWS Cloud9 IDE 並配置環境

　　AWS Cloud9 IDE 畫面與 VS Code 畫面相似，左手邊是功能視窗，可以檢視檔案與其他功能；右上方是檔案編輯畫面，可以進行檔案編輯，撰寫程式進行 AWS SDK 操作；右下方則是終端命令列介面，可以輸入指令，進行 AWS CLI 操作。

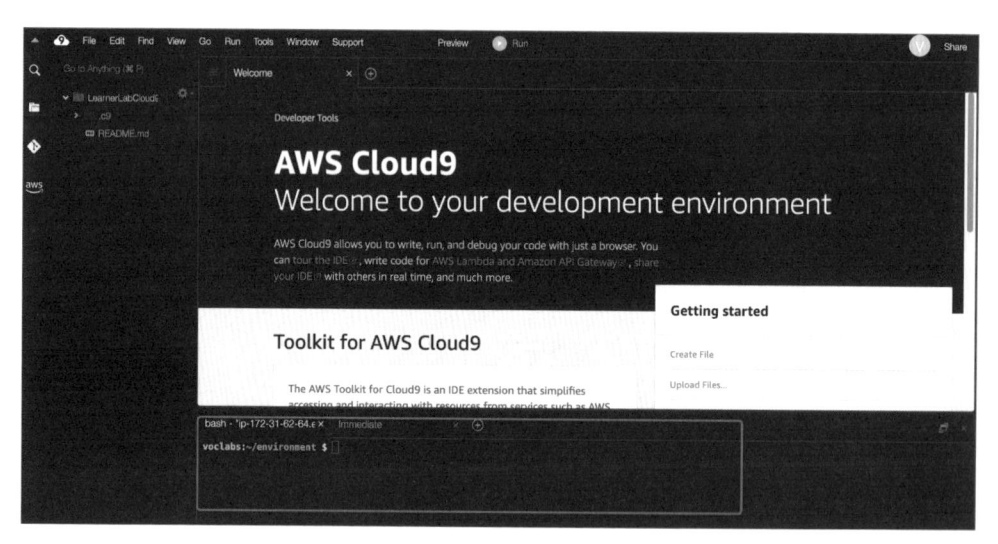

圖 10-25　AWS Cloud9 IDE

　　在下方的終端輸入以下指令，取得實驗所需要的資源，可以在左上角看到已下載的檔案。

```
git clone https://github.com/yehchitsai/AIoTnAWSCloud
```

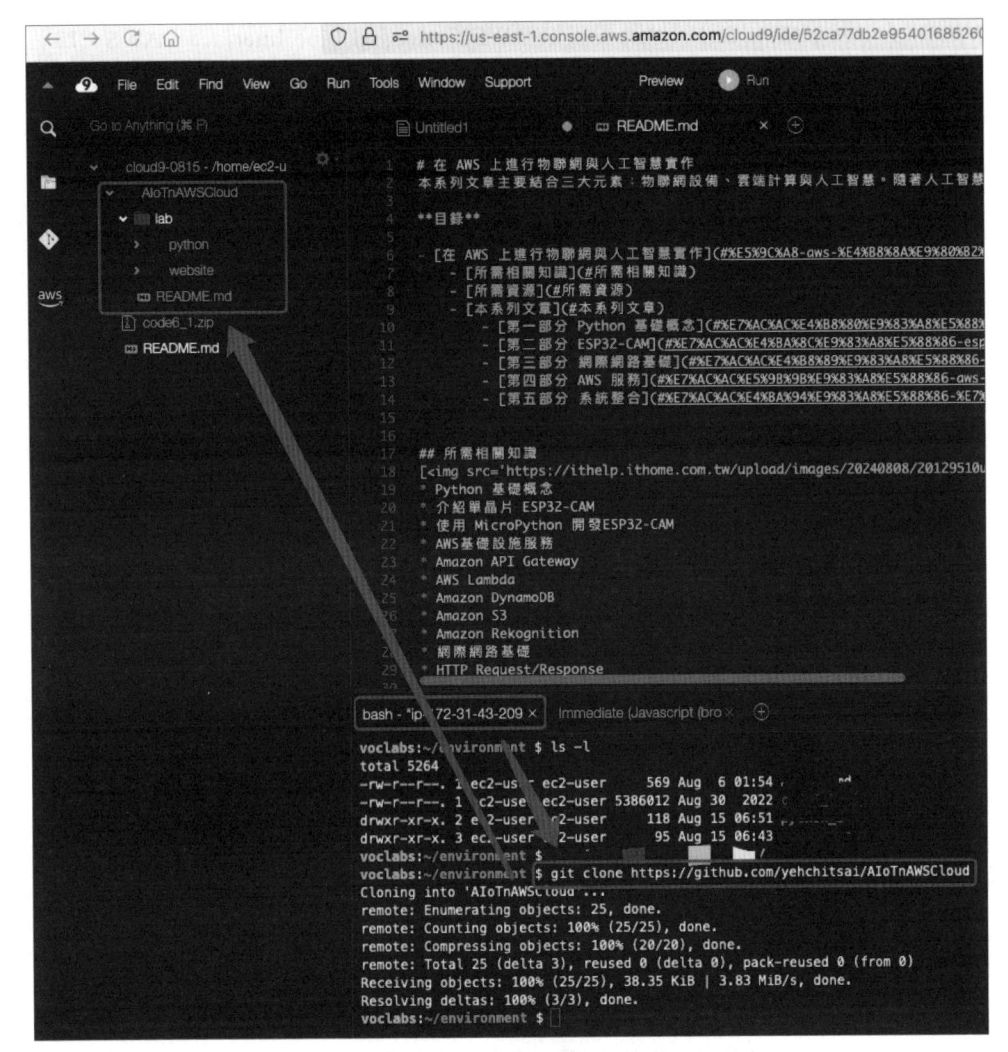

Chapter 10 雲端運算 – AWS Lambda

圖 10-26　取得實驗所需要的資源

使用 AWS CLI 建立 S3 儲存貯體

輸入以下 AWS CLI 指令，用來建立 S3 儲存貯體，將 BUCKET_NAME 改為自己所要建立的 S3 儲存貯體名稱。

```
aws s3api create-bucket --bucket BUCKET_NAME
AWS CLI 說明指令：
aws [options] <command> <subcommand> [parameters]
```

- aws：呼叫 AWS CLI，這需要安裝 AWS Command Line Interface（AWS CLI）工具才能夠使用，而 AWS cloud 9 環境已經事先安裝好，所以開發者可以不用安裝。
- s3api：對應到 AWS CLI 語法中的 command，內容是 AWS 的資源，s3api 就是指 S3 的資源。
- create-bucket：對應到 AWS CLI 語法中的 subcommand，內容是對 command 中的資源進行何種操作，這裡是建立 S3 儲存貯體。
- --bucket aiotnawscloud0821：對應到 AWS CLI 語法中的 parameters，內容是 S3 儲存貯體的名稱命名為 aiotnawscloud0821。

而回傳值是建立儲存貯體的名稱。

圖 10-27　使用 AWS CLI 指令建立 S3 儲存貯體

注意：儲存貯體的名稱是全球唯一的，所以每個人都要取不同的名稱。

使用 Python SDK 為儲存貯體設定儲存貯體策略

打開 s3_security_policy.json 檔案，將 **BUCKET_NAME** 改成自己所建立的儲存貯體的名稱，**MY_PUBLIC_IP** 則是要上網查找自己電腦的公開 ip，這可能會跟自己電腦上所設定的 ip 不同，因為大多數情況，上網都是多人共用一個公開 ip，如下圖 10-28 所示。

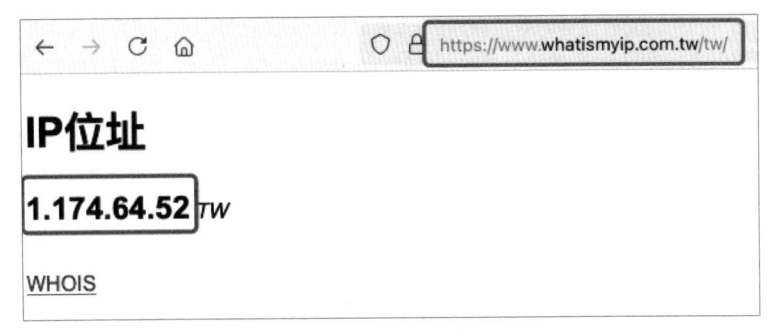

圖 10-28　查找自己電腦的公開 IP

```
{
    "Version": "2008-10-17",
    "Statement": [
        {
            "Effect": "Allow",
            "Principal": "*",
            "Action": "s3:GetObject",
            "Resource": [
                "arn:aws:s3:::BUCKET_NAME/*",
                "arn:aws:s3:::BUCKET_NAME"
            ],
            "Condition": {
                "IpAddress": {
                    "aws:SourceIp": "MY_PUBLIC_IP/32"
                }
            }
        }
    ]
}
```

修改完畢後，接著修改 permissions.py 的 **BUCKET_NAME** 自己所建立的儲存貯體的名稱，接著執行，就可以在新的儲存貯體上設定政策，讓自己的電腦可以用靜態網站的方式使用 S3。

```
import boto3
import json
import pathlib

s3_client = boto3.client("s3", region_name="us-east-1")
bucket_name = "BUCKET_NAME"
```

```python
current_path = str(pathlib.Path(__file__).parent.resolve())
policy_file = open(current_path + "/dataset/s3_security_policy.json", "r")

s3_client.put_bucket_policy(
    Bucket = bucket_name,
    Policy = policy_file.read()
)
```

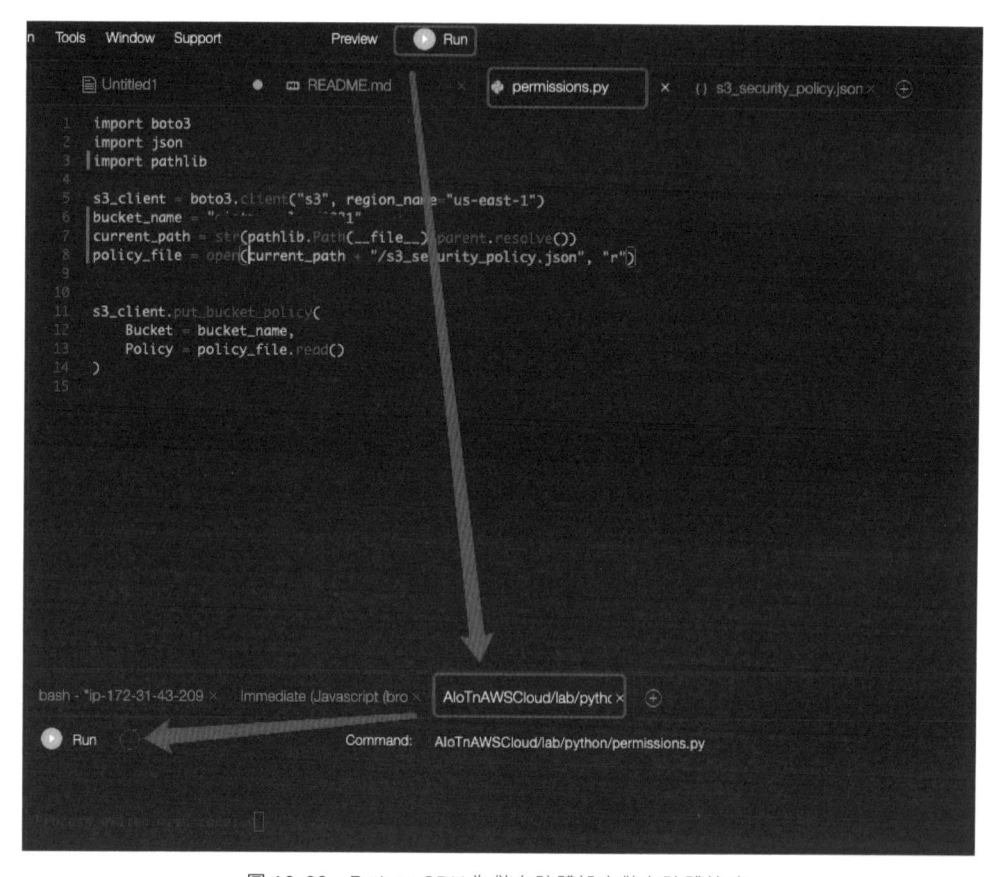

圖 10-29　Python SDK 為儲存貯體設定儲存貯體策略

接著可以到 S3 控制台，檢視 S3 儲存貯體策略。

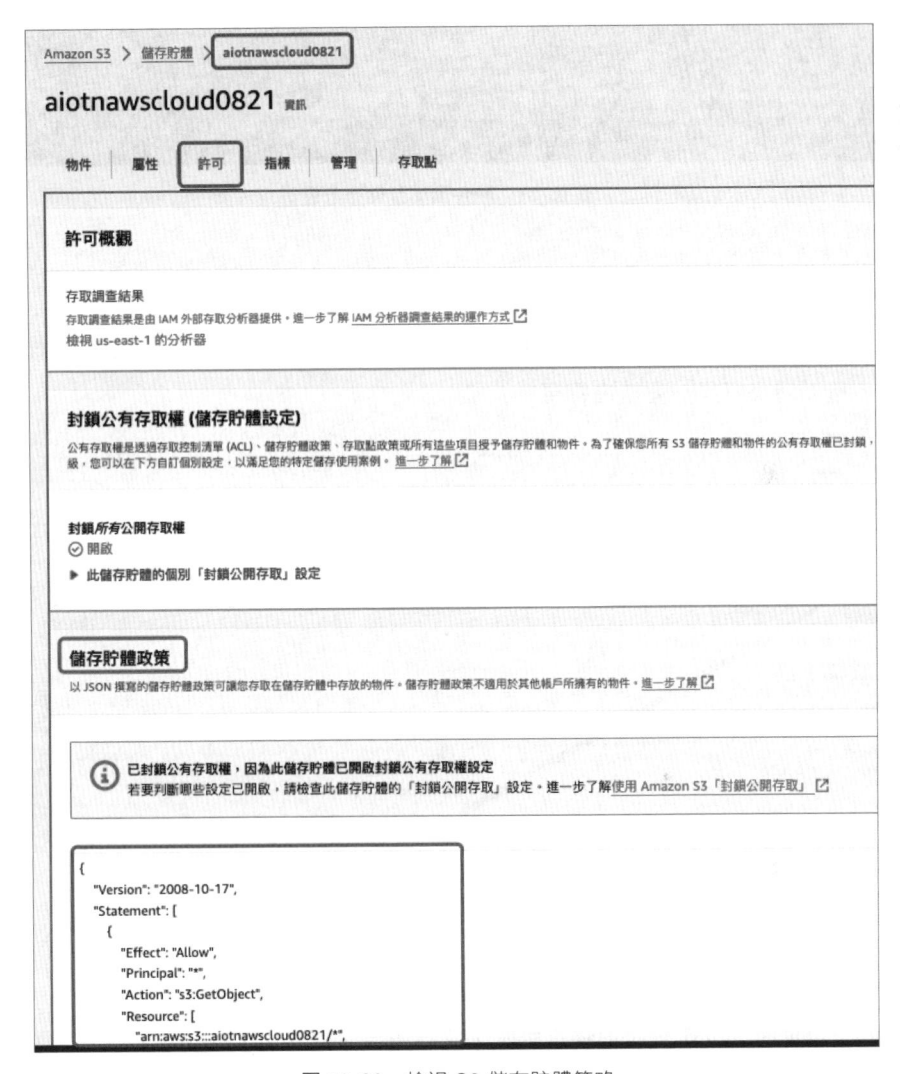

圖 10-30　檢視 S3 儲存貯體策略

將物件上傳到儲存貯體以建立網站

將物件上傳到儲存貯體以建立網站，將 BUCKET_NAME 改為自己建立的 S3 儲存貯體名稱。

```
aws s3 cp AIoTnAWSCloud/lab/website s3://BUCKET_NAME/ --recursive --cache-control "max-age=0"
```

```
voclabs:~/environment $ aws s3 cp AIoTnAWSCloud/lab/website s3://aiotnawscloud0821/ --recursive --cache-control "max-age=0"
upload: AIoTnAWSCloud/lab/website/date_time.json to s3://aiotnawscloud0821/date_time.json
upload: AIoTnAWSCloud/lab/website/index.html to s3://aiotnawscloud0821/index.html
upload: AIoTnAWSCloud/lab/website/scripts/jquery-3.6.0.min.js to s3://aiotnawscloud0821/scripts/jquery-3.6.0.min.js
voclabs:~/environment $
```

圖 10-31　物件上傳到儲存貯體

測試網站的訪問

在 S3 儲存貯體中到找到首頁 show_s3_image.html，點選後在屬性頁籤找到**物件 URL**，複製起來打開一個空白網頁。

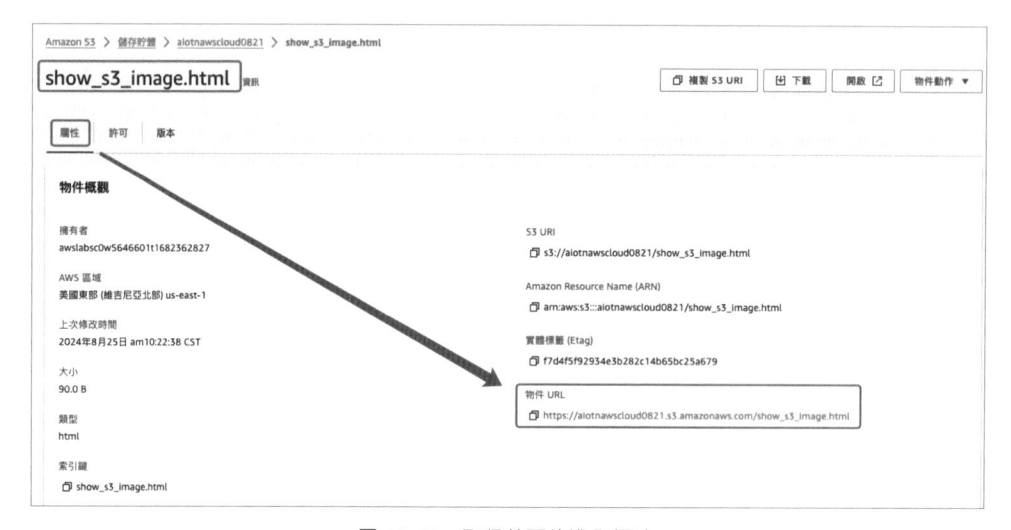

圖 10-32　取得首頁的進入網址

貼上網址後，就可以檢視網頁成果，沒有圖片只有文字。

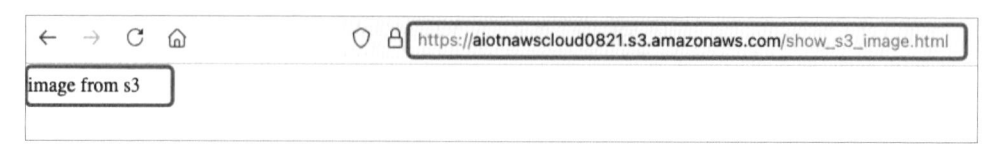

圖 10-33　檢視網頁

10.3.3　撰寫 AWS Lambda

進入 Lambda 控制台，建立一個新的 AWS Lambda 函數，配置如下：

- 函數名稱：API2Lambda（可以自定）
- 執行時間：Python 3.12
- 執行角色：使用現有角色，LabRole（這個角色可以使用大多數 Learner Lab 中的資源）

圖 10-34　建立 AWS Lambda 函數

編碼

在 Lambda 函數中撰寫要運行的程式碼,在**程式碼頁籤**中程式碼來源撰寫測試的程式。

因為這次程式的功能為讀取用戶透過 HTTP POST 請求所傳遞過來的圖片,圖片內容已經事先轉換成 base64 格式,收到 base64 格式的字符串後,轉換成圖片,並上傳到 S3,代碼如下:

將 BUCKET_NAME 改為自己所建立的 S3 儲存貯體名稱。

```
import json
import base64
import boto3

# 存放圖片的 S3 存儲桶
output_bucket = 'BUCKET_NAME'
# 存放在 S3 存儲桶中的檔案名稱
s3_key_value = 'apigateway2S3.jpg'
s3_client = boto3.client('s3')

def lambda_handler(event, context):
    requestMethod = event['httpMethod']
    # HTTP 請求方式為 POST 才做後續處理
    if requestMethod=='POST':
        # 將上傳的 JSON 字符串轉換成字典
        requestBody = json.loads(event['body'])
        # 將上傳的 base64 字符串轉換成字組,再轉換成 binary 格式
        image_64_decode = base64.decodebytes(requestBody['key'].encode())
        # 上傳到 S3 存儲桶
        response = s3_client.put_object(
            Body=image_64_decode,
            Bucket=output_bucket,
            Key=f'{s3_key_value}',
        )
        s3_url = 'https://' + output_bucket + '.s3.amazonaws.com/' + s3_key_value
        return {
            'statusCode': 200,
            'body': s3_url
        }
    else:
    # HTTP 請求方式非 POST 回傳錯誤
        return {
```

```
    'statusCode': 200,
    'body': 'method error'
}
```

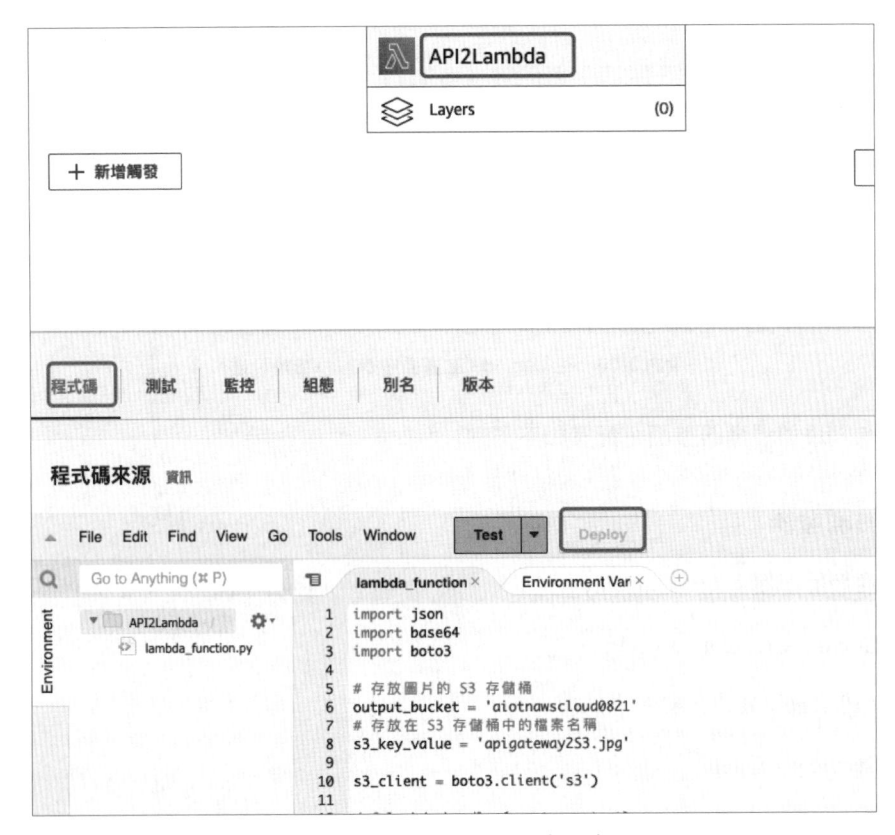

圖 10-35　AWS Lambda 函數程式碼

部署

編寫完成程式碼之後，由於還沒有部署，無法進行測試或者調用。部署類似於將程式碼同步到 Lambda 函數中，部署程式碼，點擊〔Deploy〕，撰寫完程式碼之後需要部署程式碼，之後才能進行測試。

添加 API Gateway 觸發器

在 Lambda 主畫面上方找到**添加觸發器**按鈕，如下圖 10-36 所示。

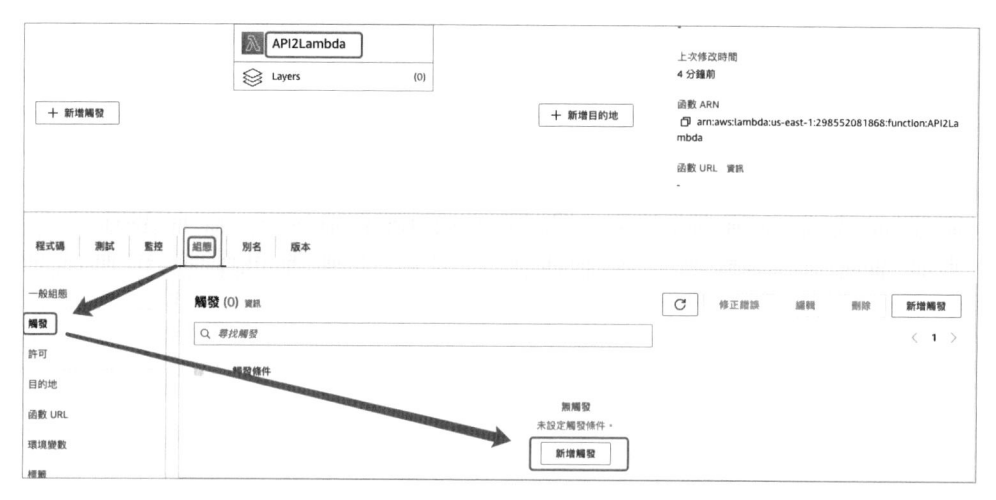

圖 10-36　在 Lambda 主畫面中進行添加觸發器

進入添加觸發器畫面，配置如下：

添加觸發器

- 觸發器配置：API Gateway
- Intent：Create a new API
- API type：HTTP API
- Security：Open

Additional settings

- API name：API2Lambda-API
- Deployment stage：default
- 勾選 Cross-origin resource sharing（CORS）

圖 10-37　在添加觸發器畫面中進行 API Gateway 配置

添加觸發器後可以在配置中查看觸發器的結果，取得 **API 終端節點**，如下圖 10-38 所示。

圖 10-38　取得 API 終端節點

生成測試資料 – base64

因為程式碼需要讀取使用者傳來的資料,所以需要用 POSTMAN 來傳圖片資料,而圖片資料需要轉換成 base64 格式,所以需要撰寫額外的程式碼來進行轉換,進入 Cloude9 打開 encode_image.py 程式,它會將 python 目錄中的 yehchitsai.jpg 圖片進行編碼,並將結果存在 base64.txt。

```python
# convert base64 to image
import base64
import pathlib

current_path = str(pathlib.Path(__file__).parent.resolve())
image = open(current_path + '/images/yehchitsai.jpg', 'rb')
image_read = image.read()
image_64_encode = base64.encodebytes(image_read)
# print(image_64_encode)
image_encode_file = open(f'{current_path}/base64.txt','w')
image_encode_file.write(str(image_64_encode))
image_encode_file.close()
```

執行完上述程式後,它會將 base64 的資料存在 base64.txt 中,複製 b' 這裡的資料,不包含前後單引號 '。

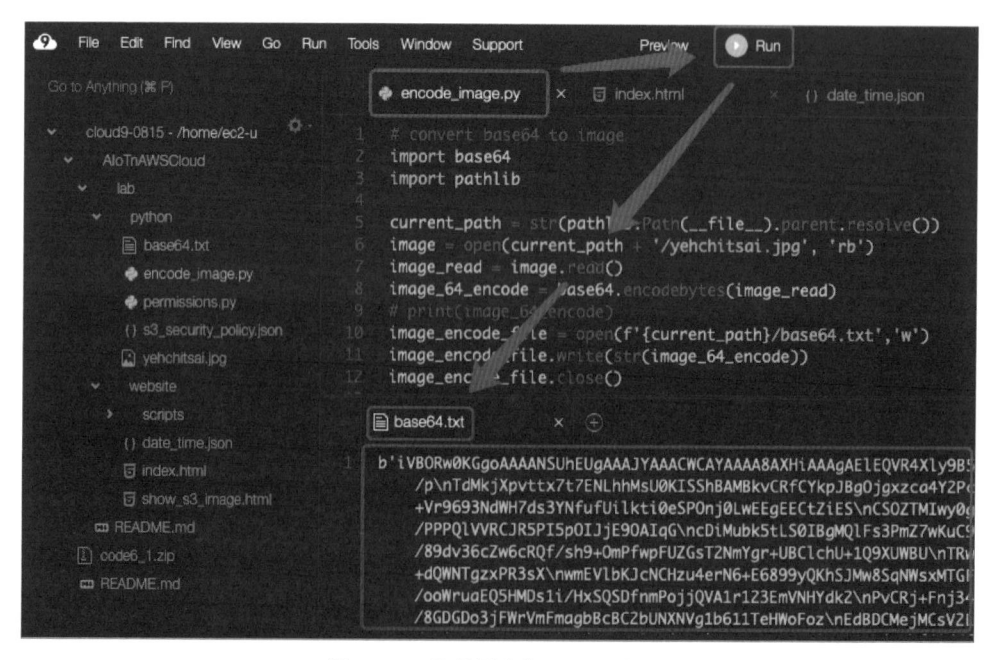

圖 10-39　取得圖片的 base64 編碼

測試 / 調用 – 使用 Postman 進行測試

接著使用常見的 API 測試軟體來進行測試，在本機端打開 Postman，並輸入相關的配置。

- URL 網址：將上圖中的 API endpoint 輸入。
- 請求方法：POST。
- Body：選擇 raw，格式為 JSON。

接著點擊送出 Send 就得到完整的請求訊息響應（Response），即為上傳到 S3 的網址。

圖 10-40　取得圖片的 S3 的網址

10.3.4　確認圖片內容

進入 Cloud9 修改 show_s3_image.html 網頁所指定的圖片所在位置，改為圖片的 S3 的網址，並將網頁上傳到 S3，如下圖 10-41 所示。

將該網頁上傳到 S3 上，在下方的終端畫面輸入以下指令，將 BUCKET_NAME 改為自己建立的 S3 儲存貯體名稱。

```
aws s3 cp AIoTnAWSCloud/lab/website/show_s3_image.html s3://BUCKET_NAME/
```

圖 10-41　修改網頁所指定的圖片所在位置

再重新檢視一次網頁，就可以看到上傳的圖片內容了。

圖 10-42　修改網頁所指定的圖片所在位置

Chapter 11 雲端資料庫 – Amazon DynamoDB

學習目標

1. Amazon DynamoDB
2. 實驗：讀取 EXCEL 檔並存入資料庫中
3. 實驗：查詢資料庫中的資料

11.1 Amazon DynamoDB

11.1.1 DynamoDB 簡介

從關聯式資料庫轉換到非關聯式資料庫，以下是這兩種資料庫之間的區別：

- 關聯式資料庫（RDB）處理按表、記錄和列整理的結構化資料，在資料庫表之間建立明確定義的關係，使用結構化查詢語言（SQL），這是一種標準的用戶應用語言，為資料庫互動提供一個簡單的互動介面。關聯式資料庫難以水平擴展或處理半結構化資料，並且可能還需要許多聯接來處理規範化資料。

- 非關聯式資料庫是不遵循傳統關聯式資料庫管理系統（RDBMS）提供的關係模型的任意資料庫。非關聯式資料庫越來越受歡迎，因為它們旨在克服關聯式資料庫在處理可變結構化資料需求方面的限制，可水平擴展，並且可處理非結構化和半結構化資料。常見的 NoSQL 有 MongoDB、Cassandra、Redis。

表 11-1 關聯式資料庫轉與非關聯式資料庫的比較

特色	關聯式資料庫	NoSQL
資料儲存方式	行與列	鍵值對（Key-value）、文件、圖
資料結構（Schemas）	固定	動態
查詢方式	以 SQL 為主	以文件集合方式
擴展方式	垂直	水平

DynamoDB 是一項快速而靈活的 NoSQL 資料庫服務，適合所有需要一致性且延遲不超過十毫秒的任意規模的應用程式。Amazon 會為該服務管理所有底層資料基礎設施，作為容錯架構的一部分，資料以冗餘方式儲存在區域內的多個設施中。藉助 DynamoDB，可以建立表和項目，可以向表中添加項目。系統會自動將資料分區，且具有可滿足工作負載要求的表儲存，可以在表中儲存的項目數量沒有任何實際限制。例如，一些客戶的生產表包含數十億個項目。

當應用程式越來越受歡迎且用戶一如既往地與其進行互動時，儲存空間可以隨應用程式需求的擴大而增加。DynamoDB 中的所有資料都儲存在固態硬碟（SSD）上，且其查詢語言非常簡單，可提供一致的低延遲查詢性能。除了擴展儲存，DynamoDB 還支援為自己的表預置所需的讀取或寫入吞吐量。隨著應用程式用戶數量的增加，可以通過手動預置來擴展 DynamoDB 表，以處理增加的讀取／寫入請求數量。或者，可以啟用自動擴展功能，以便 DynamoDB 監控表上的負載並自動增加或減少預置的吞吐量。另外一些關鍵功能還有全局表（可以幫助你跨所選的 AWS 區域自動複寫）、靜態加密以及項目生存時間（TTL）。

NoSQL 資料庫的優勢之一，是同一個表中的項目可以具有不同的屬性。這樣一來，便可以隨著應用程式的發展靈活地添加屬性。可以將較新格式的項目與較舊格式的項目並排儲存到一個表中，而無須執行架構遷移。

表、項目和屬性是 DynamoDB 的核心組件。

- 表（table）是資料的集合。

- 項目（item）是一組屬性（attribute），具有不同於所有其他項目的唯一標識。

- 屬性是基礎資料元素，無須進一步分解。

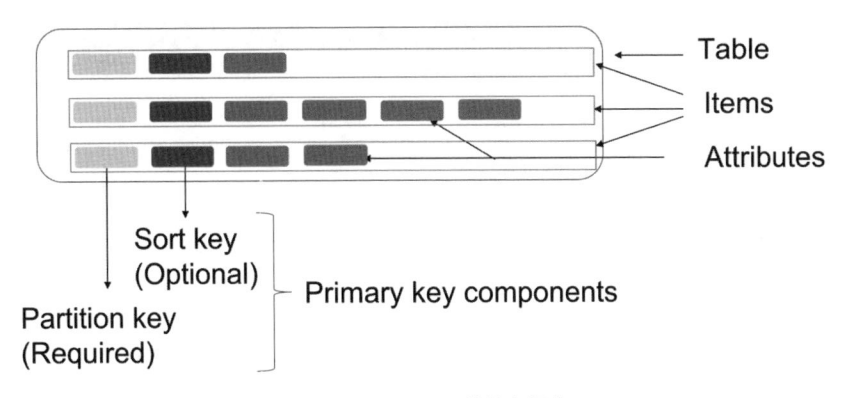

圖 11-1　DynamoDB 的核心組件

　　建立 DynamoDB 資料表時，除了指定資料表名外，還必須指定資料表的主鍵（primary key）。主鍵唯一標識表中的每個項目，因此任何兩個項目都不能具有相同的鍵。DynamoDB 支援兩種不同類型的主鍵：

- 分區鍵（partition key）：是一個簡單的主鍵，由一個稱為分區鍵的屬性組成。
- 分區鍵和排序鍵（sort key）：也稱為複合主鍵，這種類型的鍵由兩個屬性組成。第一個屬性是分區鍵，第二個屬性是排序鍵。

　　每個主鍵屬性必須是標量（這表示它只能保存單一值）。主鍵屬性允許的唯一資料類型是字串、數字或二進位。對於其他非關鍵屬性則沒有此類限制。

　　一個項目可以具有任意數量的具有不同值類型的屬性，每個屬性都有一個名稱和一個值。屬性值可以是以下類型之一：

- 標量（scalar）類型：數字、字串、二進位、布林值和 null。
- 集合類型（多值類型）：字串集合、數字集合、二進位集合。
- 文鍵類型：清單（list）和地圖（map），地圖類似於 python 的字典類型。

　　項目的大小是其屬性名稱和值的長度總和，一個項目的最大可達 400 KB。

11-3

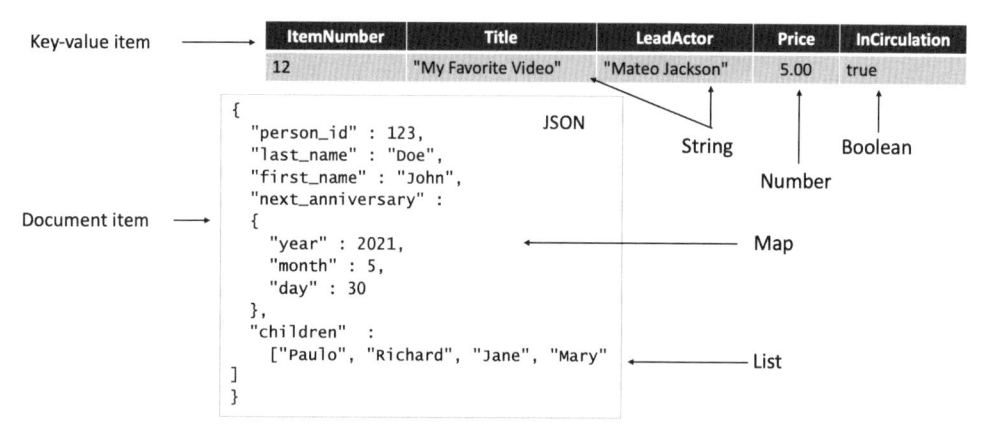

```
Key-value item  →  | ItemNumber | Title              | LeadActor        | Price | InCirculation |
                    | 12         | "My Favorite Video" | "Mateo Jackson" | 5.00  | true          |

{
  "person_id" : 123,                  JSON
  "last_name" : "Doe",                       String       Boolean
  "first_name" : "John",
  "next_anniversary" :                                  Number
  {
    "year" : 2021,
    "month" : 5,                      ← Map
    "day" : 30
  },
  "children" :
    ["Paulo", "Richard", "Jane", "Mary"]    ← List
]
}
```

圖 11-2　DynamoDB 的屬性類型

11.1.2　DynamoDB 的特點

無伺服器（Serverless）

　　使用 DynamoDB，你無須預置任何伺服器，也無須修補、管理、安裝、維護或操作任何軟體。DynamoDB 提供零停機維護。它沒有版本（主要、次要或補丁），並且沒有維護視窗。DynamoDB 的隨選容量模式為讀取和寫入要求提供隨選付費定價，因此你只需為使用的量付費。透過按需，DynamoDB 可以立即擴大或縮小你的表格以調整容量並以零管理保持效能。它還可以縮小到零，因此當你的表沒有流量且沒有冷啟動時，你無須為吞吐量付費。

NoSQL

　　作為 NoSQL 資料庫，DynamoDB 旨在提供比傳統關聯式資料庫更高的效能、可擴展性、可管理性和靈活性。為了支援各種用例，DynamoDB 支援鍵值和文件資料模型。與關聯式資料庫不同，DynamoDB 不支援 JOIN 運算子。我們建議你對資料模型進行非規範化，以減少資料庫往返次數和回答查詢所需的處理能力。作為 NoSQL 資料庫，DynamoDB 提供強大的讀取一致性和 ACID 事務建立企業級應用程式。

完全託管

　　作為一個完全託管的資料庫服務，DynamoDB 可以處理管理資料庫的無差別繁重工作，以便你可以專注於為客戶創造價值。它處理設定、配置、維護、高可用性、硬體配置、安全性、備份、監控等。這可確保當你建立 DynamoDB 表時，它可以立即為生產工作負載做好準備。DynamoDB 不斷提高其可用性、可靠性、效能、安全性和功能，無須升級或停機。

任何規模的個位數毫秒性能

　　DynamoDB 專為提高關聯式資料庫的效能和可擴展性而構建，以在任何規模下提供個位數毫秒的效能。為了實現這種規模和效能，DynamoDB 針對高效能工作負載進行了最佳化，並提供了鼓勵高效資料庫使用的 API。它忽略了大規模時效率低且性能不佳的功能，例如 JOIN 操作。無論你擁有 100 還是 1 億用戶，DynamoDB 都能為你的應用程式提供一致的個位數毫秒效能。

具有交易功能

　　可以使用 DynamoDB 交易（transactions）透過單一請求跨一個或多個表實現原子性、一致性、隔離性和持久性（atomicity, consistency, isolation, and durability，ACID）。

　　許多用例可以透過使用交易來實現，例如：

- 處理金融交易
- 履行和管理訂單
- 建構多人遊戲引擎
- 協調分散式元件和服務之間的操作

　　DynamoDB 與 AWS 服務進行無伺服器整合的一些範例：

- 用於建立 GraphQL API 的 AWS AppSync
- 用於建立 REST API 的 Amazon API Gateway
- 用於無伺服器計算的 Lambda
- 用於變更資料擷取（CDC）的 Amazon Kinesis Data Streams

11.1.3　資料韌性 Resilience

預設情況下，DynamoDB 會自動跨三個可用區複製資料提供高耐用性和 99.99% 可用性 SLA。

DynamoDB 還提供其他功能來幫助實現交易連續性和災難復原目標。

DynamoDB 包含以下功能來幫助支援你的資料彈性和備份需求：

- 全域表
- 連續備份和時間點（point-in-time）恢復
- 按需備份和恢復

全域表

DynamoDB 全域表可達到 99.999% 的可用性 SLA 和多區域韌性。這可以用來建立韌性應用程式並對其進行最佳化，以實現最低的復原時間目標（recovery time objective，RTO）和復原點目標（recovery point objective，RPO）。全域表也與 AWS 故障注入服務（AWS Fault Injection Service，AWS FIS）整合，以對全域表工作負載執行故障注入實驗。

連續備份和時間點恢復

連續備份為你提供每秒粒度以及啟動時間點復原的能力。透過時間點恢復，可以將表恢復到過去 35 天內的任意時間點（最多可達秒）。連續備份和啟動時間點恢復不使用預配容量。它們也不會對應用程式的效能或可用性產生任何影響。

按需備份和恢復

透過按需備份和恢復，可以建立表格的完整備份，以便長期保留和歸檔，以滿足法規遵循需求。備份不會影響表的效能，並且可以備份任何大小的表。透過整合 AWS Backup，可以使用自動規劃、複製、標記和管理 DynamoDB 按需備份的生命週期。使用 AWS Backup，可以跨帳戶和區域複製按需備份，並將舊備份轉移到冷儲存以優化成本。

11.1.4 讀取 / 寫入吞吐量 throughput

DynamoDB 會自動跨 AWS 區域中的多個可用區保存資料，從而提供內建的高可用性和資料持久性，在寫入操作後的一秒鐘內，所有資料副本通常都是一致的。

DynamoDB 支援最終一致（eventually consistent）和強一致性（strongly consistent）讀取，全域二級索引不支援一致性讀取。

- 最終一致讀取：從 DynamoDB 表讀取資料時，回應可能不會反映最近完成的寫入操作的結果。回應可能包含一些過時的數據。如果在短時間內重複讀取請求，則回應應傳回最新資料。

- 強一致性讀取：要求強一致性讀取時，DynamoDB 將傳回包含最新資料的回應。結果反映了先前所有成功的寫入操作的更新。如果發生網路延遲或中斷，強一致性讀取可能無法使用。

Amazon DynamoDB 支援預置（provisioned）吞吐量和按需（on-demand）吞吐量。預先配置吞吐量是應用程式可以從表或索引消耗的最大容量。如果應用程式超出了資料表或索引上預置的吞吐量容量，則會受到請求限制。

DynamoDB 在分割區之間平均分配吞吐量。每個分區的吞吐量是**總預配置吞吐量除以分區數**。

透過預先設定吞吐量，可以根據讀取容量單位（read capacity units，RCU）和寫入容量單位（write capacity units，WCU）指定吞吐量：

- **讀取容量單位**是每秒強一致讀取大小不超過 **4 KB** 的項目的數量。
- 如果執行**最終一致讀取**，則將使用預配的**讀取容量單位的一半**。換句話說，對於最終一致的讀取，對於最大 4 KB 的項目，一個讀取容量單位是每秒兩次讀取。
- 寫入容量單位是每秒 **1 KB** 的寫入次數。

選擇 Amazon DynamoDB 按需時，DynamoDB 會根據工作負載擴大或縮小，使用按需模式的表可提供與 DynamoDB 已提供的相同的個位數毫秒延遲、服務等級協定（SLA）承諾和安全性。可以為新資料表和現有資料表選擇按需模式，並且可以繼續使用現有的 DynamoDB 應用程式介面（API），而無須變更程式碼。DynamoDB 按需為讀取和寫入請求提供**按請求付費**的定價，以便需為使用的內容付費。

以下任一情況時，按需模式是個不錯的選擇：

- 建立具有未知工作負載的新表
- 應用程式流量無法預測
- 只為使用的內容付費的便捷方式

試算 RCU

假設必須每秒讀取 10 個大小為 10 KB 的項目，並保持最終一致性，必須配置多少個 RCU？注意：1 RCU = 1 個強一致性或 2 個最終一致性，每秒讀取大小不超過 4 KB 的項目

答：需要 15 個 RCU。

計算如下：

- 將 10 KB 向上進位為 4 的下一個倍數：12
- 12KB / 4 KB（每個 RCU）：3
- 10（每秒讀取的項目數）* 3：30
- 除以 2 以獲得最終一致性：15

11.1.5　DynamoDB 定價範例

DynamoDB 會針對在 DynamoDB 資料表中以下項目收費

- 讀取 RCU
- 寫入 WCU
- 存放資料（GB）
- 啟用的選用功能收費，部分清單包括：
  - 隨需備份，可對特定時間點進行快照備份。
  - 適用於多區域、多重主動複寫的全域資料表。

- DynamoDB Accelerator（DAX）是一項與 Amazon DynamoDB 相容的快取服務，可透過記憶體快取減少延遲。
- DynamoDB 串流，用於資料表中項目層級變更的時間順序序列。

DynamoDB 具有兩種容量模式：隨需和預置，而且隨附針對處理資料表上的讀取和寫入的具體計費選項。

注意：預置容量並非是發生在讀取或寫入時才計費，而是 24 小時都計費。

如果有以下情況，則預置容量模式可能最適合：

- 應用程式的流量可以預期
- 執行流量一致或逐漸增加的應用程式
- 可以預測容量需求以控制成本

如果有以下情況，則隨需容量模式可能最適合：

- 建立具有不明工作負載的新資料表
- 應用程式的流量無法預期
- 偏好只針對你使用內容的輕鬆付費方式

預置容量定價範例

此範例說明支援 Auto Scaling 的已預置容量模式表格定價如何計算。Auto Scaling 會依實際使用容量持續設定預置的容量，讓實際的使用率保持在最接近目標使用率的狀態。

假設美國東部（維吉尼亞北部）區域建立新的 DynamoDB 標準資料表，且目標使用率設為預設值 70%、最低容量單位為 100 個 RCU 和 100 個 WCU，以及最高容量設為 400 個 RCU 和 400 個 WCU。為簡單起見，假設每次使用者與你的應用程式互動時，會執行一次寫入 1 KB 和一次嚴格一致讀取 1 KB。

- 假設在前 10 天內使用 1 到 70 個不等的 RCU 和 WCU。Auto Scaling 不會觸發任何擴展活動，而且每小時的帳單為 0.078 USD，其中包括 100 個已預置 WCU 共 0.065 USD（0.00065 USD * 100）加上 100 個 RCU 共 0.013 USD（0.00013 USD * 100）。

11-9

- 現在假設第 11 天使用的容量增加到 100 個 RCU 和 100 個 WCU。Auto scaling 就會觸發擴展活動，將已預置容量增加到 143 個 WCU 和 143 個 RCU（100 個使用的容量 ÷143 預置的容量 = 69.9 %）。每小時帳單為 0.11109 USD（143 個 WCU 共 0.0925 USD 加上 143 個 RCU 共 0.01859 USD）。

- 假設第 21 天使用的容量減少到 80 個 RCU 和 80 個 WCU。Auto scaling 就會觸發縮減活動，將已預置容量減少到 114 個 WCU 和 114 個 RCU（80 個使用的容量 ÷114 預置的容量 = 70.2 %）。每小時帳單為 0.08952 USD（114 個 WCU 共 0.0741 USD 加上 114 個 RCU 共 0.01482 USD）。

當月需要支付 **66.86 USD**，帳單明細如下：

- 第 1 到 10 天：18.72 USD（每小時 0.078 USD×24 小時×10 天）
- 第 11 到 20 天：26.66 USD（每小時 0.11109 USD×24 小時×10 天）
- 第 21 到 30 天：21.48 USD（每小時 0.08952 USD×24 小時×10 天）

AWS 免費方案包括針對使用 DynamoDB 標準資料表類別的表格，預置容量為 25 個 WCU 和 25 個 RCU，讓你的每月帳單減少 **14.04 USD**。

- 25 個 WCU×每小時 0.00065 USD×24 小時×30 天 = 11.70 USD
- 25 個 RCU×每小時 0.00013 USD×24 小時×30 天 = 2.34 USD

資料儲存：假設資料表在月初佔用 25 GB 的儲存空間，而在月底增加到 29 GB，根據對資料表大小的持續監控，平均為 27 GB。由於你的資料表類別設定為 DynamoDB 標準，因此 AWS 免費方案中包含前 25 GB 的儲存空間。剩餘的 2 GB 儲存收費為每 GB 0.25 USD，因此該月的儲存成本為 **0.50 USD**。

至於當月，你的帳單將為 **53.32 USD**，其中包括 66.86-14.04 = 52.82 USD 的讀取和寫入容量費用，以及 0.50 USD 的資料儲存費用。

隨需容量定價範例

假設美國東部（維吉尼亞北部）區域建立一個新的 DynamoDB 標準資料表。由於此表格適用於新應用程式，因此不會知道自己的流量模式。為簡單起見，假設每次使用者與應用程式互動時，會執行 1 次 1 KB 寫入和 1 次 1 KB 嚴格一致讀取。在

10 天的期間，應用程式只有少許流量，每天在表格上產生 10,000 次讀取和 10,000 次寫入。但是在第 11 天，應用程式受到社群媒體的關注，應用程式流量在當天達到 2,500,000 次讀取和 2,500,000 次寫入。DynamoDB 可進行擴展，為使用者提供無縫體驗。然後，應用程式進入較規律的流量模式，到月底每天平均有 50,000 次讀取和 50,000 次寫入。下表總結當月的用量總計。

表 11-2　當月的用量總計

時間範圍 （當月日次）	寫入總計	讀取總計
1–10	100,000 次寫入（10,000 次寫入 ×10 天）	100,000 次讀取（10,000 次讀取 ×10 天）
11	2,500,000 次寫入	2,500,000 次讀取
12–30	950,000 次寫入（50,000 次寫入 ×19 天）	950,000 次讀取（50,000 次讀取 ×19 天）
每月總計	3,550,000 次寫入	3,550,000 次讀取
每月費用	**4.44 USD**（每百萬次寫入 1.25 USD ×355 萬次寫入）	**0.89 USD**（每百萬次讀取 0.25 USD ×355 萬次讀取）

資料儲存：假設表格在月初佔用 25 GB 的儲存空間，而在月底增加到 29 GB，根據 DynamoDB 的持續監控，平均為 27 GB。由於你的資料表類別設定為 DynamoDB 標準，因此 AWS 免費方案中包含前 25 GB 的儲存空間。剩餘的 2 GB 儲存收費為每 GB 0.25 USD，因此該月的資料表儲存成本為 **0.50 USD**。

至於當月，帳單將為 **5.83 USD**，其中包括 4.44+0.89 = **5.33 USD** 的讀取和寫入費用以及 0.50 USD 的資料儲存費用。

11.2　實驗：讀取 EXCEL 檔並存入資料庫中

使用 Python 讀取 S3 中的 Excel 檔，並將資料儲存在 DynamoDB，本實驗將提供這樣的整合練習：Python SDK + S3 + DynamoDB。

11.2.1　啟動學習者實驗室

　　AWS Academy Learner Lab 是提供一個帳號讓學生可以自行使用 AWS 的服務，讓學生可以在 50 USD 的金額下，自行練習所要使用的 AWS 服務，在此先介紹一下 Learner Lab 基本操作與限制。在 AWS Academy 學習平台的入口首頁 https://www.awsacademy.com/LMS_Login，選擇以學生（Students）身分登錄，在課程選單中選擇 **AWS Academy Learner Lab - Foundation Services** 的課程，在課程選單中選擇 **單元**（Module），接著單擊〔啟動 AWS Academy Learner Lab〕，如下圖 11-3 所示。

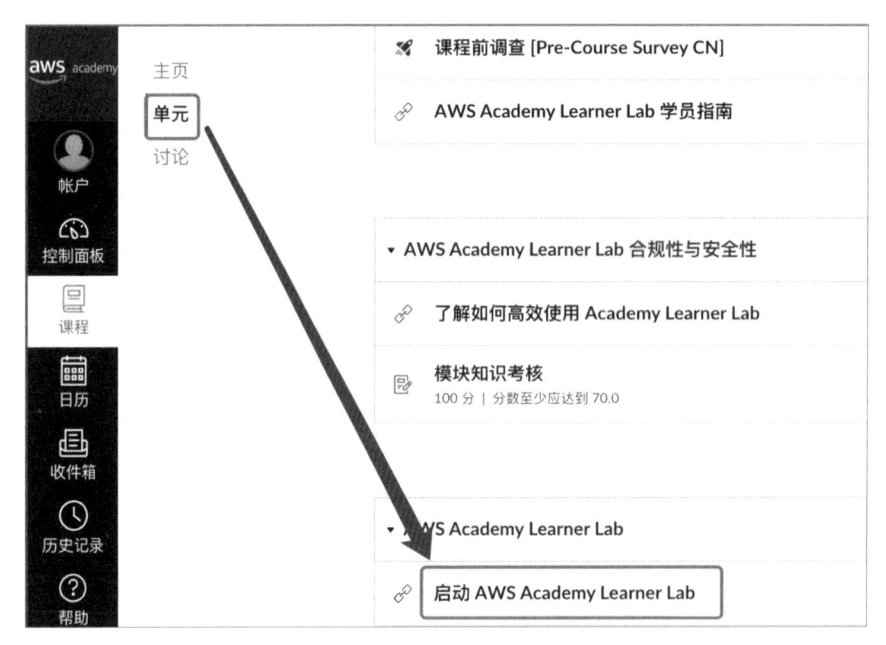

圖 11-3　啟動 AWS Academy Learner Lab

　　進入 **Learner Lab** 中，說明一下每個區塊，圖形在下方。

1. 用來啟動 AWS 管理控制台介面，必須是出現綠點才可以點擊，而出現綠點必須要先啟動實驗（Start Lab）。
2. 已用金額與全部實驗金額（Used $0.2 of $50）。

3. 工具列說明：

   ■ Start Lab：開始實驗帳號，這時候就可以使用 AWS 資源。

   ■ End Lab：就會停止計費，並把所有的 AWS 資源關閉，注意，這只是暫停這些資源，並不會回收。

   ■ AWS Details：可以取得使用者（IAM 用戶）相關的密鑰資料。

   ■ Readme：說明手冊，就是下方的 5.。

   ■ Reset：就會把目前所有的 AWS 設定好的資源都清除掉。

4. 切換說明的語系，**ZH-CN** 是簡體中文。

5. 說明手冊。

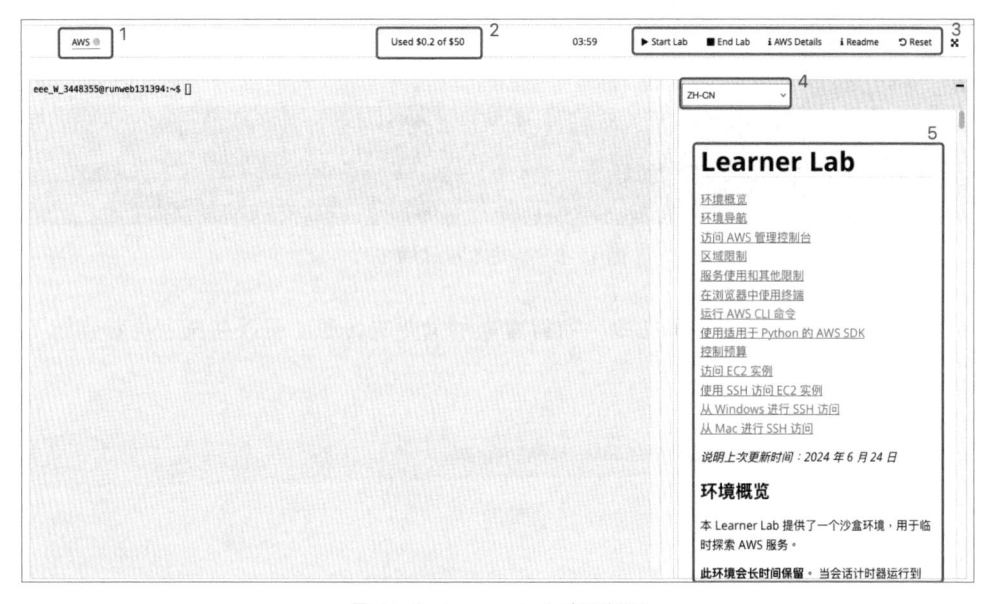

圖 11-4　Learner Lab 畫面說明

11.2.2　連接到 AWS Cloud9 IDE 並配置環境

　　AWS Cloud9 IDE 畫面與 VS Code 畫面相似，左手邊是功能視窗，可以檢視檔案與其他功能；右上方是檔案編輯畫面，可以進行檔案編輯，撰寫程式進行 AWS SDK 操作；右下方則是終端命令列介面，可以輸入指令，進行 AWS CLI 操作。

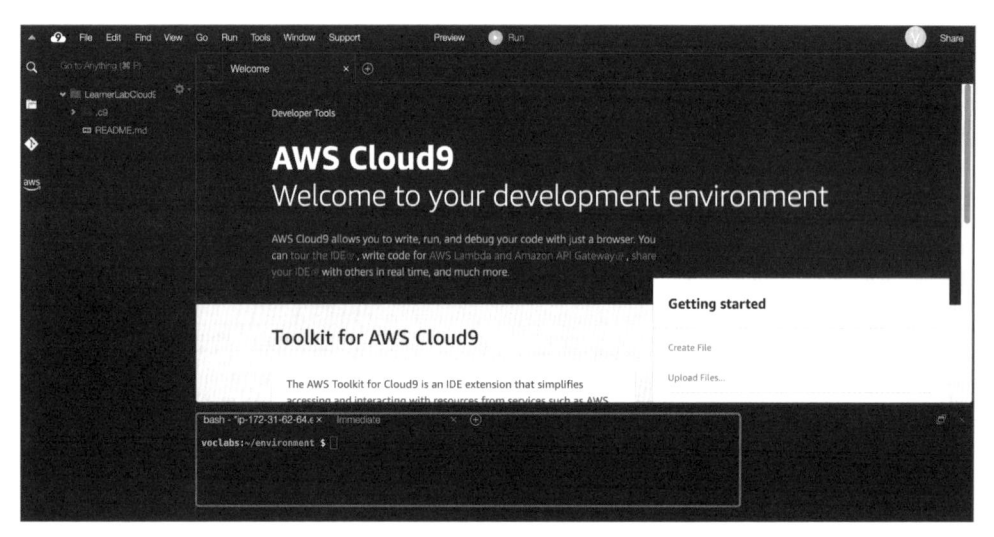

圖 11-5　AWS Cloud9 IDE

　　在下方的終端輸入以下指令，取得實驗所需要的資源，可以在左上角看到已下載的檔案。

```
git clone https://github.com/yehchitsai/AIoTnAWSCloud
```

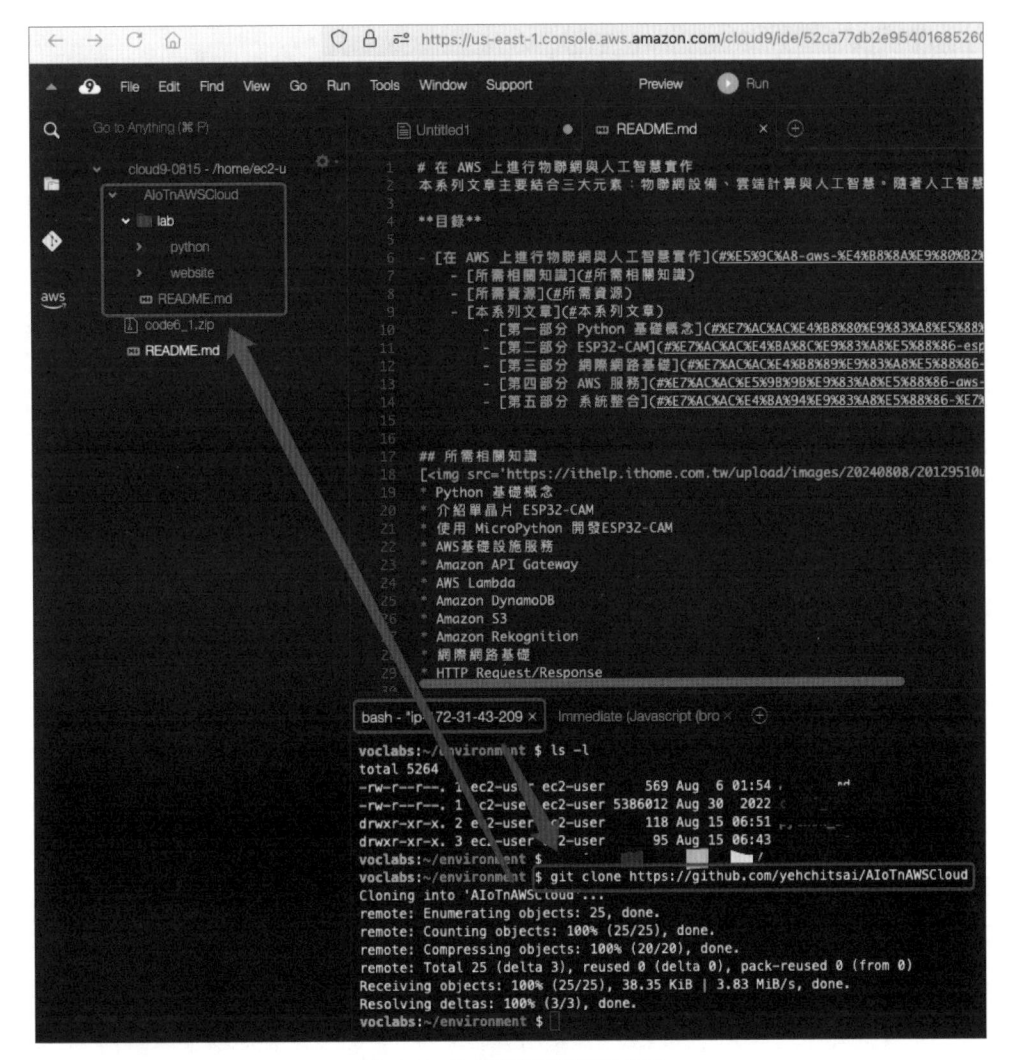

圖 11-6　取得實驗所需要的資源

11.2.3　使用 AWS CLI 建立 S3 儲存貯體

輸入以下 AWS CLI 指令，用來建立 S3 儲存貯體，將 BUCKET_NAME 改為自己所要建立的 S3 儲存貯體名稱。

```
aws s3api create-bucket --bucket BUCKET_NAME
```

AWS CLI 說明指令：

```
aws [options] <command> <subcommand> [parameters]
```

- aws：呼叫 AWS CLI，這需要安裝 AWS Command Line Interface（AWS CLI）工具才能夠使用，而 AWS cloud 9 環境已經事先安裝好，所以開發者可以不用安裝。

- s3api：對應到 AWS CLI 語法中的 command，內容是 AWS 的資源，s3api 就是指 S3 的資源。

- create-bucket：對應到 AWS CLI 語法中的 subcommand，內容是對 command 中的資源進行何種操作，這裡是建立 S3 儲存貯體。

- --bucket aiotnawscloud0821：對應到 AWS CLI 語法中的 parameters，內容是 S3 儲存貯體的名稱命名為 aiotnawscloud0821。

而回傳值是建立儲存貯體的名稱。

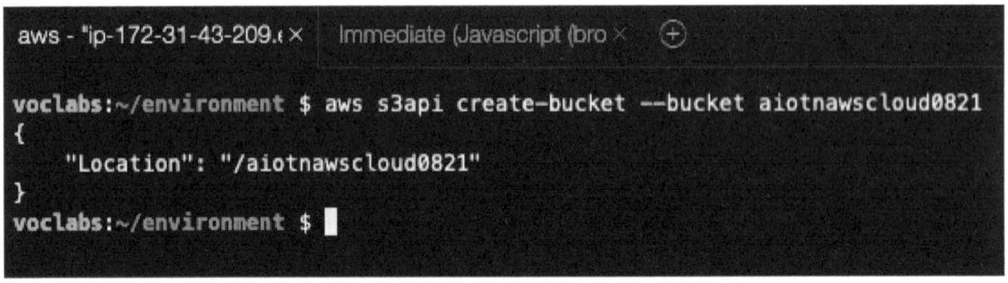

圖 11-7　使用 AWS CLI 指令建立 S3 儲存貯體

11.2.4　上傳 EXCEL 檔到 S3 儲存貯體

在下方的終端輸入以下指令，將物件上傳到儲存貯體，將 BUCKET_NAME 改為自己所建立的 S3 儲存貯體名稱。

```
aws s3 cp  AIoTnAWSCloud/lab/python/dataset/student_info.xlsx s3://BUCKET_NAME/
--cache-control "max-age=0"
```

11.2.5　準備 Python SDK 環境並執行

檢查 Cloud9 開發環境的套件版本。

表 11-3　檢查 Cloud9 開發環境的套件版本

工具	版本
git	2.40.1 (git -v)
AWS CLI	aws-cli/2.17.24 Python/3.11.9 Linux/6.1.102-108.177.amzn2023.x86_64 exe/x86_64.amzn.2023 (aws –version)
python	3.9.16 (python3 -V)
boto3	1.34.161 (pip list)
s3transfer	0.10.2
openpyxl	3.1.5
et-xmlfile	1.1.0
pandas	2.0.3
numpy	1.24.4
tzdata	2024.1
pytz	2024.1
python-dateutil	2.9.0.post0

為 Python 安裝 pandas 以及可以讀取 excel 檔案的套件，在下方的終端輸入以下指令。

```
pip install pandas openpyxl
```

打開 AIoTnAWSCloud/lab/python/excel2Lambda.py 並執行，如下圖 11-8 所示。該程式會執行三個主要步驟：

1. 從 S3 讀取 excel 檔，並載入到 pandas 資料框中。

2. 建立一個 DynamoDB 資料表 students，資料表的讀寫容量設定為隨需。

3. 將 pandas 資料框中的資料寫到 DynamoDB 資料表。

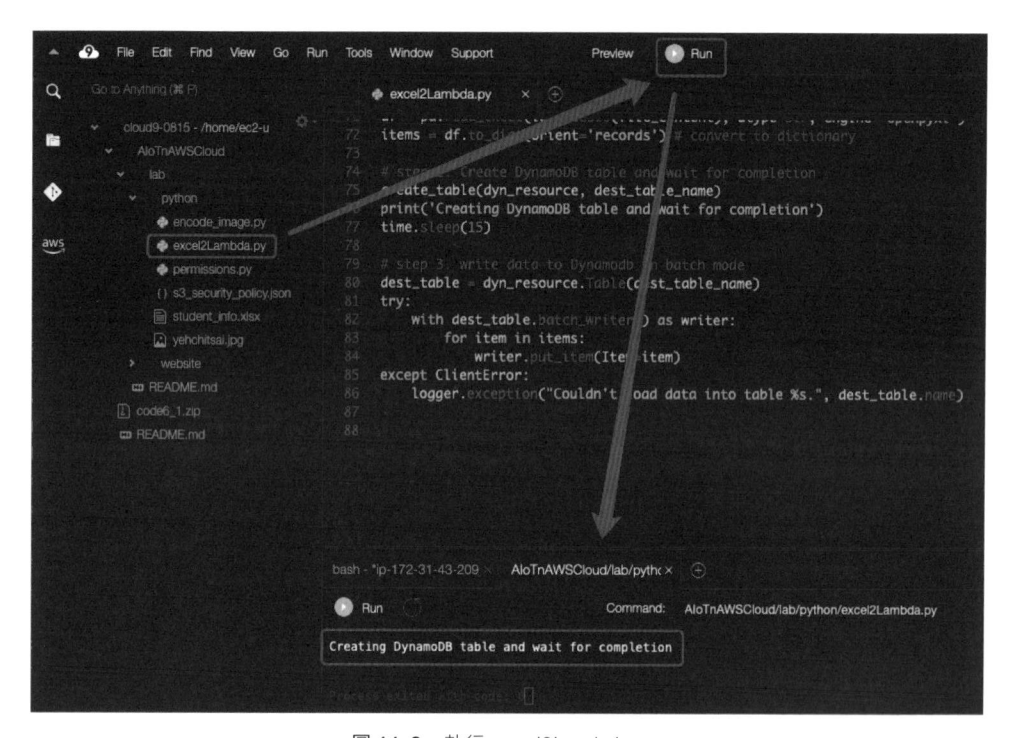

圖 11-8　執行 excel2Lambda.py

將 BUCKET_NAME 改為自己所建立的 S3 儲存貯體名稱。

```
import io
import json
import boto3
import pandas as pd
from botocore.exceptions import ClientError
import logging
import time

dyn_resource = boto3.resource("dynamodb")
logger = logging.getLogger(__name__)
s3_client = boto3.client("s3")
S3_BUCKET_NAME = 'BUCKET_NAME'
dest_table_name = 'students'
object_key = "student_info.xlsx"  # replace object key

# check the table whether exists
def exists(dynamodb, table_name):
    try:
```

```python
            table = dynamodb.Table(table_name)
            table.load()
            exists = True
        except ClientError as err:
            if err.response["Error"]["Code"] == "ResourceNotFoundException":
                exists = False
            else:
                logger.error(
                    "Couldn't check for existence of %s. Here's why: %s: %s",
                    table_name,
                    err.response["Error"]["Code"],
                    err.response["Error"]["Message"],
                )
                raise
        return exists

# CreateTable, https://docs.aws.amazon.com/amazondynamodb/latest/APIReference/API_
CreateTable.html#API_CreateTable_RequestSyntax
def create_table(dynamodb = None, table_name = None):
    try:
        if not dynamodb:
            dynamodb = boto3.resource('dynamodb')
        table = ''
        if not exists(dynamodb, table_name):
            table = dynamodb.create_table(
                TableName = table_name,
                BillingMode = "PAY_PER_REQUEST",
                KeySchema = [
                    {
                        'AttributeName': 'student_id',
                        'KeyType': 'HASH'  # Partition key
                    }
                ],
                AttributeDefinitions=[
                    {
                        'AttributeName': 'student_id',
                        'AttributeType': 'S'
                    }
                ]
            )
    except ClientError as err:
        logger.error(
            "Couldn't create table %s. Here's why: %s: %s",
            table_name,
```

```python
            err.response["Error"]["Code"],
            err.response["Error"]["Message"],
        )
        raise
    else:
        return table

# step 1. read excel from S3 object
file_content = s3_client.get_object(Bucket=S3_BUCKET_NAME, Key=object_key)["Body"].read()
df = pd.read_excel(io.BytesIO(file_content), dtype=str, engine='openpyxl')
items = df.to_dict(orient='records')# convert to dictionary

# step 2. Create DynamoDB table and wait for completion
create_table(dyn_resource, dest_table_name)
print('Creating DynamoDB table and wait for completion')
time.sleep(15)

# step 3. write data to Dynamodb in batch mode
dest_table = dyn_resource.Table(dest_table_name)
try:
    with dest_table.batch_writer()as writer:
        for item in items:
            writer.put_item(Item=item)
except ClientError:
    logger.exception("Couldn't load data into table %s.", dest_table.name)
```

11.2.6　檢查 Dynamodb 資料表

　　進入 Dynamodb 控制台，找到資料表 students，點擊 students，可以看到資料表詳細資訊。

- 分區索引鍵：student_id
- 容量模式：隨需

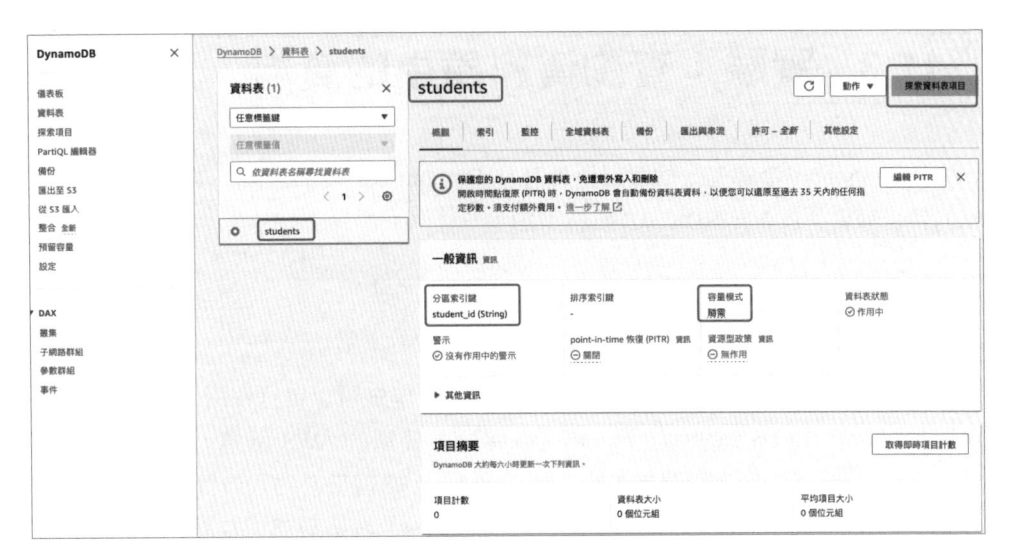

圖 11-9　students 資料表詳細資訊

點擊〔探索資料表項目〕，檢視資料表項目，可以看到從 excel 所匯入的 3 筆資料。

圖 11-10　students 資料表項目

11.3 實驗：查詢資料庫中的資料

使用 Python 查詢上一個實驗所儲存在 DynamoDB 內的資料，本實驗將提供這樣的整合練習：Python SDK + DynamoDB。

11.3.1 啟動學習者實驗室

AWS Academy Learner Lab 是提供一個帳號讓學生可以自行使用 AWS 的服務，讓學生可以在 50 USD 的金額下，自行練習所要使用的 AWS 服務，在此先介紹一下 Learner Lab 基本操作與限制。在 AWS Academy 學習平台的入口首頁 https://www.awsacademy.com/LMS_Login，選擇以學生（Students）身分登錄，在課程選單中選擇 **AWS Academy Learner Lab - Foundation Services** 的課程，在課程選單中選擇 **單元**（Module），接著單擊〔啟動 AWS Academy Learner Lab〕，如下圖 11-11 所示。

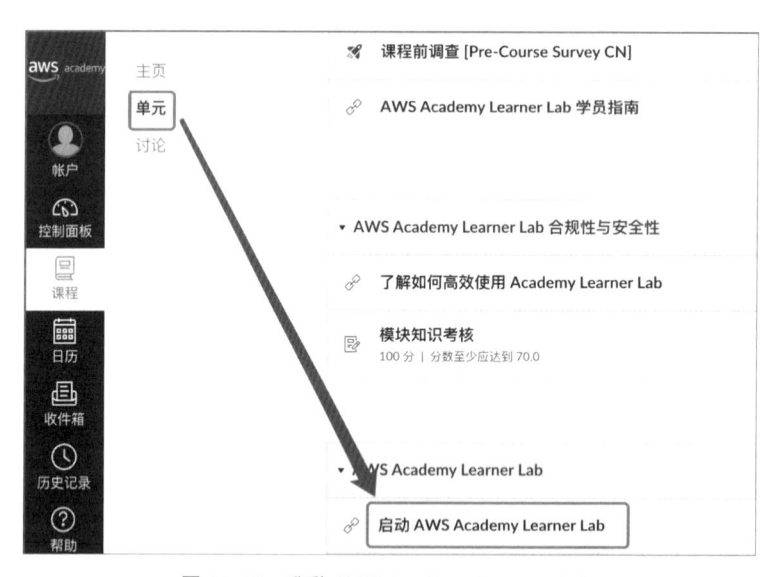

圖 11-11　啟動 AWS Academy Learner Lab

進入 **Learner Lab** 中，說明一下每個區塊，圖形在下方。

1. 用來啟動 AWS 管理控制台介面，必須是出現綠點才可以點擊，而出現綠點必須要先啟動實驗（Start Lab）。

2. 已用金額與全部實驗金額（Used $0.2 of $50）。

3. 工具列說明：

   - Start Lab：開始實驗帳號，這時候就可以使用 AWS 資源。

   - End Lab：就會停止計費，並把所有的 AWS 資源關閉，注意，這只是暫停這些資源，並不會回收。

   - AWS Details：可以取得使用者（IAM 用戶）相關的密鑰資料。

   - Readme：說明手冊，就是下方的 5.。

   - Reset：就會把目前所有的 AWS 設定好的資源都清除掉。

4. 切換說明的語系，**ZH-CN** 是簡體中文。

5. 說明手冊。

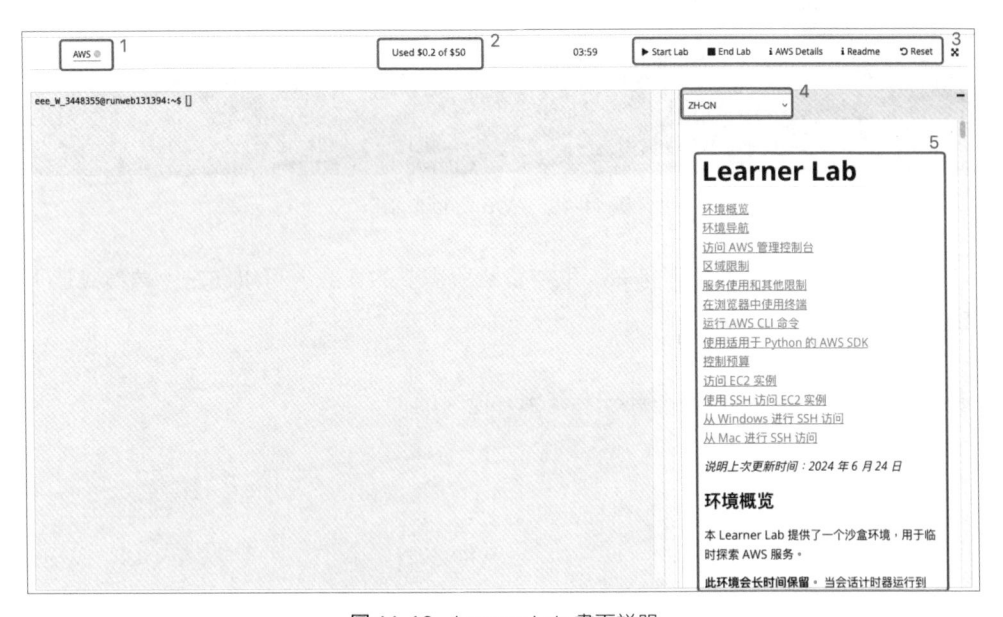

圖 11-12　Learner Lab 畫面說明

11.3.2　連接到 AWS Cloud9 IDE 並配置環境

AWS Cloud9 IDE 畫面與 VS Code 畫面相似，左手邊是功能視窗，可以檢視檔案與其他功能；右上方是檔案編輯畫面，可以進行檔案編輯，撰寫程式進行 AWS SDK 操作；右下方則是終端命令列介面，可以輸入指令，進行 AWS CLI 操作。

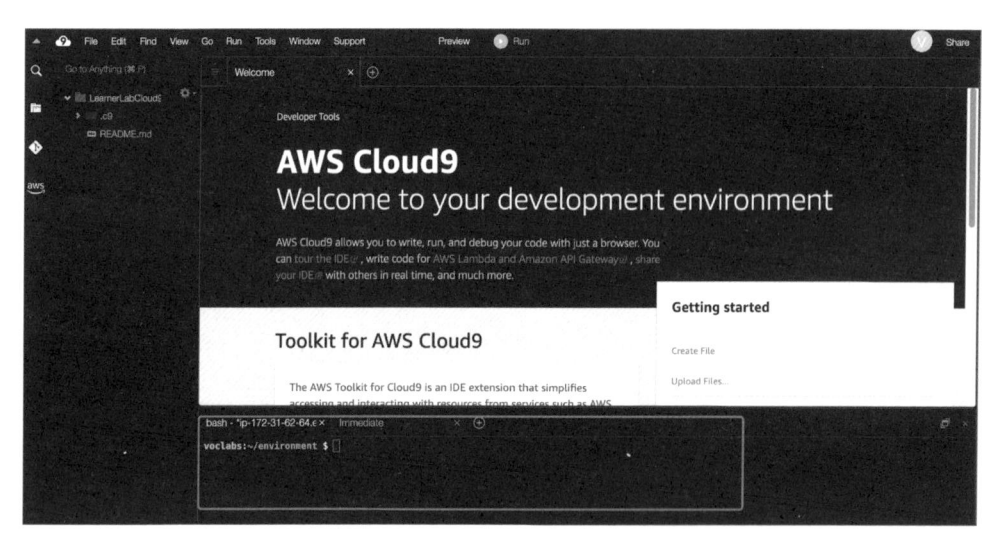

圖 11-13　AWS Cloud9 IDE

在下方的終端輸入以下指令，取得實驗所需要的資源，可以在左上角看到已下載的檔案。

```
git clone https://github.com/yehchitsai/AIoTnAWSCloud
```

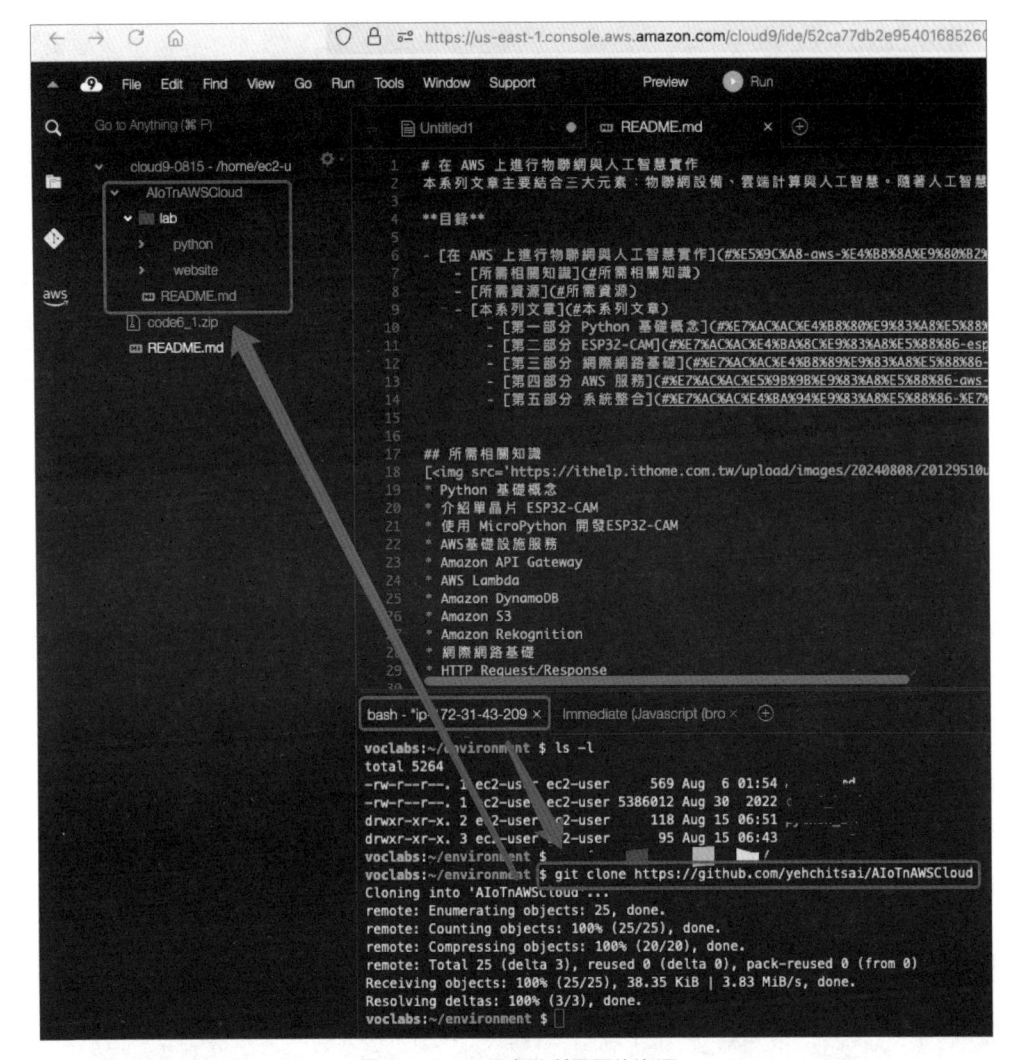

Chapter 11 雲端資料庫 – Amazon DynamoDB

圖 11-14　取得實驗所需要的資源

檢查 Cloud9 開發環境的套件版本

表 11-4　檢查 Cloud9 開發環境的套件版本

工具	版本
git	2.40.1(git -v)
AWS CLI	aws-cli/2.17.24 Python/3.11.9 Linux/6.1.102-108.177.amzn2023. x86_64 exe/x86_64.amzn.2023（aws –version）

11-25

工具	版本
python	3.9.16（python3 -V）
boto3	1.34.161（pip list）
s3transfer	0.10.2
openpyxl	3.1.5
et-xmlfile	1.1.0
pandas	2.0.3
numpy	1.24.4
tzdata	2024.1
pytz	2024.1
python-dateutil	2.9.0.post0

11.3.3 利用主鍵查詢資料

打開 query_prinarykey.py 並執行，會得到一筆資料或是沒有，結果下圖 11-15。

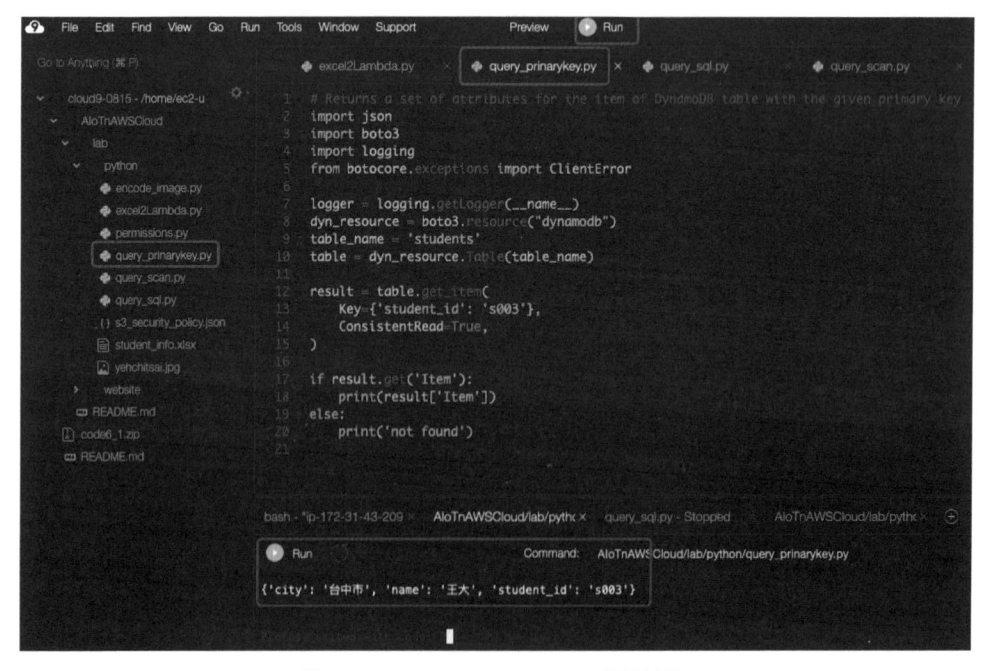

圖 11-15　query_prinarykey.py 執行結果

```python
# Query a DynamoDB table by using PartiQL statements and an AWS SDK
import json
import boto3
import logging
from botocore.exceptions import ClientError

logger = logging.getLogger(__name__)
dyn_resource = boto3.resource("dynamodb")
table_name = 'students'
table = dyn_resource.Table(table_name)

def run_partiql(statement, param_list):
    try:
        output = dyn_resource.meta.client.execute_statement(
            Statement=statement,
            Parameters=param_list
        )
    except ClientError as err:
        logger.error(
            "Couldn't execute batch of PartiQL statements. Here's why: %s: %s",
            err.response["Error"]["Code"],
            err.response["Error"]["Message"],
        )
        raise
    else:
        return output

sql = f'SELECT * FROM "{table_name}" WHERE city=? '
parameters = ['台中市']
results=run_partiql(sql,parameters)
print(results['Items'])
```

11.3.4　利用類似 SQL 語法查詢資料 – PartiQL

打開 query_sql.py 並執行，會得到多筆資料（雖然只有一筆，但是以陣列方式呈現），結果下圖 11-16。

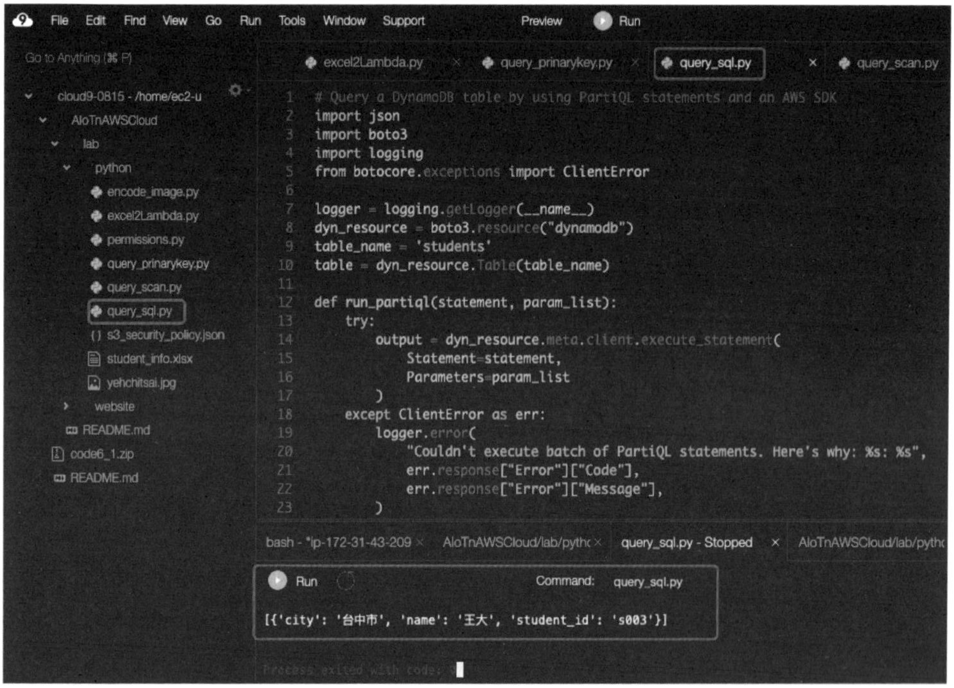

圖 11-16　query_sql.py 執行結果

```python
# Query a DynamoDB table by using PartiQL statements and an AWS SDK
import json
import boto3
import logging
from botocore.exceptions import ClientError

logger = logging.getLogger(__name__)
dyn_resource = boto3.resource("dynamodb")
table_name = 'students'
table = dyn_resource.Table(table_name)

def run_partiql(statement, param_list):
    try:
        output = dyn_resource.meta.client.execute_statement(
            Statement=statement,
            Parameters=param_list
        )
    except ClientError as err:
        logger.error(
            "Couldn't execute batch of PartiQL statements. Here's why: %s: %s",
```

```
                err.response["Error"]["Code"],
                err.response["Error"]["Message"],
            )
            raise
    else:
        return output
sql = f'SELECT * FROM "{table_name}" WHERE city=? '
parameters = ['台中市']
results=run_partiql(sql,parameters)
print(results['Items'])
```

11.3.5　把整個資料表讀回查詢資料 – scan

打開 query_scan.py 並執行，會得到多筆資料（雖然只有一筆，但是以陣列方式呈現），結果下圖 11-17。

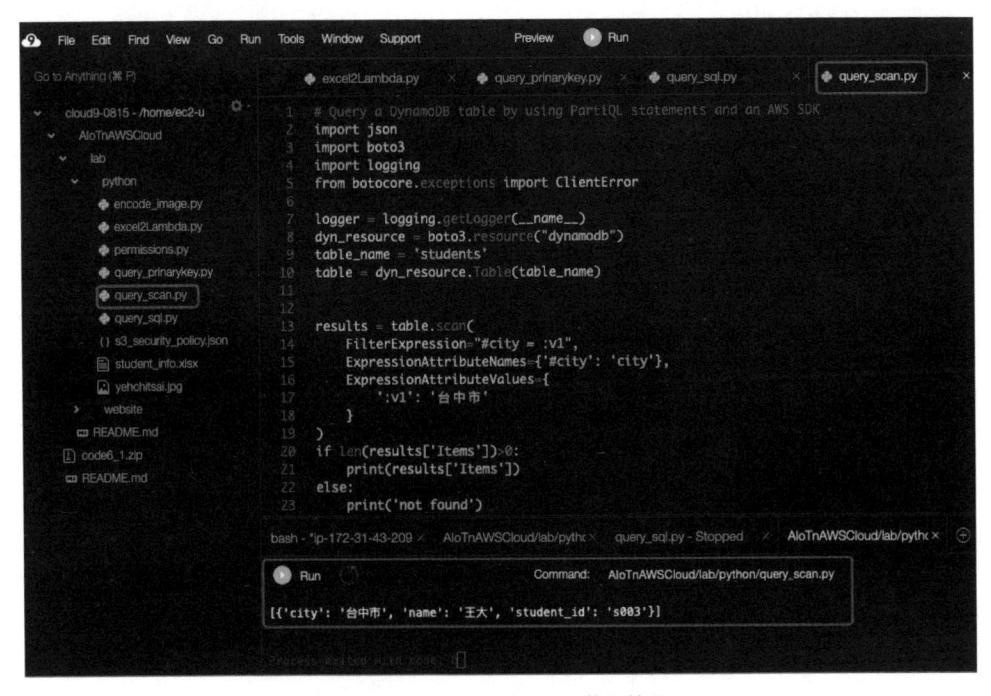

圖 **11-17**　query_scan.py 執行結果

11-29

```python
# Query a DynamoDB table by using PartiQL statements and an AWS SDK
import json
import boto3
import logging
from botocore.exceptions import ClientError

logger = logging.getLogger(__name__)
dyn_resource = boto3.resource("dynamodb")
table_name = 'students'
table = dyn_resource.Table(table_name)

results = table.scan(
    FilterExpression="#city = :v1",
    ExpressionAttributeNames={'#city': 'city'},
    ExpressionAttributeValues={
        ':v1': '台中市'
    }
)
if len(results['Items'])>0:
    print(results['Items'])
else:
    print('not found')
```

Chapter 12

雲端視覺辨識 AI – Amazon Rekognition

學習目標

1. Amazon Rekognition
2. 實驗：人臉辨識從 Amazon S3 讀取
3. 實驗：文字辨識從 Amazon S3 讀取

12.1 Amazon Rekognition

12.1.1 簡介

Amazon Rekognition 是一項基於深度學習的電腦視覺服務，可以使用它來為應用程式添加圖像和視訊分析。Amazon Rekognition 能夠執行以下類型的分析：

- 可搜尋的圖像和影片庫：使圖像和儲存的影片可搜索，以便發現其中出現的物件和場景。

- 基於臉部的使用者驗證：能夠透過將即時影像與參考影像進行比較來確認使用者身分。

- 情緒和人口統計分析：解釋情緒表達，例如快樂、悲傷或驚訝。它還可以從臉部圖像中解讀人口統計訊息，例如性別。

12-1

- 不安全內容偵測：可以偵測影像和儲存影片中的不當內容。

- 文字偵測：能夠識別並提取圖像中的文字內容。

Amazon Rekognition 可以與其他 AWS 服務整合，例如用於儲存的 Amazon S3 以及用於身份驗證和授權的 AWS Identity and Access Management（IAM）。Amazon Rekognition 提供 API、開發工具包和 AWS 命令列介面（AWS CLI）命令。可以使用這些資源存取 Amazon Rekognition 並與之互動。SDK 支援的語言包括 JavaScript、Python、PHP、.NET、Ruby、Java、GO、Node.js 和 C++。

12.1.2　功能與應用

功能

- Amazon Rekognition 提供預先訓練和可自訂的電腦視覺（CV）功能，可從你的影像和影片中擷取資訊和洞察。

- 臉部真實性：在臉部識別過程中，幾秒鐘內就能認證真實用戶，並阻止使用欺騙手段的不良行為者。

- 臉部偵測與分析：偵測影像和影片中出現的臉部，並識別每個人的睜眼、眼鏡和鬍鬚等屬性。

- 臉部比較與搜尋：確定臉部與另一張相片或你的私人影像儲存庫的相似性。

- 內容審核：偵測影像和影片中可能不安全、不適當或不需要的內容。

- 自訂標籤：使用自動化機器學習（AutoML）偵測自訂物件，例如品牌標誌，以少至 10 張影像來訓練你的模型。

- 文字偵測：從街道標誌、社交媒體張貼和產品包裝的影像和影片中擷取傾斜和扭曲的文字。

- 標籤：偵測物件、場景、活動、地標、首要顏色和影像品質。

- 短片偵測：偵測影片中的關鍵片段，例如黑畫面、開始或結束字幕、石板、彩條和鏡頭。

- 名人辨識：識別知名人士在媒體、行銷和廣告中相片和鏡頭。

使用案例

- 偵測不當內容：根據一般或業務特定標準和實務，快速準確地識別影像和影片資產中的不安全或不當內容。
- 線上驗證身分：在使用者布設和身分驗證工作流程中，使用臉部比較和分析以遠端方式驗證已選擇加入的使用者身分。
- 簡化媒體分析：自動偵測主要影片片段，以減少影片廣告插入、內容營運和內容製作的時間、精力和成本。
- 串流連網家庭智慧提醒：在即時影片串流中偵測到所需物件時，提供及時且可操作的提醒。建立家庭自動化體驗，例如在偵測到人時自動開燈。

12.1.3 Amazon Rekognition 定價

Amazon Rekognition 有以下幾種類型的定價：

- Amazon Rekognition Image 定價
- Amazon Rekognition Video 定價
- Amazon Rekognition 自訂標籤定價
- Amazon Rekognition Face Liveness 定價
- Amazon Rekognition 自訂審核定價

因為後續實驗用到的都是相片（Image），所以以下來詳細檢視 Amazon Rekognition Image 定價。

Amazon Rekognition Image 定價

使用雲端工具最重要的就是要先評估成本，讓開發者評估是否要使用這項服務，使用 Amazon Rekognition Image，只需按實際用量付費，Amazon Rekognition Image 有兩種類型的成本：影像分析成本和臉部中繼資料儲存成本。

- 影像分析：Amazon Rekognition Image 會在每次使用 API 進行影像分析時收費。對單一影像執行多個 API 將視為處理多個影像。依據與每月處理的影像量相關的分層定價模型，對用量計費。大部分的 Amazon Rekognition Image API 分為兩個群組：第 1 組和第 2 組，其定價不同。

- 第 1 組：AssociateFaces、CompareFaces、DisassociateFaces、IndexFaces、SearchFacesbyImage、SearchFaces、SearchUsersByImage、SearchUsers。
- 第 2 組：DetectFaces、DetectModerationLabels、DetectLabels、DetectText、RecognizeCelebrities、DetectProtectiveEquipment API。

- 臉部中繼資料儲存：若要啟用臉部和使用者搜尋，需要一個存放臉部中繼資料物件（臉部向量和使用者向量）的儲存庫，Amazon Rekognition 可對該儲存庫搜尋相符的項目。儲存費用會按月收取，不滿一個月則按比例計算。

表 12-1　Amazon Rekognition 在 us-east-1 地區針對『影像分析』的定價表

群組	前 100 萬張影像	後續 400 萬張影像	後續 3,000 萬張影像	超過 3,500 萬張影像
第 1 組	USD 0.001	USD 0.0008	USD 0.0006	USD 0.0004
第 2 組	USD 0.001	USD 0.0008	USD 0.0006	USD 0.00025

定價範例

假設你的應用程式每月需要為 250 萬個影像進行標籤偵測分析。你使用 Amazon Rekognition 的 DetectLabels API 分析這 250 萬個影像。

使用第 2 組 API（DetectLabels）處理的影像總數為 250 萬。

使用第 2 組 API 處理 250 萬個影像的成本如下表。

表 12-2　定價表

費用類型	定價	用量費用
前 100 萬個影像	每個影像 0.0010 USD	1,000,000 個影像 X 0.0010 USD / 影像 = 1,000 USD
後續 150 萬個影像	每個影像 0.0008 USD	1,500,000 個影像 X 0.0008 USD / 影像 = 1,200 USD

總計：2,200 USD

12.2 人臉辨識從 Amazon S3 讀取

在本實驗中,將使用 Amazon Rekognition 對一個已知面孔進行面部檢測,本實驗將提供這樣的整合練習:Python SDK + S3 + Rekognition。

12.2.1 啟動學習者實驗室

AWS Academy Learner Lab 是提供一個帳號讓學生可以自行使用 AWS 的服務,讓學生可以在 50 USD 的金額下,自行練習所要使用的 AWS 服務,在此先介紹一下 Learner Lab 基本操作與限制。在 AWS Academy 學習平台的入口首頁 https://www.awsacademy.com/LMS_Login,選擇以學生(Students)身分登錄,在課程選單中選擇 **AWS Academy Learner Lab - Foundation Services** 的課程,在課程選單中選擇 **單元(Module)**,接著單擊〔啟動 AWS Academy Learner Lab〕,如下圖 12-1 所示。

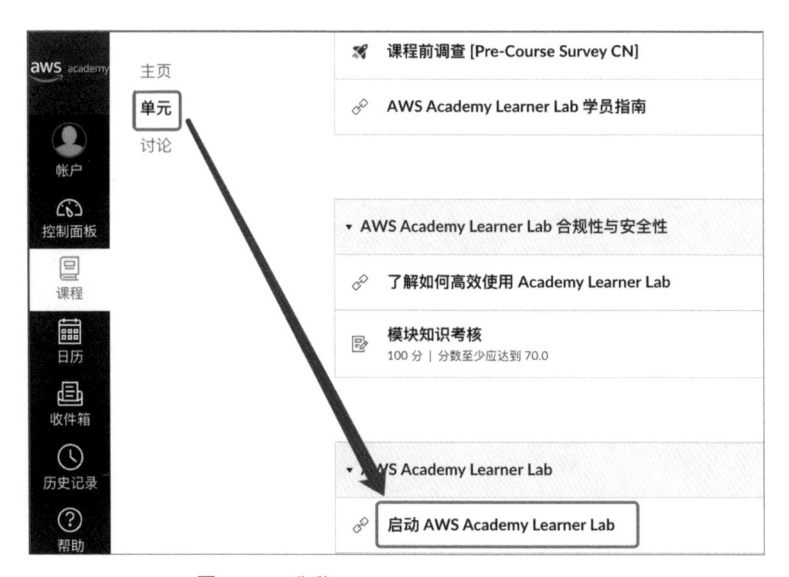

圖 12-1　啟動 AWS Academy Learner Lab

進入 Learner Lab 中,說明一下每個區塊,圖形在下方。

1. 用來啟動 AWS 管理控制台介面，必須是出現綠點才可以點擊，而出現綠點必須要先啟動實驗（Start Lab）。

2. 已用金額與全部實驗金額（Used $0.2 of $50）。

3. 工具列說明：

    ■ Start Lab：開始實驗帳號，這時候就可以使用 AWS 資源。

    ■ End Lab：就會停止計費，並把所有的 AWS 資源關閉。注意，這只是暫停這些資源，並不會回收。

    ■ AWS Details：可以取得使用者（IAM 用戶）相關的密鑰資料。

    ■ Readme：說明手冊，就是下方的 5.。

    ■ Reset：就會把目前所有的 AWS 設定好的資源都清除掉。

4. 切換說明的語系，**ZH-CN** 是簡體中文。

5. 說明手冊。

圖 12-2　Learner Lab 畫面說明

12.2.2 連接到 AWS Cloud9 IDE 並配置環境

AWS Cloud9 IDE 畫面與 VS Code 畫面相似，左手邊是功能視窗，可以檢視檔案與其他功能；右上方是檔案編輯畫面，可以進行檔案編輯，撰寫程式進行 AWS SDK 操作；右下方則是終端命令列介面，可以輸入指令，進行 AWS CLI 操作。

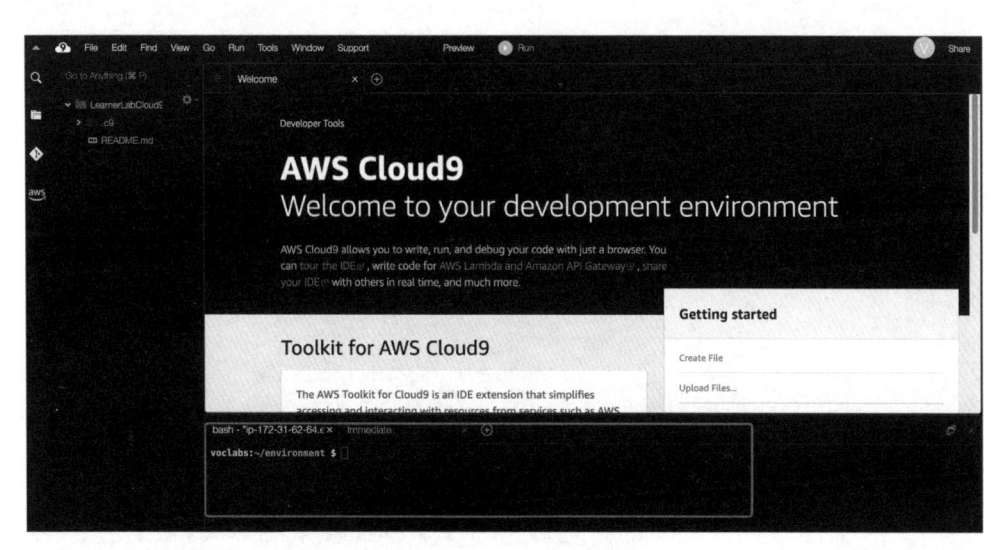

圖 12-3 AWS Cloud9 IDE

在下方的終端輸入以下指令，取得實驗所需要的資源，可以在左上角看到已下載的檔案。

```
git clone https://github.com/yehchitsai/AIoTnAWSCloud
```

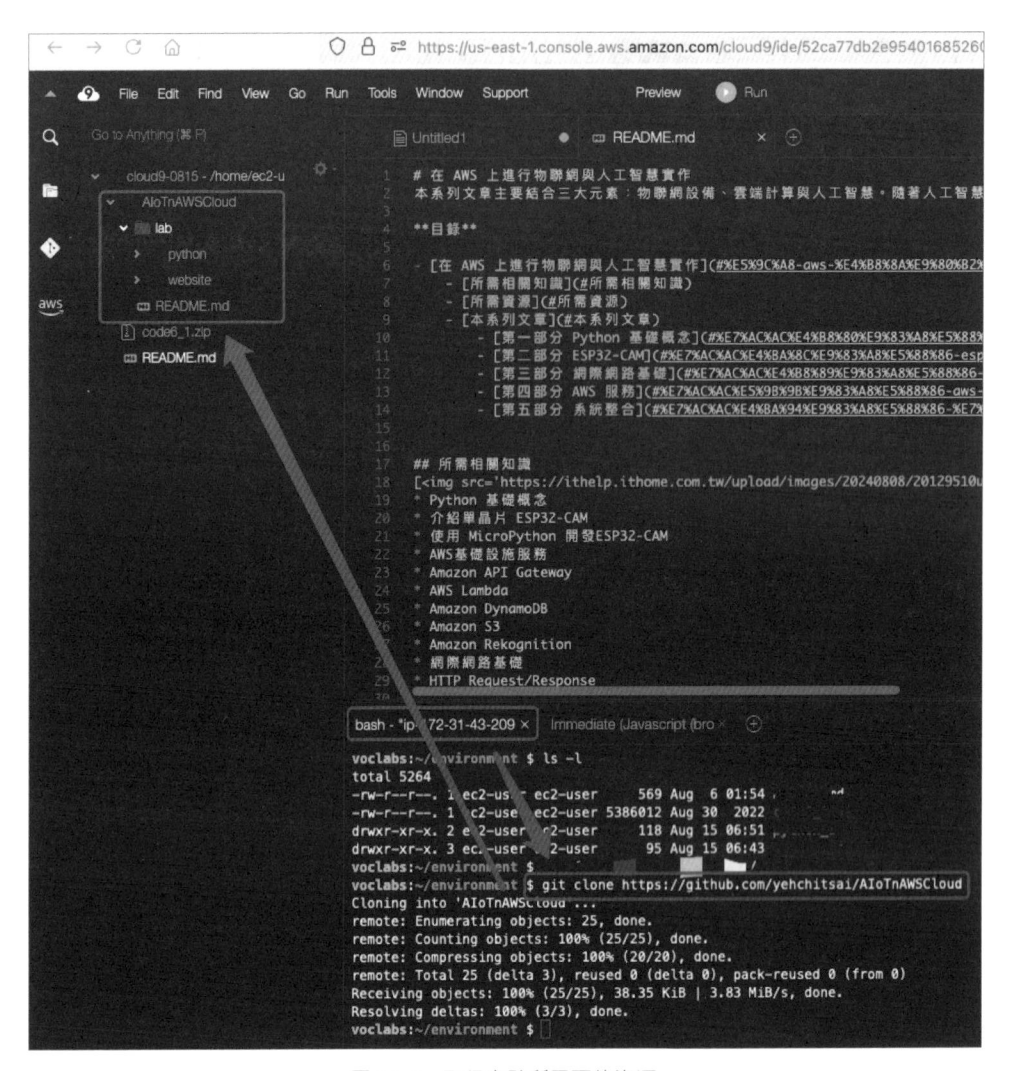

圖 12-4　取得實驗所需要的資源

12.2.3　將面孔圖像與檢視網頁上傳到 S3

在 Cloud9 中修改 AIoTnAWSCloud/lab/website/show_rekognition.html 將第 13、14、18、19 行的 BUCKET_NAME 改為自己所建立的 S3 儲存貯體名稱。

```
<html>
<head>
<meta charset="utf-8">
```

```
<title>Amazon Rekognition Lab</title>
</head>
<body>
Amazon Rekognition 對一個已知面孔進行面部檢測
<table width="80%" border="1">
    <tr>
        <td colspan='2' align="center">source images</td>
    </tr>
    <tr>
        <td><img width="400" alt='person one' src='https://BUCKET_NAME.s3.amazonaws.com/images/target.jpg'></td>
        <td><img width="400" alt='group' src='https://BUCKET_NAME.s3.amazonaws.com/images/group.jpg'></td>
    </tr>
        <td colspan='2' align="center">recognized images</td>
    <tr>
        <td><img width="400" alt='person one' src='https://BUCKET_NAME.s3.amazonaws.com/images/target-box.jpg'></td>
        <td><img width="400" alt='group' src='https://BUCKET_NAME.s3.amazonaws.com/images/group-box.jpg'></td>
    </tr>
</table>
</body>
</html>
```

在 Cloud9 下方的終端輸入以下指令，將面孔圖像與檢視網頁上傳到 S3，並安裝後續所需套件。請將 BUCKET_NAME 改為自己所建立的 S3 儲存貯體名稱。

```
aws s3 cp  AIoTnAWSCloud/lab/python/images s3://BUCKET_NAME/images/ --recursive --cache-control "max-age=0"
aws s3 cp  AIoTnAWSCloud/lab/website/show_rekognition.html s3://BUCKET_NAME/
pip install pillow
```

可以檢視畫面結果如下圖 12-5 所示，左手邊是要檢測的圖像，右手邊是查找用的圖像。

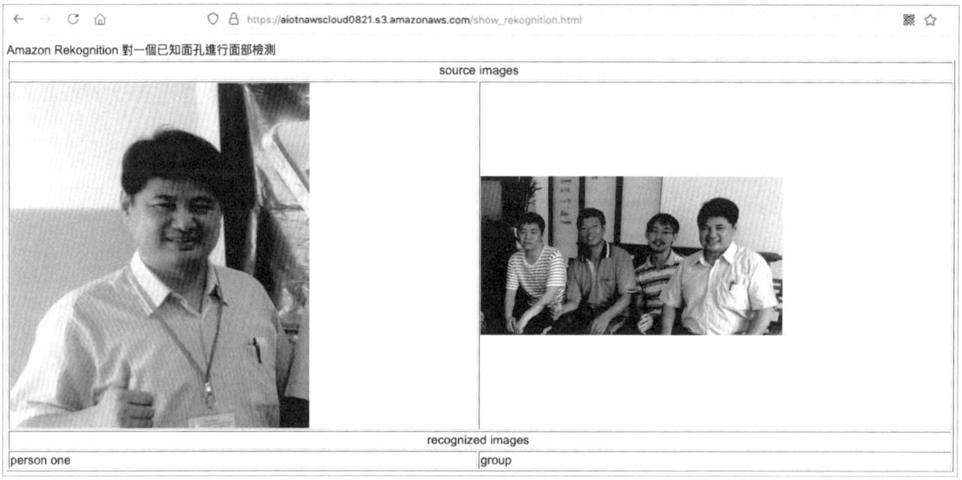
https://aiotnawscloud0821.s3.amazonaws.com/show_rekognition.html
Amazon Rekognition 對一個已知面孔進行面部檢測
source images
recognized images
person one
group

圖 12-5　Rekognition 初始畫面

12.2.4　要檢測的圖像畫出的邊界框

接下來要將目標圖像註冊到 Amazon Rekognition 的集合（collection）中，並將 Amazon Rekognition 所註冊的人像用方框畫出。

1. 創建集合 create_collection
2. 將圖像添加到集合 index_faces
3. 繪出人像的邊界框 faceRecord['Face']['BoundingBox']

pillow 邊界框的定義方式必須畫出四個角，而 Amazon Rekognition 回傳的結果是左上角的點，以及寬、高，而這些值都是以浮點數的方式儲存，所以必須乘以圖片的寬、高，才能轉換成實際的座標值，比方左上角（x,y）的計算方式如下：

```
x = imageHeight * BoundingBox["Left"]
y = imageWidth * BoundingBox["Top"]
```

請將 BUCKET_NAME 改為自己所建立的 S3 儲存貯體名稱，執行 **create_collection.py**。

```
import boto3
from io import BytesIO
from PIL import Image, ImageDraw

rekognition_client = boto3.client('rekognition')
s3_client = boto3.client('s3')

bucket_name = "BUCKET_NAME"
bucket_prefix = 'images/'
one_person_image = "target.jpg"
one_person_image_box = "target-box.jpg"

# step 1. 創建集合
collection_id = 'Collection'
response = rekognition_client.create_collection(CollectionId=collection_id)
print('Collection ARN: ' + response['CollectionArn'])

# step 2. 將圖像添加到集合
image_content = s3_client.get_object(Bucket=bucket_name, Key=bucket_prefix + one_person_image)['Body'].read()

response = rekognition_client.index_faces(CollectionId = collection_id,
                    Image={'Bytes': image_content},
                    ExternalImageId=one_person_image,
                    MaxFaces=1,
                    QualityFilter="AUTO",
                    DetectionAttributes=['ALL'])

# step 3. 查看為圖像創建的邊界框
img = Image.open(BytesIO(image_content))
imgWidth, imgHeight = img.size
draw = ImageDraw.Draw(img)

for faceRecord in response['FaceRecords']:
    print('  Face ID: ' + faceRecord['Face']['FaceId'])
    print('  Location: {}'.format(faceRecord['Face']['BoundingBox']))
    box = faceRecord['Face']['BoundingBox']
    left = imgWidth * box['Left']
    top = imgHeight * box['Top']
    width = imgWidth * box['Width']
    height = imgHeight * box['Height']

    points = ((left,top),(left+width,top),(left+width,top+height),(left,top+height),(left,top))
```

```
    draw.line(points,fill='#00d400', width=15)

    img_bytes = BytesIO()
    img.save(img_bytes, format='JPEG')
    img_bytes = img_bytes.getvalue()
    # Upload the modified image back to S3
    s3_client.put_object(Bucket=bucket_name, Key=bucket_prefix + one_person_image_box, Body=img_bytes)
```

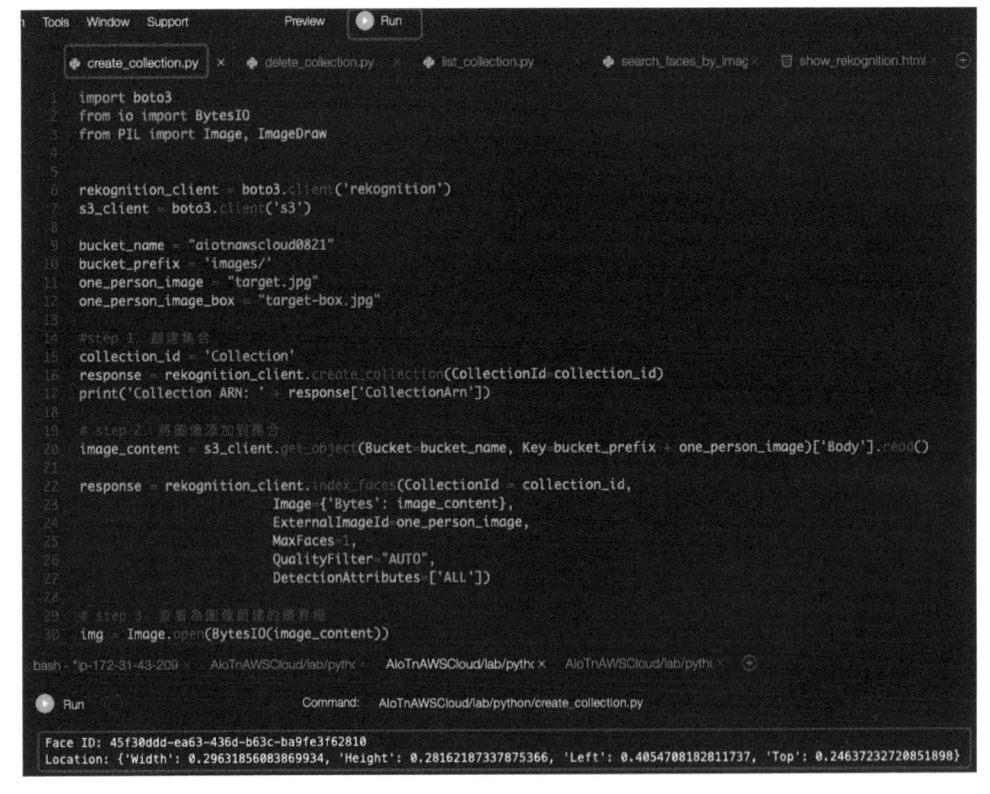

圖 12-6　為目標的人像畫出的邊界框

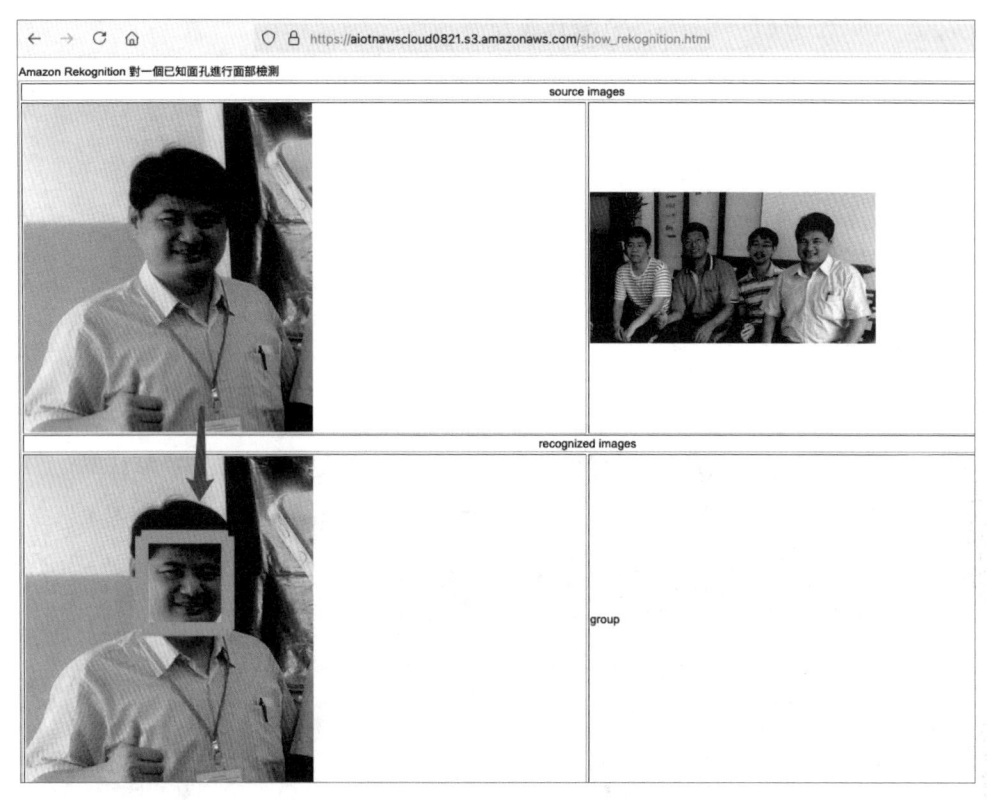

圖 12-7　檢視目標人像的成果網頁

12.2.5　列出集合中的人臉資訊

檢視目前在集合中的人臉資訊 list_faces，執行 **list_collection.py**。

```
import boto3

rekognition_client = boto3.client('rekognition')
collection_id = 'Collection'

# step 4: 列出集合中的面孔
maxResults=2
faces_count=0
tokens=True

response=rekognition_client.list_faces(CollectionId=collection_id,
                    MaxResults=maxResults)
```

```
print('Faces in collection ' + collection_id)
while tokens:
    faces=response['Faces']
    for face in faces:
        print (face)
        faces_count+=1
    if 'NextToken' in response:
        nextToken=response['NextToken']
        response=rekognition_client.list_faces(CollectionId=collection_id,
                        NextToken=nextToken,MaxResults=maxResults)
    else:
        tokens=False
```

圖 12-8　列出集合中的人臉資訊

12.2.6　查看找到的人臉的邊界框

輸入一個包含有目標人臉的圖像，使用 Amazon Rekognition 找出圖像並畫出邊界框：

1. 使用集合找到面孔。search_faces_by_image

2. 查看找到的面孔的邊界框。response2['SearchedFaceBoundingBox']

請將 \`BUCKET_NAME\` 改為自己所建立的 S3 儲存貯體名稱，執行 **search_faces_by_image.py**。

```python
import boto3
import json
from io import BytesIO
from PIL import Image, ImageDraw

rekognition_client = boto3.client('rekognition')
s3_client = boto3.client('s3')

bucket_name = "BUCKET_NAME"
bucket_prefix = 'images/'
people_image = 'group.jpg'
people_image_box = 'group-box.jpg'
collection_id = 'Collection'
# step 5: 使用集合找到面孔
threshold = 70
maxFaces=2

image_content = s3_client.get_object(Bucket=bucket_name, Key=bucket_prefix + people_image)['Body'].read()
response2=rekognition_client.search_faces_by_image(CollectionId=collection_id,
                    Image={'Bytes': image_content},
                    FaceMatchThreshold=threshold,
                    MaxFaces=maxFaces)

print(json.dumps(response2,default=str))
faceMatches=response2['FaceMatches']
print ('Matching faces', len(faceMatches))
for match in faceMatches:
    print(json.dumps(match,default=str))
    print ('FaceId:' + match['Face']['FaceId'])
    print ('Similarity: ' + "{:.2f}".format(match['Similarity']) + "%")
    print ('ExternalImageId: ' + match['Face']['ExternalImageId'])
    # step 6: 查看找到的面孔的邊界框
    targetimage = Image.open(BytesIO(image_content))
    imgWidth, imgHeight = targetimage.size

    draw = ImageDraw.Draw(targetimage)
    box = response2['SearchedFaceBoundingBox']

    left = imgWidth * box['Left']
    top = imgHeight * box['Top']
```

```python
    width = imgWidth * box['Width']
    height = imgHeight * box['Height']

    points = ((left,top),(left+width,top),(left+width,top+height),(left,top+height),(left,top))
    draw.line(points,fill='#00d400', width=15)

    img_bytes = BytesIO()
    targetimage.save(img_bytes, format='JPEG')
    img_bytes = img_bytes.getvalue()
    # Upload the modified image back to S3
    s3_client.put_object(Bucket=bucket_name, Key=bucket_prefix + people_image_box, Body=img_bytes)
```

圖 12-9　查看找到的人臉的邊界框

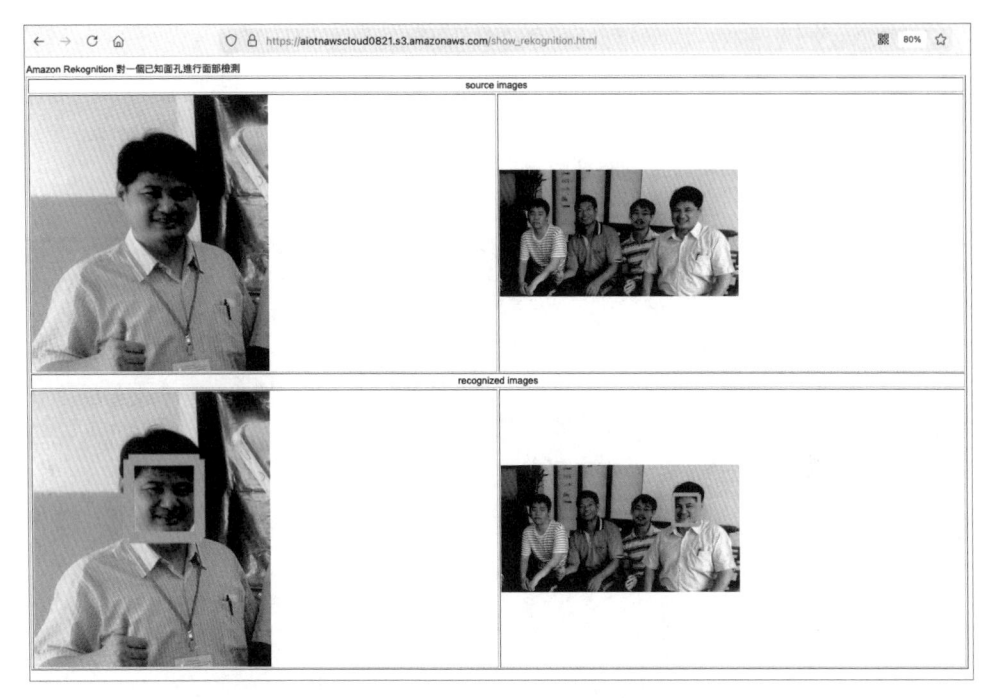

圖 12-10　檢視找到人臉的成果網頁

12.2.7　刪除集合

執行 **delete_collection.py** 刪除集合。

```
import boto3
import botocore

rekognition_client = boto3.client('rekognition')
# step 7. 刪除集合
collection_id = 'Collection'
print('Attempting to delete collection ' + collection_id)
status_code=0
try:
    response=rekognition_client.delete_collection(CollectionId=collection_id)
    status_code=response['StatusCode']
    print('All done!')
    print(status_code)

except botocore.exceptions.ClientError as e:
```

12-17

```python
    if e.response['Error']['Code'] == 'ResourceNotFoundException':
        print ('The collection ' + collection_id + ' was not found ')
    else:
        print ('Error other than Not Found occurred: ' + e.response['Error']['Message'])
    status_code=e.response['ResponseMetadata']['HTTPStatusCode']
```

圖 12-11　刪除集合

12.3 實驗：文字辨識從 Amazon S3 讀取

在本實驗中，將使用 Amazon Rekognition 進行車牌辨識，本實驗將提供這樣的整合練習：Python SDK + S3 + Rekognition。

12.3.1 啟動學習者實驗室

AWS Academy Learner Lab 是提供一個帳號讓學生可以自行使用 AWS 的服務，讓學生可以在 50 USD 的金額下，自行練習所要使用的 AWS 服務，在此先介紹一下 Learner Lab 基本操作與限制。在 AWS Academy 學習平台的入口首頁 https://www.awsacademy.com/LMS_Login，選擇以學生（Students）身分登錄，在課程選單中選擇 **AWS Academy Learner Lab - Foundation Services** 的課程，在課程選單中選擇 **單元**（Module），接著單擊〔啟動 AWS Academy Learner Lab〕，如下圖 12-12 所示。

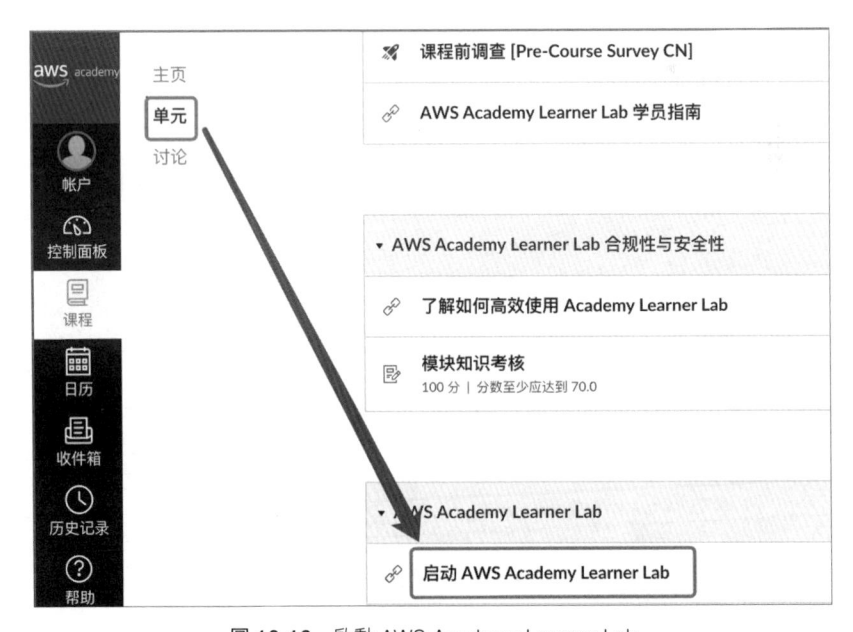

圖 12-12 啟動 AWS Academy Learner Lab

進入 **Learner Lab** 中，說明一下每個區塊，圖形在下方。

1. 用來啟動 AWS 管理控制台介面，必須是出現綠點才可以點擊，而出現綠點必須要先啟動實驗（Start Lab）。

2. 已用金額與全部實驗金額（Used $0.2 of $50）。

3. 工具列說明：

    - Start Lab：開始實驗帳號，這時候就可以使用 AWS 資源。
    - End Lab：就會停止計費，並把所有的 AWS 資源關閉，注意，這只是暫停這些資源，並不會回收。
    - AWS Details：可以取得使用者（IAM 用戶）相關的密鑰資料。
    - Readme：說明手冊，就是下方的 5.。
    - Reset：就會把目前所有的 AWS 設定好的資源都清除掉。

4. 切換說明的語系，**ZH-CN** 是簡體中文。

5. 說明手冊。

圖 12-13　Learner Lab 畫面說明

12.3.2　連接到 AWS Cloud9 IDE 並配置環境

AWS Cloud9 IDE 畫面與 VS Code 畫面相似，左手邊是功能視窗，可以檢視檔案與其他功能；右上方是檔案編輯畫面，可以進行檔案編輯，撰寫程式進行 AWS SDK 操作；右下方則是終端命令列介面，可以輸入指令，進行 AWS CLI 操作。

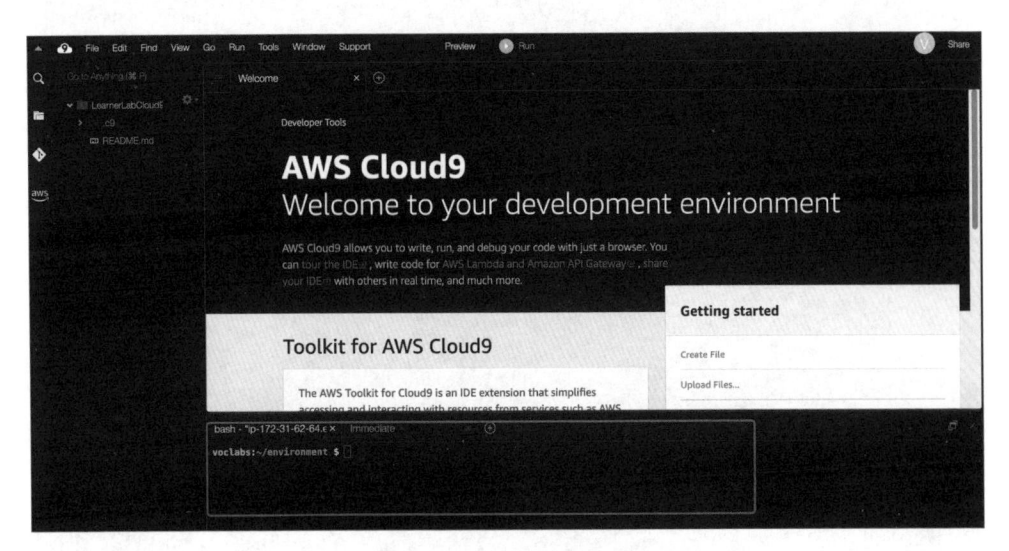

圖 12-14　AWS Cloud9 IDE

在下方的終端輸入以下指令，取得實驗所需要的資源，可以在左上角看到已下載的檔案。

```
git clone https://github.com/yehchitsai/AIoTnAWSCloud
```

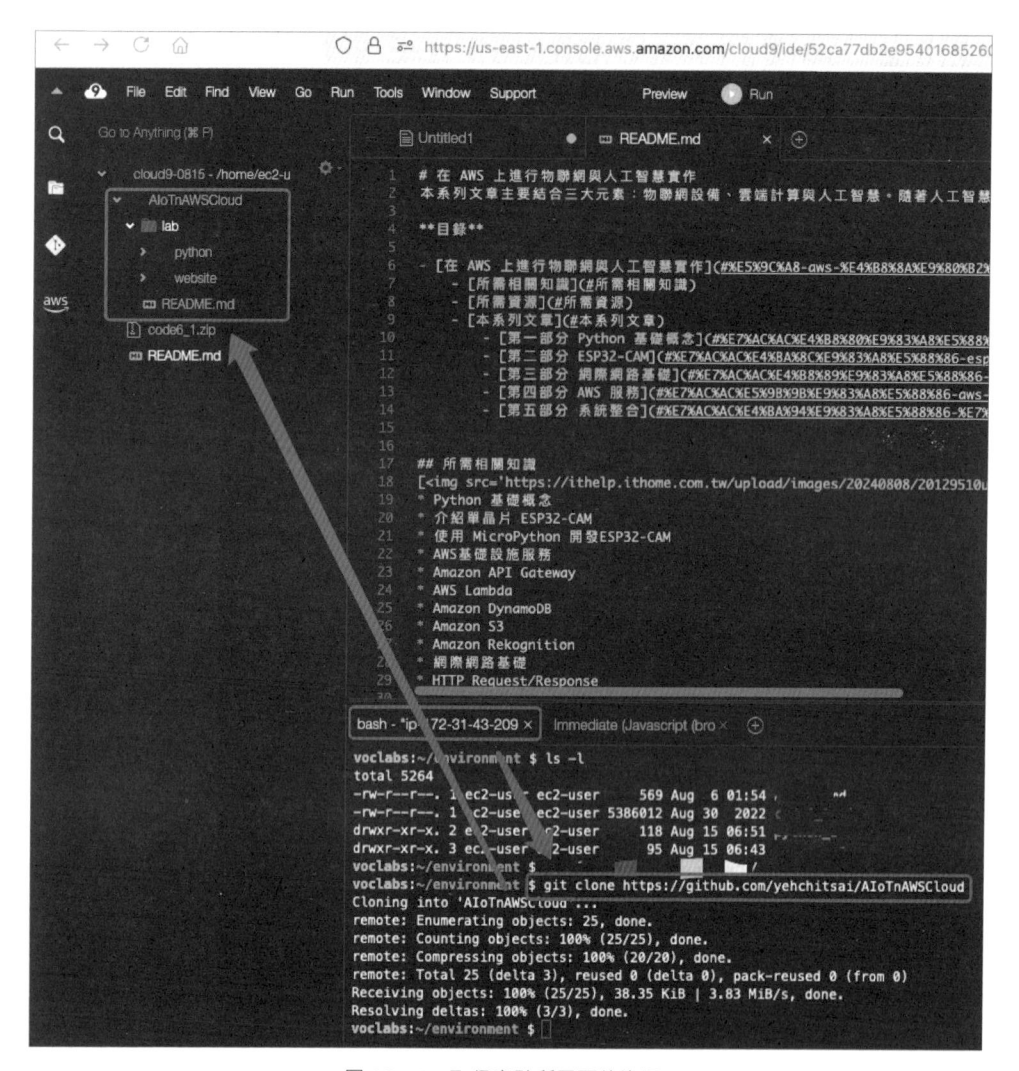

圖 12-15　取得實驗所需要的資源

12.3.3　將車牌圖像上傳到 S3

在 Cloud9 下方的終端輸入以下指令，將車牌圖像上傳到 S3，將 BUCKET_NAME 改為自己所建立的 S3 儲存貯體名稱。

```
aws s3 cp  AIoTnAWSCloud/lab/python/images s3://BUCKET_NAME/images/ --recursive
--cache-control "max-age=0"
```

圖 12-16　車牌 1　　　　　　　　　　圖 12-17　車牌 2

12.3.4　進行車牌辨識

車牌是屬於文字,所以使用 Amazon Rekognition 的 detect_text() 方法來辨識,只是辨識出來不只是車牌,而是整個圖像上的所有文字,所以要再進行篩選,因為在這個情境下,通常會以最大面積的文字視為辨識的標的,所以我們找出最大面積的文字部分,此外,辨識的回傳結果中,主要會有兩種類型:LINE 與 WORD,每個單字(WORD)和行(LINE)都有一個標識符(Id),每個單字都屬於一行,並具有一個父標識符(ParentId),用於標識該單字出現的文字行。

1. 從 S3 載入圖片 get_object

2. 識別圖像中的文字 detect_text

3. 找出類型為 LINE 且文字面積最大的結果 for text_block in

將 BUCKET_NAME 改為自己所建立的 S3 儲存貯體名稱，執行 **detect_text.py**。

```python
import boto3, json
from io import BytesIO

rekognition_client = boto3.client('rekognition')
s3_client = boto3.client('s3')

bucket_name = "BUCKET_NAME"
bucket_prefix = 'images/'
target_image = "scooter_1.jpg"

image_content = s3_client.get_object(Bucket=bucket_name, Key=bucket_prefix + target_image)['Body'].read()

response = rekognition_client.detect_text(Image={'Bytes': image_content})
print(" 共找到 ", len(response['TextDetections'])," 筆結果 ")
area = 0
id = 0
# 找出類型為 LINE 且文字面積最大的結果
for text_block in response['TextDetections']:
    print(" 第 ",(text_block['Id']+1),' 筆文字為 :',text_block['DetectedText'],', 類型為 :',text_block['Type'])
    if text_block['Type'] == "LINE":
        box = text_block['Geometry']['BoundingBox']
        text_area = box['Width'] * box['Height']
        if text_area>area:
            area = text_area
            id = text_block['Id']

print("\n類型為 LINE 且文字面積最大的結果為 :",response['TextDetections'][id]['DetectedText'])
```

圖 **12-18** 在 cloud9 辨識車牌 1

圖 12-19　在 cloud9 辨識車牌 2

Chapter **13**

整合實驗：車牌辨識從定義規格開始

學習目標

1. 整合實驗：車牌辨識 – 定義功能
2. 實驗：後端 – API Gateway 上傳圖片並使用 POSTMAN 檢驗結果

13.1 整合實驗：車牌辨識 – 定義功能

13.1.1 實驗說明

接下來要進行 ESP3-CAM 與 AWS 的整合，而使用的實驗為常見的停車場的車牌辨識，利用 ESP32-CAM 來取得車牌的圖像，上傳給 AWS 進行車牌辨識，需要的功能如下：

- ESP32-CAM 的拍照功能。
- ESP32-CAM 上傳影像到 AWS。
- AWS 根據設定來決定是否進行影像辨識。
- 把辨識結果存取到資料庫中。
- 提供網頁來設定是否進行影像辨識、顯示即時車牌圖像、顯示辨識結果。

從下圖可以看出，前端的 ESP32-CAM 與網頁具有以下功能：

- ESP32-CAM：拍照、上傳圖片。
- Web 用戶端：觀看圖片、要求是否辨識、觀看結果。

而在 AWS 雲中每個資源應該提供的服務為：

- Amazon S3：提供操作介面的網頁與車牌圖像。
- Amazon API Gateway：提供上傳圖像、設定是否進行車牌辨識、查詢辨識記錄等功能。
- Lambda function：儲存圖像、存取資料庫、進行車牌辨識。
- Amazon Rekognition：辨識圖像回傳文字結果。
- DynamoDB：記錄辨識結果、是否進行辨識等資料。

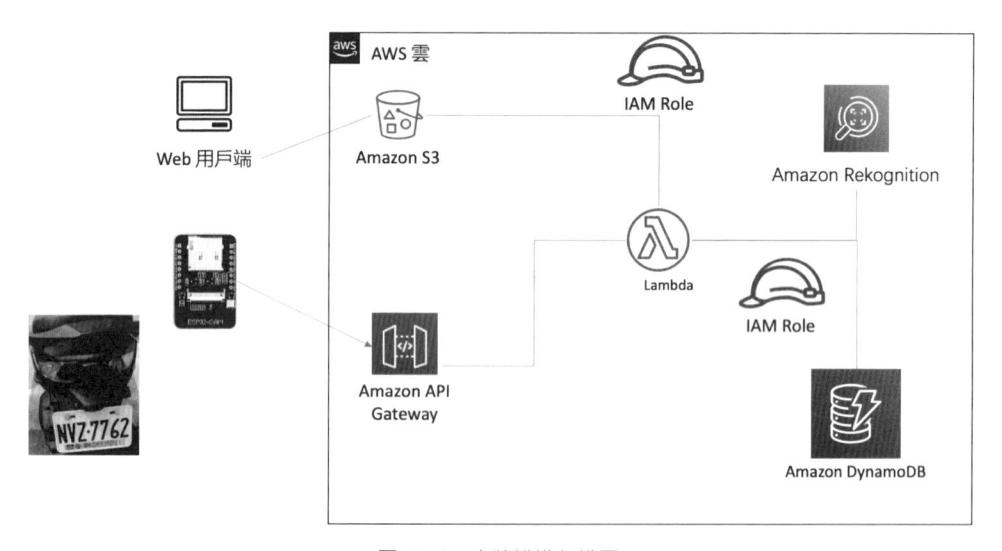

圖 13-1　車牌辨識架構圖

13.1.2　後端功能

根據上面的分析，可以發現需要呼叫 Amazon API Gateway 共有三個，所以我們定義這三個 API 的規格，而在規格中只定義資源，因為端點（endpoint）– API Gateway + stage + 資源，所以可以自行轉換為需要的端點內容。

表 13-1　第一個 API 的規格

欄位	值
說明	上傳圖像
資源	upload_image
傳輸方式	POST
編碼	content-type：application/json
上傳參數說明	

欄位	說明
key	圖像資料轉換成 base64 格式
回傳欄位說明	

欄位	說明
image_url	文字，格式：URL

表 13-2　第二個 API 的規格

欄位	值
說明	設定車牌辨識選項
資源	set_recognition
傳輸方式	POST
編碼	content-type：application/json
上傳參數說明	

欄位	說明
enable	數字，0 或 1
回傳欄位說明	

欄位	說明
status	文字，success/fail

表 13-3　第三個 API 的規格

欄位	值
說明	查詢辨識記錄
資源	query_record
傳輸方式	POST
編碼	content-type：application/json

上傳參數說明

欄位	說明
start_time	文字，格式："yyyy-mm-ddThh-mm-ss"
end_time	文字，格式："yyyy-mm-ddThh-mm-ss"
範例	{"start_time"："2024-08-30T08：40：41", "end_time"："2024-08-30T08：50：41"}

回傳欄位說明

欄位	說明
status	文字，success/fail
results	陣列
+date_time	文字
+detected_text	文字
+image_url	文字

可以發現，以上三個 API 並沒有進行辨識的動作，而這個動作可以另外獨立出來，設定為當 S3 有遇到檔案寫入時再來觸發 Lambda 函數，進行檢驗是否需要辨識與辨識功能；也可以寫在 upload_image 這個 API 中，讓這個 API 需要執行以下三個功能：

1. 檢驗是否需要辨識。

2. 辨識功能。

3. 寫入圖像。

本次實驗將採用前者。

13.1.3　前端功能

前端有兩個：ESP32-CAM 與 Web 用戶端，分別說明如下：

ESP32-CAM

因為物聯網設備開發比較不容易，所以我們只完成以下功能：

1. 設定燈號：準備中與運作中，運作中指的就是拍照與上傳圖片，其他狀況都是準備中。準備中的燈後閃爍頻率是 500ms，運作中則是 100ms。

2. 連上網路：連上網際網路，供後續操作之用。

3. 網路校時：確保裝置時間與其他裝置一致。

4. 拍照：設定攝影機並定時拍照，2 秒拍一張。

5. 上傳圖片：拍完後立刻上傳到 AWS，使用 **upload_image** API。

Web 用戶端

用來作為使用者操作整個系統之用，畫面設計如下圖 13-2 所示，分別具有以下功能：

1. 車牌圖像區：用來顯示圖像，每秒會跟 S3 索取圖像更新。

2. 是否開始辨識：使用 **set_recognition** API，如果設定為啟用，會一併呼叫 **query_record** API，傳入現在時間，將結果回傳給下方的表格區。

3. 辨識結果表格：呼叫 **query_record** API，傳入指定時間，將結果回傳給結果表格。

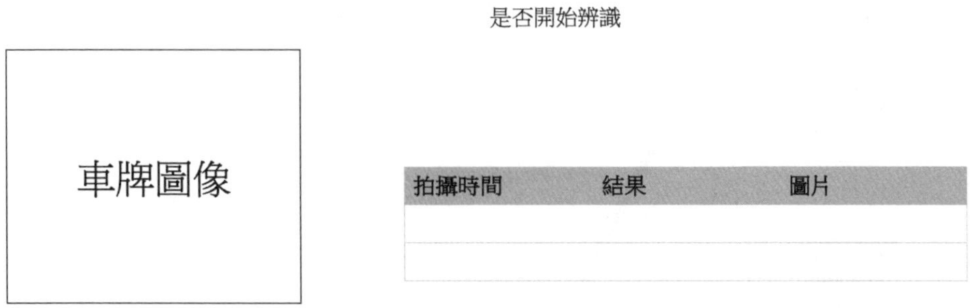

是否開始辨識

拍攝時間	結果	圖片

車牌圖像

圖 13-2 Web 用戶端畫面設計

13.2 實驗：後端 – API Gateway 上傳圖片並使用 POSTMAN 檢驗結果

本實驗主要的目的是建立上傳圖像的 REST API 服務，本實驗將提供這樣的整合練習：API Gateway + Lambda + S3 + POSTMAN。

13.2.1 啟動學習者實驗室

AWS Academy Learner Lab 是提供一個帳號讓學生可以自行使用 AWS 的服務，讓學生可以在 50 USD 的金額下，自行練習所要使用的 AWS 服務，在此先介紹一下 Learner Lab 基本操作與限制。在 AWS Academy 學習平台的入口首頁 https://www.awsacademy.com/LMS_Login，選擇以學生（Students）身分登錄，在課程選單中選擇 **AWS Academy Learner Lab - Foundation Services** 的課程，在課程選單中選擇**單元**（Module），接著單擊〔啟動 AWS Academy Learner Lab〕，如下圖 13-3 所示。

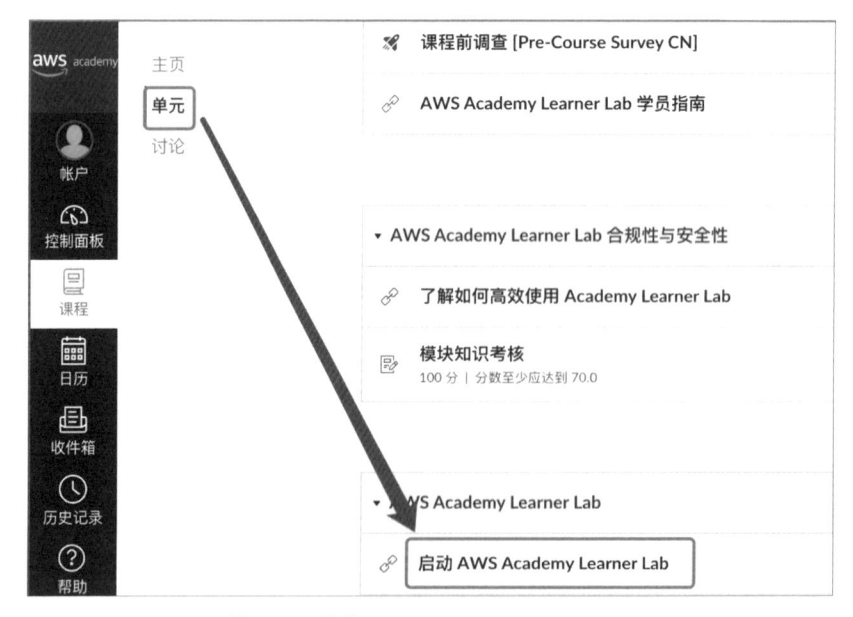

圖 13-3　啟動 AWS Academy Learner Lab

進入 **Learner Lab** 中,說明一下每個區塊,圖形在下方。

1. 用來啟動 AWS 管理控制台介面,必須是出現綠點才可以點擊,而出現綠點必須要先啟動實驗(Start Lab)。

2. 已用金額與全部實驗金額(Used $0.2 of $50)。

3. 工具列說明:

   - Start Lab:開始實驗帳號,這時候就可以使用 AWS 資源。

   - End Lab:就會停止計費,並把所有的 AWS 資源關閉。注意,這只是暫停這些資源,並不會回收。

   - AWS Details:可以取得使用者(IAM 用戶)相關的密鑰資料。

   - Readme:說明手冊,就是下方的 5.。

   - Reset:就會把目前所有的 AWS 設定好的資源都清除掉。

4. 切換說明的語系,**ZH-CN** 是簡體中文。

5. 說明手冊。

圖 13-4　Learner Lab 畫面說明

13.2.2 上傳圖像 Lambda Function

ESP32-CAM 進入 Lambda 控制台，建立一個新的 AWS Lambda 函數，配置如下：

建立函數

圖 13-5　新增 Lambda 函數

編碼

功能說明

- 判定請求方法為 POST httpMethod

- 獲取 base64 圖像資料 requestBody['key']

- 將 base64 資料轉換成圖像二進制資料 base64.decodebytes
- 儲存在 S3 中 put_object

  將程式碼中的 BUCKET_NAME 更換為所對應的 S3 儲存貯體名稱。

put_image_func

```python
import json
import boto3
import logging
from botocore.exceptions import ClientError
import base64

# 存放圖片的 S3 存儲桶
output_bucket = 'BUCKET_NAME'
# 存放在 S3 存儲桶中的檔案名稱
s3_key_value = 'source/esp32-cam2s3.jpg'
s3_client = boto3.client('s3')
logger = logging.getLogger(__name__)
result = { "image_url":"", "status":"" }

def lambda_handler(event, context):
  requestMethod = event['httpMethod']
  # HTTP 請求方式為 POST 才做後續處理
  if requestMethod=='POST':
    # 寫入圖像
    try:
        requestBody = json.loads(event['body'])
        image_64_decode = base64.decodebytes(requestBody['key'].encode())
        response = s3_client.put_object(
            Body=image_64_decode,
            Bucket=output_bucket,
            Key=s3_key_value
        )
    except ClientError as err:
        logger.error(
            "寫入圖像失敗. Here's why: %s: %s",
            err.response["Error"]["Code"],
            err.response["Error"]["Message"],
        )
        result["status"] = "fail-寫入圖像失敗"
        return {
```

```python
            'statusCode': 200,
            'body': json.dumps(result)
        }

    result["image_url"] = 'https://' + output_bucket + '.s3.amazonaws.com/' + s3_key_value
    result["status"] = "success"
    return {
        'statusCode': 200,
        'body': json.dumps(result)
    }
else:
# HTTP 請求方式非 POST 回傳錯誤
    result["status"] = "fail-method error"
    return {
        'statusCode': 200,
        'body': json.dumps(result)
    }
```

部署

編寫完成程式碼之後，由於還沒有部署，無法進行測試或者調用。部署類似於將程式碼同步到 Lambda 函數中，部署程式碼，點擊〔Deploy〕，撰寫完程式碼之後需要部署程式碼，之後才能進行測試。

測試 / 調用

編寫完成程式碼並且部署成功之後，可以進行測試 / 調用 Lambda 函數，得到結果。

編輯測試事件

- 點擊 **Test**
- 設定測試事件
    - 測試事件動作 – **建立新事件**
    - 事件名稱 – **api_Event**
    - 事件共享設定 – 私有

- 範本 – API Gateway AWS Proxy
- 事件 JSON – 會自動生成

圖 13-6　設定測試事件

- 點擊〔儲存〕，完成設定。

串接 API Gateway

打開 API Gateway 控制台，新增一個 REST API。

建立 REST API 配置

- API：建立新的 REST API
- API 名稱：dateAPI（**note**：可以自定）
- API 端點類型：區域

圖 13-7　建立 REST API 配置

建立資源

建立 dateAPI REST API 的資源 upload_image，這名稱是根據先前的 API 規格來決定。

圖 13-8　建立 REST API 資源

建立方法

在資源 upload_image 下新增一個 POST 方法：

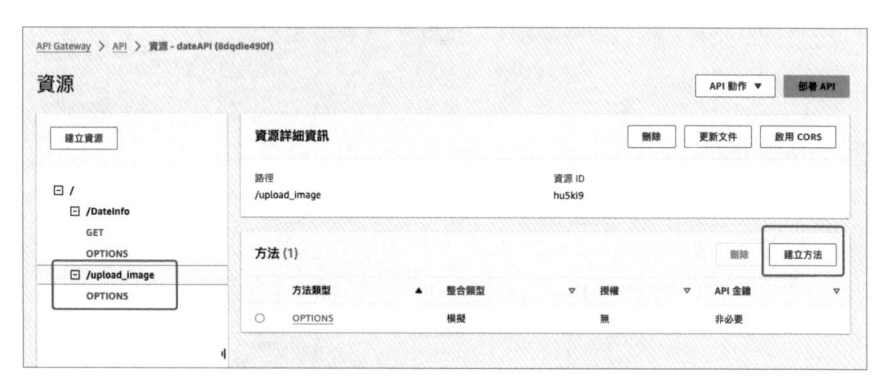

圖 13-9　建立 REST API 資源方法

- 方法類型：POST

- 整合類型：Lambda 函數

- 打開 Lambda 代理整合

- 選擇先前設計的 Lambda 函數：put_image_func

- 執行角色：LabRole（可以到 IAM 視窗中找到這個 arn，如下圖 13-10）

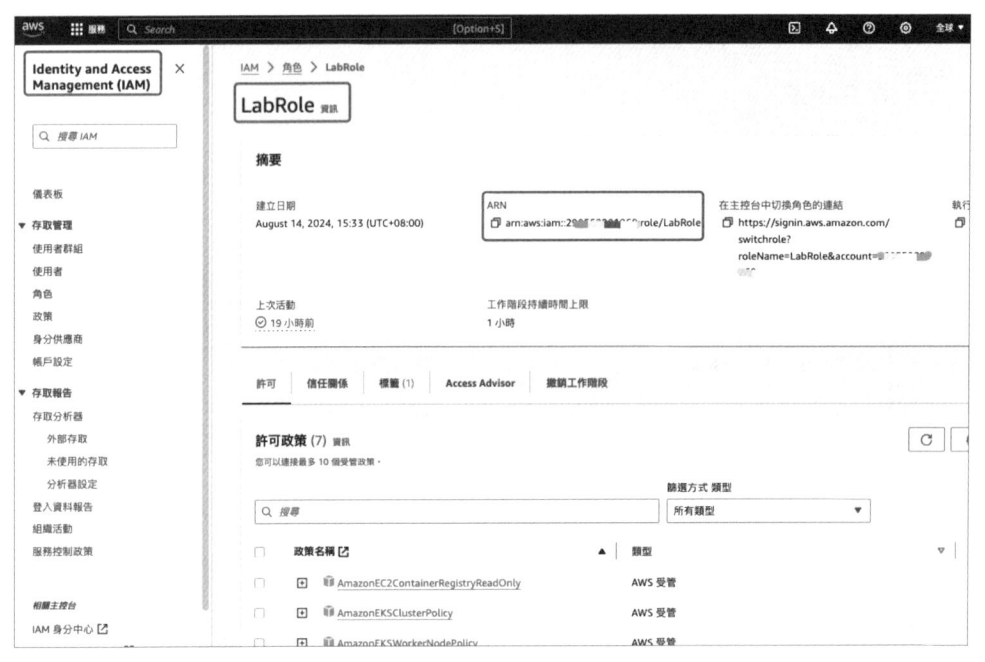

圖 13-10　在 IAM 控制台找到 LabRole 的 ARN

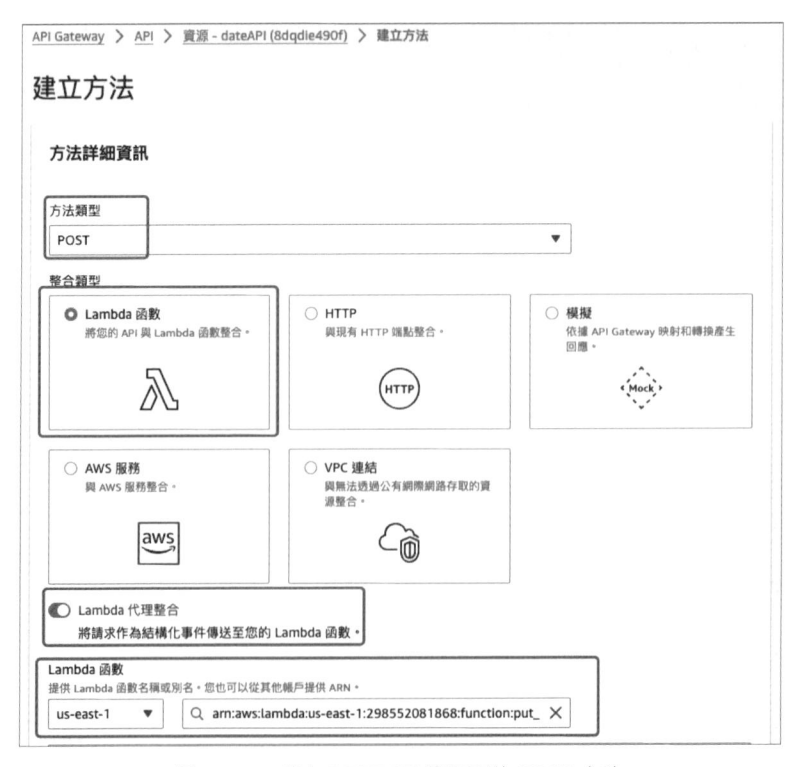

圖 13-11　建立 REST API 資源下的 POST 方法

部署 API

在左側的資源選單中,可以找到資源畫面的右上方有〔部署 AP〕按鈕,點擊後選擇〔新階段〕,階段名稱為 dev 後,進行〔部署〕。

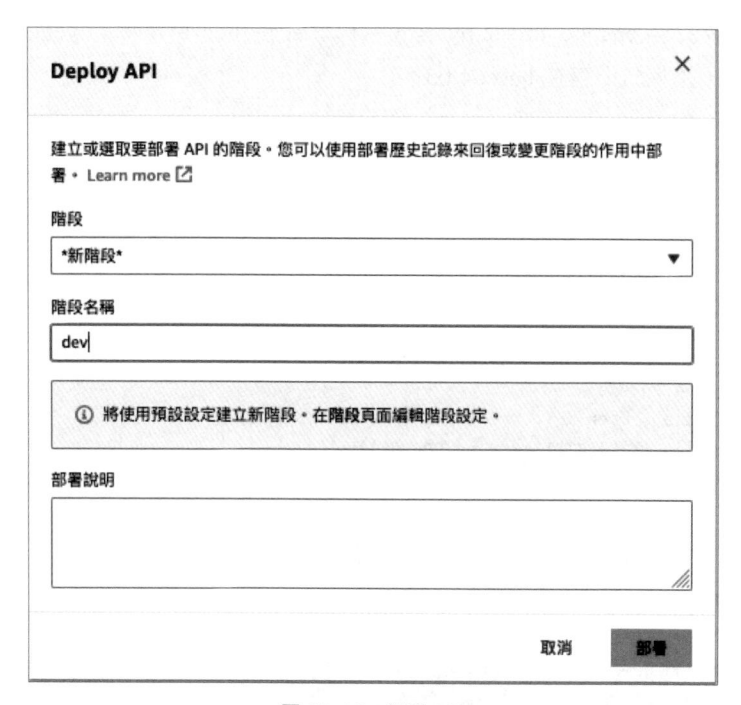

圖 13-12　部署 API

完成部署後,選擇〔階段〕選單,找到**叫用 URL**,並複製起來。

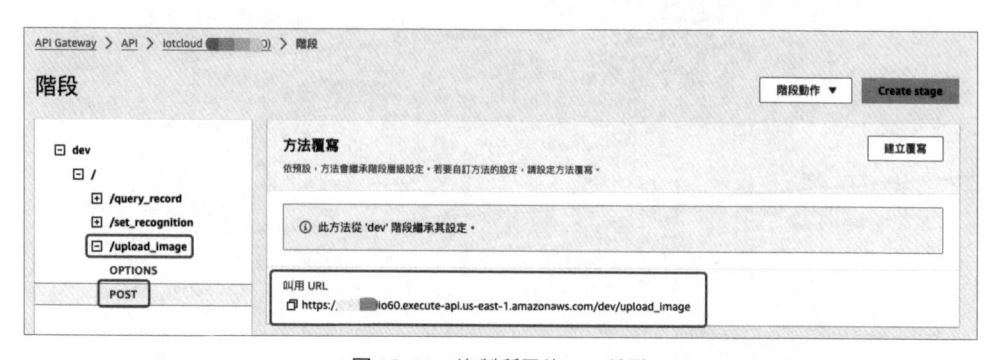

圖 13-13　複製所需的 API 端點

13.2.3　生成測試資料 – base64

因為程式碼需要讀取使用者傳來的資料,所以需要用 POSTMAN 來傳圖片資料,而圖片資料需要轉換成 base64 格式,所以需要撰寫額外的程式碼來進行轉換,進入 Cloude9 打開 encode_image.py 程式,它會將 python 目錄中的 yehchitsai.jpg 圖片進行編碼,並將結果存在 base64.txt。

```python
# convert base64 to image
import base64
import pathlib

current_path = str(pathlib.Path(__file__).parent.resolve())
image = open(current_path + '/images/yehchitsai.jpg', 'rb')
image_read = image.read()
image_64_encode = base64.encodebytes(image_read)
# print(image_64_encode)
image_encode_file = open(f'{current_path}/base64.txt','w')
image_encode_file.write(str(image_64_encode))
image_encode_file.close()
```

執行完上述程式後,它會將 base64 的資料存在 base64.txt 中,複製 b' 這裡的資料,不包含前後單引號 '。

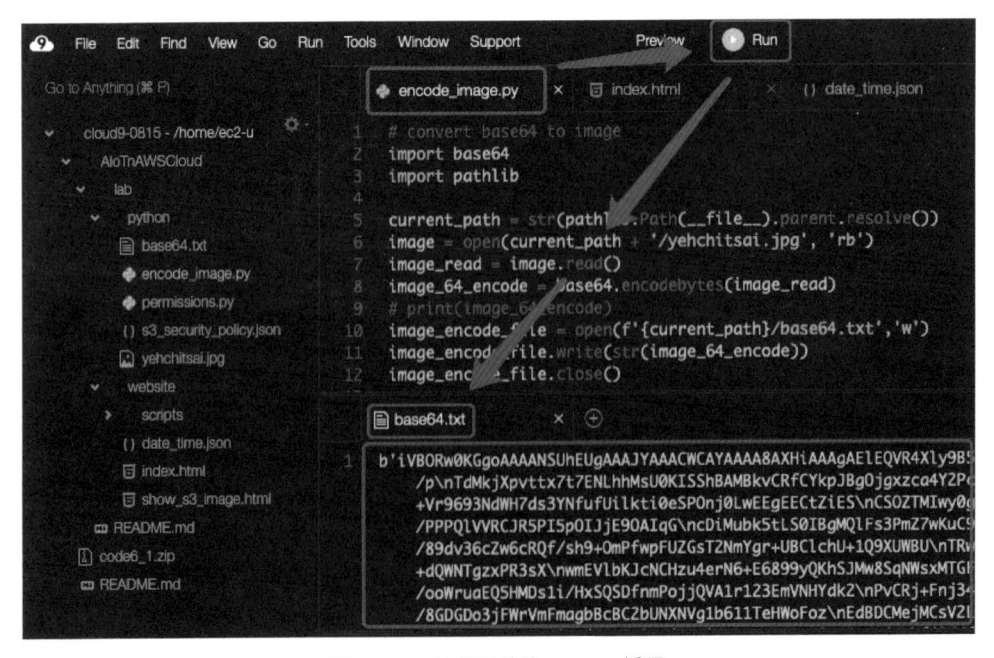

圖 13-14　取得圖片的 base64 編碼

13.2.4 使用 Postman 測試

接著使用常見的 API 測試軟體來進行測試，在本機端打開 Postman，並輸入相關的配置。

- URL 網址：將上圖中的 **API endpoint** 輸入
- 請求方法：POST
- Body：選擇 raw，格式為 JSON

接著點擊送出 **Send** 就得到完整的請求訊息響應（Response），即為上傳到 S3 的網址。

圖 13-15 取得圖片的 S3 的網址

13.2.5 確認圖片內容

進入 S3 控制台，檢視圖片所在位置，如下圖 13-16 所示。

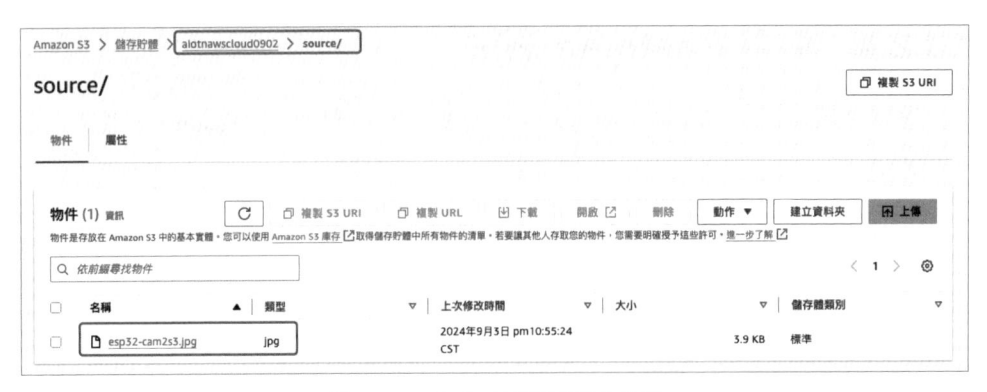

圖 13-16　在 S3 檢視圖片所在位置

Chapter 14

後端實作 – 整合 API + 資料庫 + AI

學習目標

1. 實驗：後端 – API Gateway 設定車牌辨識選項
2. 實驗：後端 – 觸動 S3 事件進行文字辨識
3. 實驗：後端 – API Gateway 查詢辨識記錄

14.1 實驗：後端 – API Gateway 設定車牌辨識選項

本實驗主要的目的是建立設定車牌辨識選項的 REST API 服務，透過這個 REST API 來設定資料表中的組態設定，決定是否進行圖形文字辨識功能，本實驗將提供以下的整合練習：API Gateway + Lambda + DynamoDB + POSTMAN。

14.1.1 啟動學習者實驗室

AWS Academy Learner Lab 是提供一個帳號讓學生可以自行使用 AWS 的服務，讓學生可以在 50 USD 的金額下，自行練習所要使用的 AWS 服務，在此先介紹一下 Learner Lab 基本操作與限制。在 AWS Academy 學習平台的入口首頁 https://www.awsacademy.com/LMS_Login，選擇以學生（Students）身分登錄，在課程選單中選

擇 **AWS Academy Learner Lab - Foundation Services** 的課程，在課程選單中選擇 **單元**（Module），接著單擊〔啟動 AWS Academy Learner Lab〕，如下圖 14-1 所示。

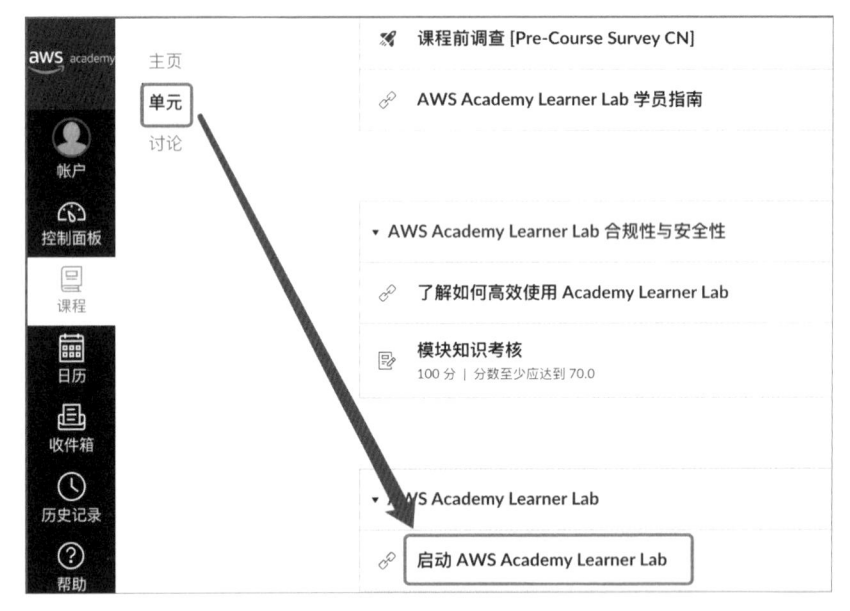

圖 14-1　啟動 AWS Academy Learner Lab

進入 **Learner Lab** 中，說明一下每個區塊，圖形在下方。

1. 用來啟動 AWS 管理控制台介面，必須是出現綠點才可以點擊，而出現綠點必須要先啟動實驗（Start Lab）。

2. 已用金額與全部實驗金額（Used $0.2 of $50）。

3. 工具列說明：

    - Start Lab：開始實驗帳號，這時候就可以使用 AWS 資源。
    - End Lab：就會停止計費，並把所有的 AWS 資源關閉。注意，這只是暫停這些資源，並不會回收。
    - AWS Details：可以取得使用者（IAM 用戶）相關的密鑰資料。
    - Readme：說明手冊，就是下方的 5.。
    - Reset：就會把目前所有的 AWS 設定好的資源都清除掉。

4. 切換說明的語系，**ZH-CN** 是簡體中文。

5. 說明手冊。

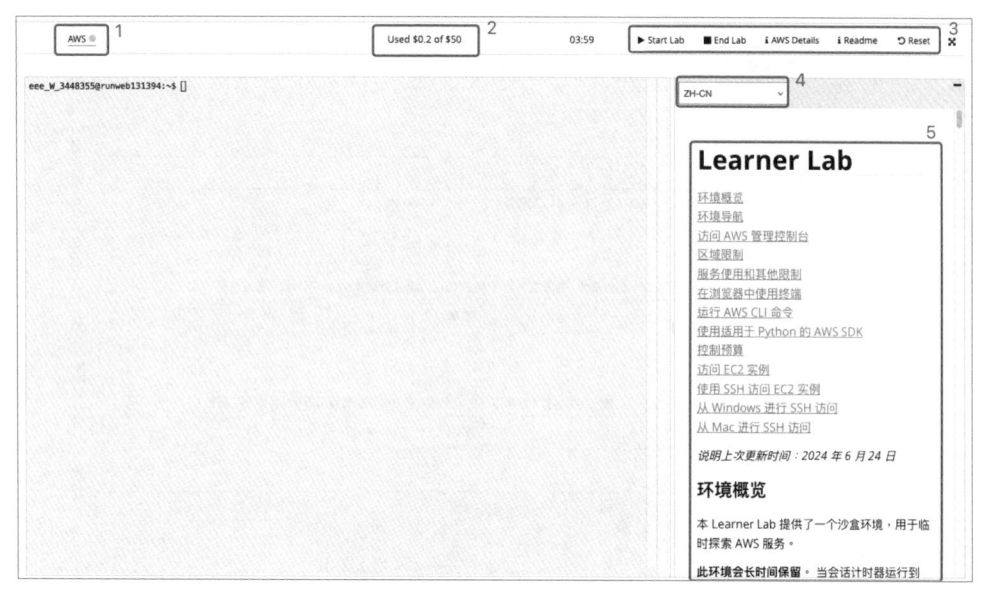

圖 14-2　Learner Lab 畫面說明

14.1.2　建立資料表

進入 DynamoDB 控制台，點擊〔資料表〕→〔建立資料表〕，配置如下：

- 資料表名稱：cfg_table

- 分區索引鍵：cfg_name

- 資料表設定：自訂設定

- 選擇資料表類別：DynamoDB 標準

- 容量模式：隨需

圖 14-3　建立資料表 cfg_table

建立項目

cfg_name：DETECT_TEXT

cfg_value：0

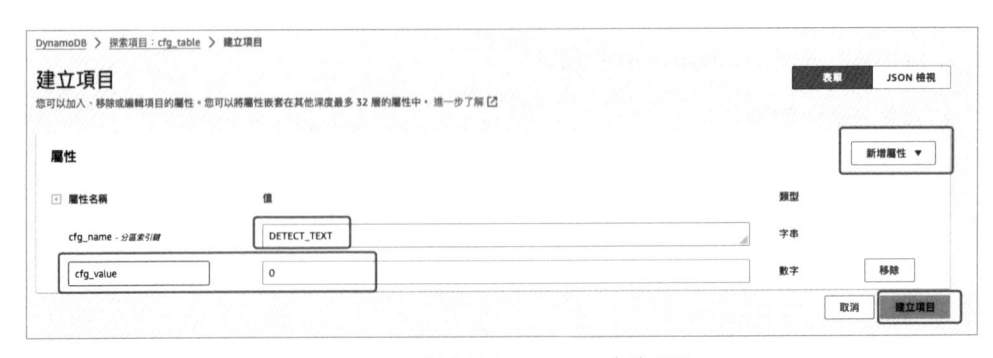

圖 14-4　新增資料表 cfg_table 中的項目

14.1.3　設定車牌辨識選項的 Lambda Function

進入 Lambda 控制台，建立一個新的 AWS Lambda 函數，配置如下：

▍建立函數

圖 14-5　新增 Lambda 函數

▍編碼

功能說明

- 判定請求方法為 POST httpMethod

- 獲取傳過來的 enable 資料 requestBody['enable']

- 更新資料表的資料 config_table.update_item

```python
set_recognition_api
import json
import boto3
import logging
from botocore.exceptions import ClientError

logger = logging.getLogger(__name__)
dyn_resource = boto3.resource("dynamodb")
table_name = 'cfg_table'
config_table = dyn_resource.Table(table_name)

def lambda_handler(event, context):
    result = {"status":"fail" }
    print(event['httpMethod'])
    requestMethod = event['httpMethod']
    # HTTP 請求方式為 POST 才做後續處理
    if requestMethod=='POST':
        # 設定車牌辨識選項
        try:
            print(event['body'])
            requestBody = json.loads(event['body'])
            result["status"] = "fail- 參數有誤 "
            if requestBody.get('enable'):
                if requestBody['enable'] in ['1','0']:
                    res = config_table.update_item(
                        Key = {"cfg_name": 'DETECT_TEXT'},
                        UpdateExpression = "SET cfg_value = :v ",
                        ExpressionAttributeValues={
                            ":v": requestBody['enable']
                        },
                        ReturnValues="UPDATED_NEW"
                    )
                    result["status"] = "success"

        except ClientError as err:
            logger.error(
                " 設定車牌辨識選項 . Here's why: %s: %s",
                err.response["Error"]["Code"],
                err.response["Error"]["Message"],
            )
            result["status"] = "fail- 設定車牌辨識選項 "
        finally:
            return {
                'statusCode': 200,
```

```
                "headers": {
                    "Access-Control-Allow-Headers": 'Content-Type,X-Amz-
Date,Authorization,X-Api-Key,X-Amz-Security-Token',
                    "Access-Control-Allow-Methods": 'GET',
                    "Access-Control-Allow-Origin": '*'
            },
                'body': json.dumps(result)
        }
    else:
    # HTTP 請求方式非 POST 回傳錯誤
        result["status"] = "fail-method error"
        return {
            'statusCode': 200,
            'body': json.dumps(result)
        }
```

部署

編寫完成程式碼之後，由於還沒有部署，無法進行測試或者調用。部署類似於將程式碼同步到 Lambda 函數中，部署程式碼，點擊 **Deploy**，撰寫完程式碼之後需要部署程式碼，之後才能進行測試。

測試 / 調用

編寫完成程式碼並且部署成功之後，可以進行測試 / 調用 Lambda 函數，得到結果。

編輯測試事件

- 點擊 **Test**
- 設定測試事件
- 測試事件動作 – **建立新事件**
- 事件名稱 – **api_Event**
- 事件共享設定 – 私有
- 範本 – **API Gateway AWS Proxy**
- 事件 JSON – 會自動生成

圖 14-6　設定測試事件

- 點擊〔儲存〕，完成設定。

提供了串接 API Gateway

打開 API Gateway 控制台，選擇〈13.2 實驗：後端 – API Gateway 上傳圖片並使用 POSTMAN 檢驗結果〉所建立的 REST API（dateAPI）。

建立資源

建立 dateAPI REST API 的資源 set_recognition，這名稱是根據先前的 API 規格來決定。

圖 14-7　建立 REST API 資源

建立方法

在資源 set_recognition 下新增一個 POST 方法。

- 方法類型：**POST**
- 整合類型：**Lambda 函數**
- 打開 **Lambda 代理整合**
- 選擇先前設計的 Lambda 函數：set_recognition_func
- 執行角色：**LabRole**（可以到 IAM 視窗中找到這個 arn，如下圖）

圖 14-8　在 IAM 控制台找到 LabRole 的 ARN

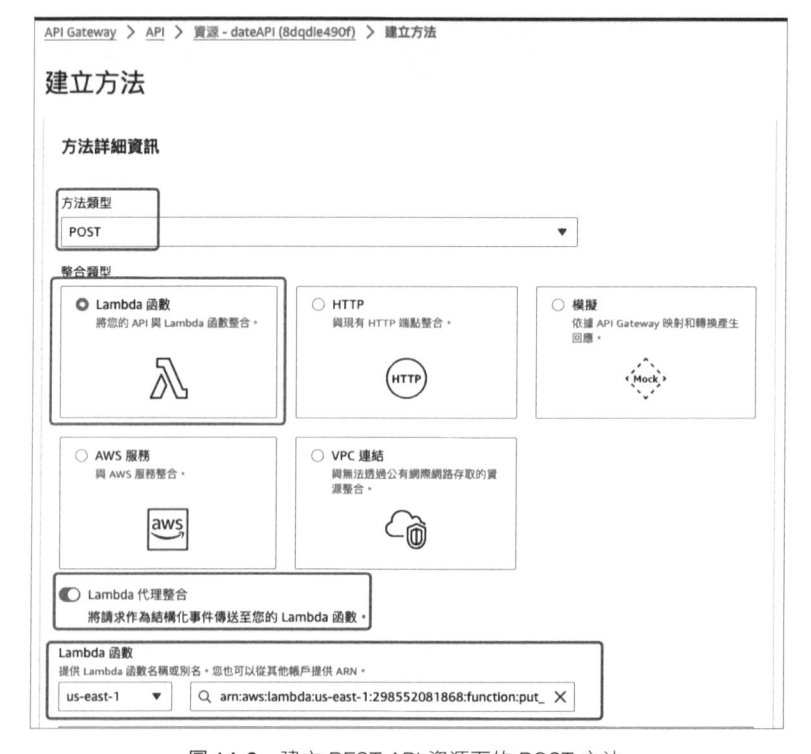

圖 14-9　建立 REST API 資源下的 POST 方法

部署 API

在左側的資源選單中，可以找到資源畫面的右上方有〔部署 API〕按鈕，點擊後選擇〔新階段〕，階段名稱為 dev 後，進行〔部署〕。

圖 14-10　部署 API

完成部署後，選擇〔階段〕選單，找到〔叫用 URL〕，並複製起來。

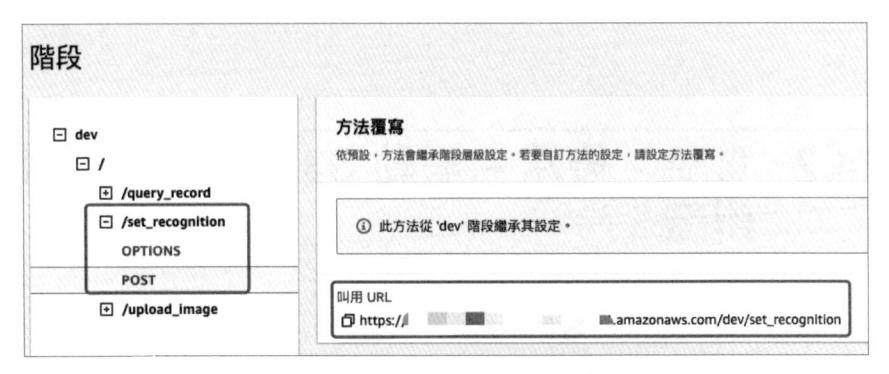

圖 14-11　複製所需的 API 端點

14.1.4　使用 Postman 測試

接著使用常見的 API 測試軟體來進行測試，在本機端打開 Postman，並輸入相關的配置。

- URL 網址：將上圖中的 API endpoint 輸入
- 請求方法：POST
- Body：選擇 raw，格式為 JSON

接著點擊送出 Send 就得到完整的請求訊息響應（Response），即為更新資料表的結果。

圖 14-12　取得圖片的 S3 的網址

14.2　實驗：後端 – 觸動 S3 事件進行文字辨識

本實驗主要是接續〈13.2 實驗：後端 – API Gateway 上傳圖片並使用 POSTMAN 檢驗結果〉，當將上傳的圖片儲存到 S3 儲存貯體後，要進行後續的車牌辨識，場景描述如下：

1. 當圖片存入 S3 儲存貯體時，觸動程式來處理圖片的文字辨識。
2. 判斷是否啟用車牌辨識選項，如否則不進行後續，如是則執行步驟 3。
3. 使用 Amazon Rekognition 進行辨識文字功能。
4. 寫入圖像到 S3 儲存貯體另一位置，作為後續查看之用。
5. 寫入辨識結果到 DynamoDB 資料表中。

本實驗將提供以下的整合練習：S3 + S3 event + Lambda + Amazon Rekognition + DynamoDB + POSTMAN。

14.2.1　啟動學習者實驗室

AWS Academy Learner Lab 是提供一個帳號讓學生可以自行使用 AWS 的服務，讓學生可以在 50 USD 的金額下，自行練習所要使用的 AWS 服務，在此先介紹一下 Learner Lab 基本操作與限制。在 AWS Academy 學習平台的入口首頁 https://www.awsacademy.com/LMS_Login，選擇以學生（Students）身分登錄，在課程選單中選擇 **AWS Academy Learner Lab - Foundation Services** 的課程，在課程選單中選擇 **單元**（Module），接著單擊〔啟動 AWS Academy Learner Lab〕，如下圖 14-13 所示。

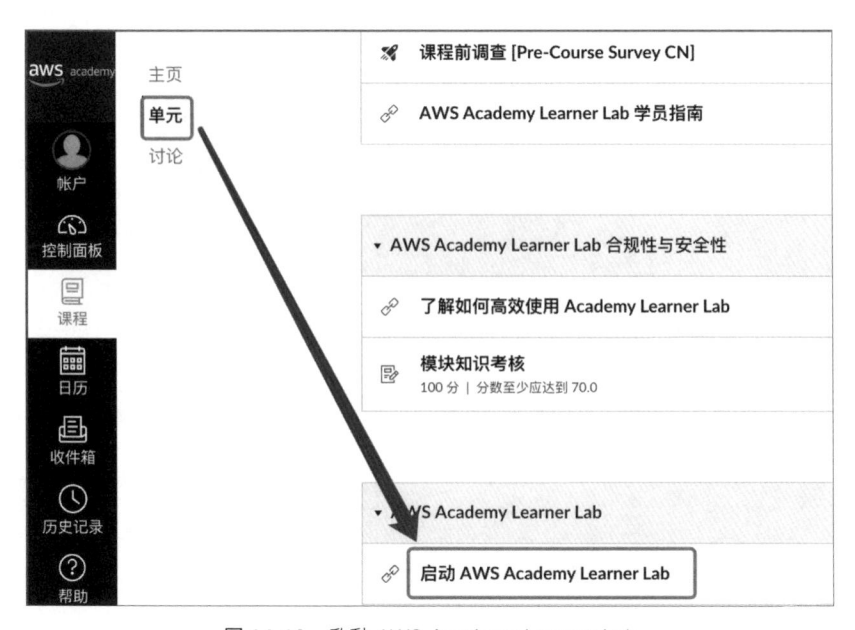

圖 14-13　啟動 AWS Academy Learner Lab

進入 **Learner Lab** 中，說明一下每個區塊，圖形在下方。

1. 用來啟動 AWS 管理控制台介面，必須是出現綠點才可以點擊，而出現綠點必須要先啟動實驗（Start Lab）。

2. 已用金額與全部實驗金額（Used $0.2 of $50）。

3. 工具列說明：

    - Start Lab：開始實驗帳號，這時候就可以使用 AWS 資源。
    - End Lab：就會停止計費，並把所有的 AWS 資源關閉，注意，這只是暫停這些資源，並不會回收。
    - AWS Details：可以取得使用者（IAM 用戶）相關的密鑰資料。
    - Readme：說明手冊，就是下方的 5.。
    - Reset：就會把目前所有的 AWS 設定好的資源都清除掉。

4. 切換說明的語系，**ZH-CN** 是簡體中文。

5. 說明手冊。

圖 14-14　Learner Lab 畫面說明

14.2.2 建立資料表

進入 DynamoDB 控制台,點擊〔資料表〕→〔建立資料表〕,配置如下:

- 資料表名稱:detect_result_table
- 分區索引鍵:date_time
- 資料表設定:自訂設定
- 選擇資料表類別:DynamoDB 標準
- 容量模式:隨需

圖 14-15　建立資料表 cfg_table

14.2.3　設定車牌辨識選項的 Lambda Function

進入 Lambda 控制台，建立一個新的 AWS Lambda 函數，配置如下：

建立函數

圖 14-16　新增 Lambda 函數

編碼

功能說明

- 取得 S3 儲存貯體與物件名稱
- 讀取 DynamoDB 資料表，判斷是否啟用車牌辨識選項
- Amazon Rekognition 文字辨識功能
- 保存圖片至 S3 儲存貯體
- 寫入 DynamoDB 資料表

程式碼較多，所以只張貼部分代碼，完整代碼請到 github 下載。

取得 S3 儲存貯體與物件名稱

根據事件 even t 的內容來取得 S3 儲存貯體與物件名稱。

```
output_bucket = event['Records'][0]['s3']['bucket']['name']
s3_key_value = event['Records'][0]['s3']['object']['key']
```

讀取 DynamoDB 資料表

讀取辨識啟用的組態檔 cfg_table，判斷是否要啟用文字辨識。

```
response = table.get_item(
    Key={'cfg_name': 'DETECT_TEXT'},
    ConsistentRead=True,
)
enable_detect = False
if response.get('Item'):
    print(response['Item'])
    enable_detect = True if response['Item']['cfg_value']==1 else False
else:
    print('not found')
```

Amazon Rekognition 文字辨識功能

使用 Amazon Rekognition 文字辨識,因為可能有多個結果,所以找出類型為 LINE 且文字面積最大的結果。

```
image_content = s3_client.get_object(Bucket=output_bucket, Key=s3_key_value)['Body'].read()
response = rekognition_client.detect_text(Image={'Bytes': image_content})
print(" 共找到 ", len(response['TextDetections'])," 筆結果 ")
area,id = (0,0)
# 找出類型為 LINE 且文字面積最大的結果
for text_block in response['TextDetections']:
    if text_block['Type'] == "LINE":
        box = text_block['Geometry']['BoundingBox']
        text_area = box['Width'] * box['Height']
        if text_area>area:
            area = text_area
            id = text_block['Id']

detected_text_result = response['TextDetections'][id]['DetectedText']
```

保存圖片至 S3 儲存貯體

將圖片名稱以時間命名,避免重複,並存到 detected_images 這個目錄中,集中保存。

```
datetime_format = "%Y-%m-%dT%H-%M-%S"
taipei_time = datetime.utcnow() + timedelta(hours=8)
timestamp_str = taipei_time.strftime(datetime_format)
bucket_prefix = 'detected_images/'
target_key = f'{bucket_prefix}{timestamp_str}.jpg'
response = s3_client.put_object(
Body = image_content,
Bucket = output_bucket,
Key = target_key
)
```

寫入 DynamoDB 資料表

將辨識結果寫入 DynamoDB 資料表，屬性有 date_time，detected_text，image_url 等。

```
detect_table.put_item(Item={
      'date_time': timestamp_str,
      'detected_text': detected_text_result,
      'image_url': 'https://' + output_bucket + '.s3.amazonaws.com/' + target_key
   })
```

部署

編寫完成程式碼之後，由於還沒有部署，無法進行測試或者調用。部署類似於將程式碼同步到 Lambda 函數中，部署程式碼，點擊 **Deploy**，撰寫完程式碼之後需要部署程式碼，之後才能進行測試。

測試 / 調用

編寫完成程式碼並且部署成功之後，可以進行測試 / 調用 Lambda 函數，得到結果。

編輯測試事件

- 點擊 **Test**
- 設定測試事件
    - 測試事件動作 – **建立新事件**
    - 事件名稱 – **s3_event**
    - 事件共享設定 – 私有
    - 範本 – **S3 Put**
    - 事件 JSON – 會自動生成

14-19

```
測試事件動作
  ● 建立新事件                                    編輯已儲存的事件

事件名稱
  s3_event

最多 25 個字元，包含字母、數字、點、連字號和底線。

事件共享設定
  ● 私有
    此事件只能在 Lambda 主控台中和供事件建立者使用。您總共可以設定 10 個。進一步了解
  ○ 可共享
    此事件可供同一帳戶內擁有可共享事件存取和使用許可的 IAM 使用者使用。進一步了解

範本 - 選用
  s3-put                                                              ▼

事件 JSON                                                    設定 JSON 格式

 1 {
 2   "Records": [
 3     {
 4       "eventVersion": "2.0",
 5       "eventSource": "aws:s3",
 6       "awsRegion": "us-east-1",
 7       "eventTime": "1970-01-01T00:00:00.000Z",
 8       "eventName": "ObjectCreated:Put",
 9       "userIdentity": {
10         "principalId": "EXAMPLE"
11       },
12       "requestParameters": {
13         "sourceIPAddress": "127.0.0.1"
14       },
15       "responseElements": {
16         "x-amz-request-id": "EXAMPLE123456789",
17         "x-amz-id-2": "EXAMPLE123/5678abcdefghijklambdaisawesome/mnopqrstuvwxyzABCDEFGH"
18       },
19       "s3": {
20         "s3SchemaVersion": "1.0",
21         "configurationId": "testConfigRule",
22         "bucket": {
```

圖 14-17　設定測試事件

- 點擊〔儲存〕，完成設定。

測試事件

接下來手動測試 Lambda 函數是否可以正常執行，編輯事件 JSON 中的 name 與 key 的值，讓它指向實際存在的 S3 儲存貯體與物件名稱，並確保已經完成 DynamoDB 兩個資料表（cfg_table, detect_result_table）的建立，且 cfg_table 表格的 DETECT_TEXT 屬性值為 1。

Chapter 14　後端實作 – 整合 API + 資料庫 + AI

```
事件 JSON
 6         "awsRegion": "us-east-1",
 7         "eventTime": "1970-01-01T00:00:00.000Z",
 8         "eventName": "ObjectCreated:Put",
 9         "userIdentity": {
10           "principalId": "EXAMPLE"
11         },
12         "requestParameters": {
13           "sourceIPAddress": "127.0.0.1"
14         },
15         "responseElements": {
16           "x-amz-request-id": "EXAMPLE123456789",
17           "x-amz-id-2": "EXAMPLE123/5678abcdefghijklambdaisawesome/mnopqrstuvwxyzABCDEFGH"
18         },
19         "s3": {
20           "s3SchemaVersion": "1.0",
21           "configurationId": "testConfigRule",
22           "bucket": {
23             "name": "aiotnawscloud0821",
24             "ownerIdentity": {
25               "principalId": "EXAMPLE"
26             },
27             "arn": "arn:aws:s3:::aiotnawscloud0821"
28           },
29           "object": {
30             "key": "esp32-cam2s3.jpg",
31             "size": 1024,
32             "eTag": "0123456789abcdef0123456789abcdef",
33             "sequencer": "0A1B2C3D4E5F678901"
34           }
35         }
36       }
```

圖 14-18　手動編輯事件 JSON

點擊〔測試〕頁籤，執行的結果，如下圖 14-19 所示。

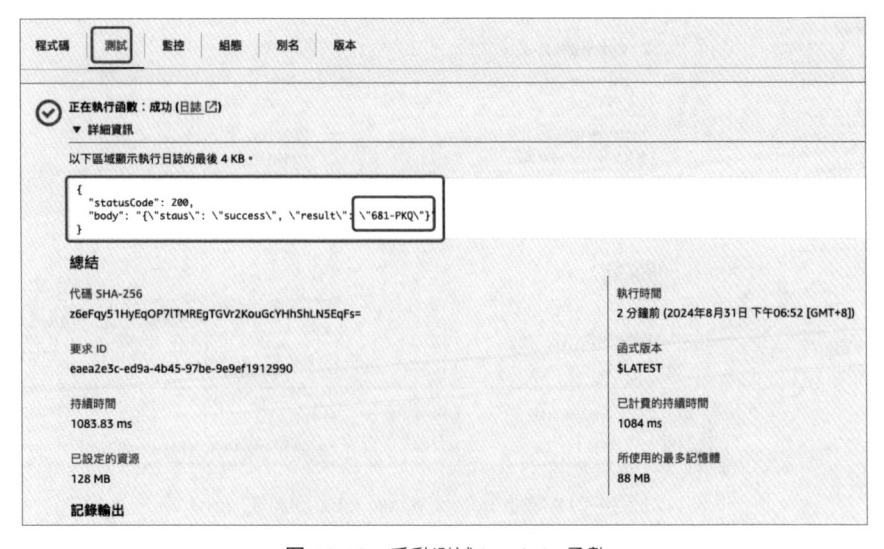

圖 14-19　手動測試 Lambda 函數

14-21

進入 S3 控制台，檢視 S3 儲存貯體，應該會有一個新的檔案寫入，如下圖 14-20 所示。

圖 14-20　檢視 S3 儲存貯體

進入 DynamoDB 控制台，檢視 detect_result_table 資料表，應該會有一筆新的項目，如下圖 14-21 所示。

圖 14-21　檢視 detect_result_table 資料表

注意：務必確認 Lambda 函數執行沒問題再進入下一個步驟。

14.2.4 建立 S3 事件通知

進入 S3 控制台,找到事先建立的 S3 儲存貯體,進入該儲存貯體的主畫面,點擊〔屬性〕頁籤,找到〔事件通知〕選項,如下圖 14-22 所示。

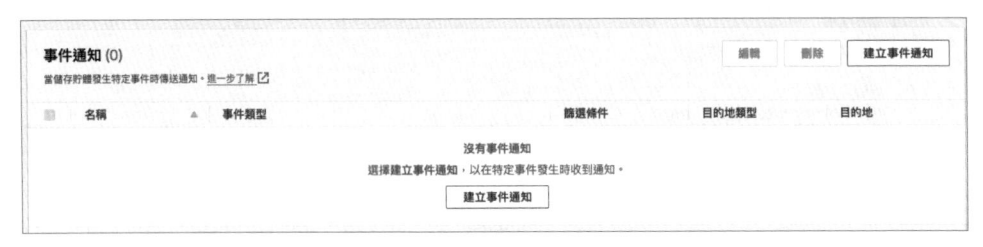

圖 14-22　建立 S3 事件通知

點擊〔建立事件通知〕按鈕,進入建立事件通知畫面,配置如下:

- 事件名稱:text_detect
- 前綴:source
- 尾碼:.jpg
- 事件類型:所有物件建立事件
- 目的地:Lambda 函數
- 指定 Lambda 函數:text_detect_func

圖 14-23　S3 事件通知配置

14.2.5　生成測試資料 – base64

　　因為程式碼需要讀取使用者傳來的資料，所以需要用 POSTMAN 來傳圖片資料，而圖片資料需要轉換成 base64 格式，所以需要撰寫額外的程式碼來進行轉換，進入 Cloude9 打開 encode_image.py 程式，它會將 python/images 目錄中的 scooter_1.jpg 圖片進行編碼，並將結果存在 base64.txt。

```
# convert base64 to image
import base64
import pathlib
```

Chapter 14 後端實作 – 整合 API + 資料庫 + AI

```
current_path = str(pathlib.Path(__file__).parent.resolve())
image = open(current_path + '/images/scooter_1.jpg', 'rb')
image_read = image.read()
image_64_encode = base64.encodebytes(image_read)
# print(image_64_encode)
image_encode_file = open(f'{current_path}/base64.txt','w')
image_encode_file.write(str(image_64_encode))
image_encode_file.close()
```

執行完上述程式後，它會將 base64 的資料存在 base64.txt 中，複製 b' 這裡的資料，不包含前後單引號 '。

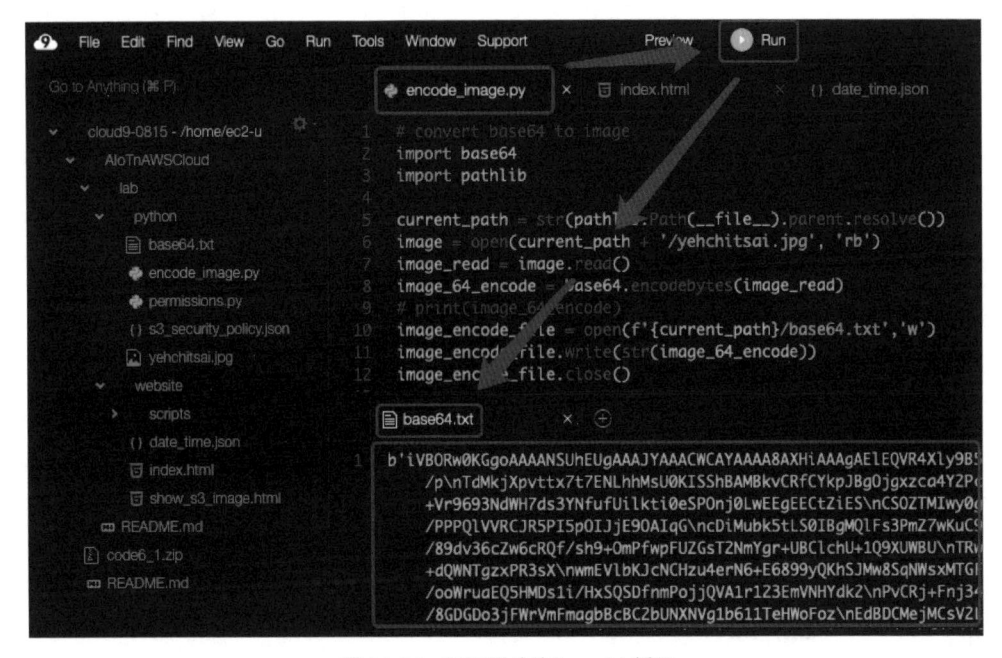

圖 14-24　取得圖片的 base64 編碼

14.2.6　使用 Postman 測試

接著使用常見的 API 測試軟體來進行測試，在本機端打開 Postman，並輸入相關的配置。

- URL 網址：將上圖中的 API endpoint 輸入

14-25

- 請求方法：POST

- Body：選擇 raw，格式為 JSON

接著點擊送出 Send 就得到完整的請求訊息響應（Response），即為上傳到 S3 的網址。

圖 14-25 取得圖片的 S3 的網址

再次檢視 DynamoDB 與 S3，觀看是否有新增項目與圖片，如果有，那表示實驗成功；如果沒有，則需要再次除錯。

14.3 實驗：後端 – API Gateway 查詢辨識記錄

本實驗主要是延續〈14.2 實驗：後端 – 觸動 S3 事件進行文字辨識〉，對於上傳的文字辨識結果進行篩選，本實驗將提供以下的整合練習：API Gateway + Lambda + DynamoDB + POSTMAN。

14.3.1　啟動學習者實驗室

　　AWS Academy Learner Lab 是提供一個帳號讓學生可以自行使用 AWS 的服務，讓學生可以在 50 USD 的金額下，自行練習所要使用的 AWS 服務，在此先介紹一下 Learner Lab 基本操作與限制。在 AWS Academy 學習平台的入口首頁 https://www.awsacademy.com/LMS_Login，選擇以學生（Students）身分登錄，在課程選單中選擇 **AWS Academy Learner Lab - Foundation Services** 的課程，在課程選單中選擇 **單元**（Module），接著單擊〔啟動 AWS Academy Learner Lab〕，如下圖 14-26 所示。

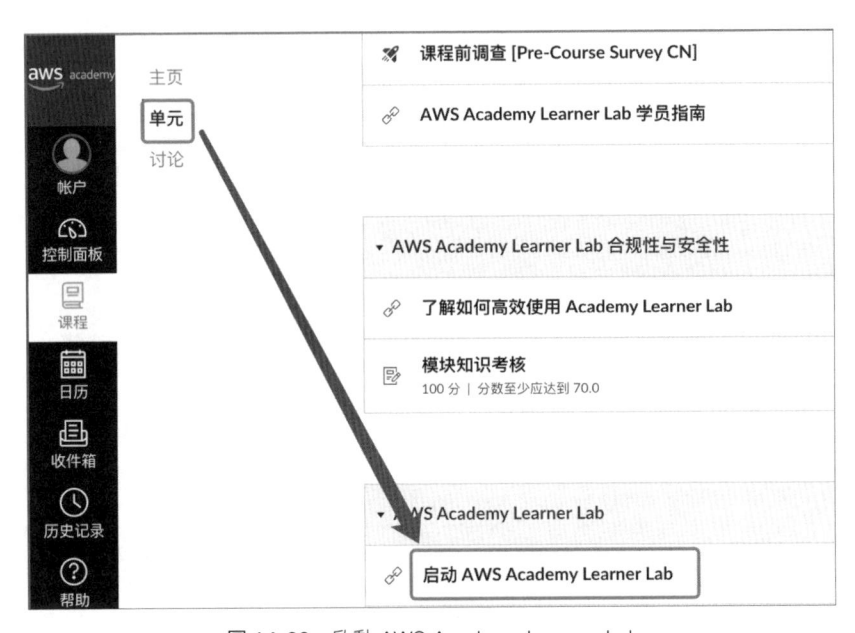

圖 14-26　啟動 AWS Academy Learner Lab

　　進入 **Learner Lab** 中，說明一下每個區塊，圖形在下方。

1. 用來啟動 AWS 管理控制台介面，必須是出現綠點才可以點擊，而出現綠點必須要先啟動實驗（Start Lab）。

2. 已用金額與全部實驗金額（Used $0.2 of $50）。

3. 工具列說明：

    - Start Lab：開始實驗帳號，這時候就可以使用 AWS 資源。

- End Lab：就會停止計費，並把所有的 AWS 資源關閉。注意，這只是暫停這些資源，並不會回收。

- AWS Details：可以取得使用者（IAM 用戶）相關的密鑰資料。

- Readme：說明手冊，就是下方的 5.。

- Reset：就會把目前所有的 AWS 設定好的資源都清除掉。

4. 切換說明的語系，**ZH-CN** 是簡體中文。

5. 說明手冊。

圖 **14-27** Learner Lab 畫面說明

14.3.2　依日期查詢文字辨識的 Lambda Function

進入 Lambda 控制台，建立一個新的 AWS Lambda 函數，配置如下：

建立函數

圖 14-28　新增 Lambda 函數

編碼

功能說明

- 判定請求方法為 POST。httpMethod

- 獲取客戶端傳過來的資料。event['body']

- 根據 date_time 屬性過濾範圍內的時間。FilterExpression

- 啟用 CORS。Access-Control-Allow-Origin

```
query_record_api
import json
import boto3
from boto3.dynamodb.conditions import Key, Attr
from botocore.exceptions import ClientError
import logging

logger = logging.getLogger(__name__)
dyn_resource = boto3.resource("dynamodb")
detect_table_name = 'detect_result_table'
detect_table = dyn_resource.Table(detect_table_name)

def lambda_handler(event, context):
    result = {"status":"fail"}
    requestMethod = event['httpMethod']
    if requestMethod=='POST':
        # 查詢辨識記錄
        try:
            requestBody = json.loads(event['body'])
            result["status"] = "fail-參數有誤 "
            if requestBody.get('start_time') and requestBody.get('end_time'):
                start_time = requestBody['start_time']
                end_time = requestBody['end_time']
                attr = Attr('date_time')
                response = detect_table.scan(
                    FilterExpression=attr.between(start_time, end_time)
                )
                result["status"] = "success"
                result['results'] = response['Items']

        except ClientError as err:
            logger.error(
                "查詢辨識記錄失敗. Here's why: %s: %s",
                err.response["Error"]["Code"],
                err.response["Error"]["Message"],
            )
            result["status"] = "fail-查詢辨識記錄失敗 "
        finally:
            return {
                'statusCode': 200,
                "headers": {
                    "Access-Control-Allow-Headers": 'Content-Type,X-Amz-Date,Authorization,X-Api-Key,X-Amz-Security-Token',
                    "Access-Control-Allow-Methods": 'GET',
```

```
                "Access-Control-Allow-Origin": '*'
            },
            'body': json.dumps(result)
        }
    else:
    # HTTP 請求方式非 POST 回傳錯誤
        result["status"] = "fail-method error"
        return {
            'statusCode': 200,
            "headers": {
                "Access-Control-Allow-Headers": 'Content-Type,X-Amz-Date,Authorization,X-Api-Key,X-Amz-Security-Token',
                "Access-Control-Allow-Methods": 'GET',
                "Access-Control-Allow-Origin": '*'
            },
            'body': json.dumps(result)
        }
```

部署

　　編寫完成程式碼之後，由於還沒有部署，無法進行測試或者調用。部署類似於將程式碼同步到 Lambda 函數中，部署程式碼，點擊 **Deploy**，撰寫完程式碼之後需要部署程式碼，之後才能進行測試。

測試 / 調用

　　編寫完成程式碼並且部署成功之後，可以進行測試 / 調用 Lambda 函數，得到結果。

編輯測試事件

- 點擊 **Test**
- 設定測試事件
  - 測試事件動作 – **建立新事件**
  - 事件名稱 – **api_Event**
  - 事件共享設定 – **私有**

14-31

- 範本 – **API Gateway AWS Proxy**
- 事件 JSON – 會自動生成

圖 14-29 設定測試事件

- 點擊〔儲存〕，完成設定。

串接 API Gateway

打開 API Gateway 控制台，選擇〈13.2 實驗：後端 – API Gateway 上傳圖片並使用 POSTMAN 檢驗結果〉所建立的 REST API（dateAPI）。

建立資源

建立 dateAPI REST API 的資源 query_record，這名稱是根據先前的 API 規格來決定。

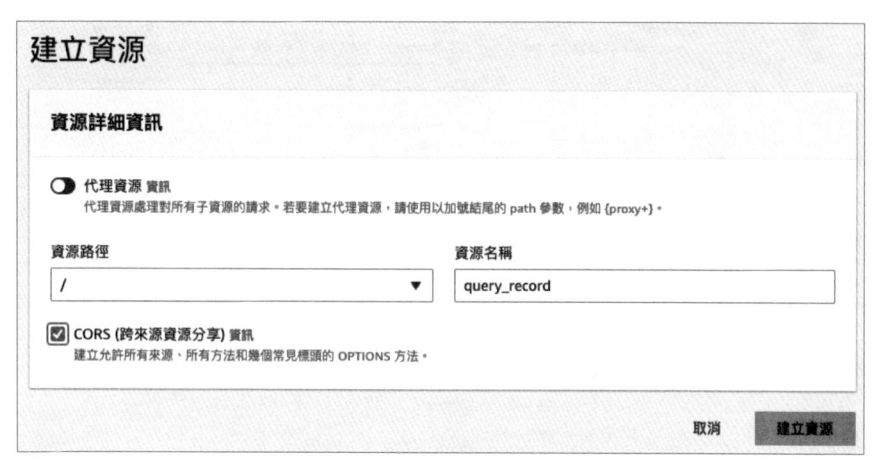

圖 14-30　建立 REST API 資源

建立方法

在資源 query_record 下新增一個 POST 方法。

- 方法類型：**POST**
- 整合類型：**Lambda 函數**
- 打開 **Lambda 代理整合**
- 選擇先前設計的 Lambda 函數：query_record_func
- 執行角色：**LabRole**（可以到 IAM 視窗中找到這個 arn，如下圖 14-31）

14-33

圖 14-31　在 IAM 控制台找到 LabRole 的 ARN

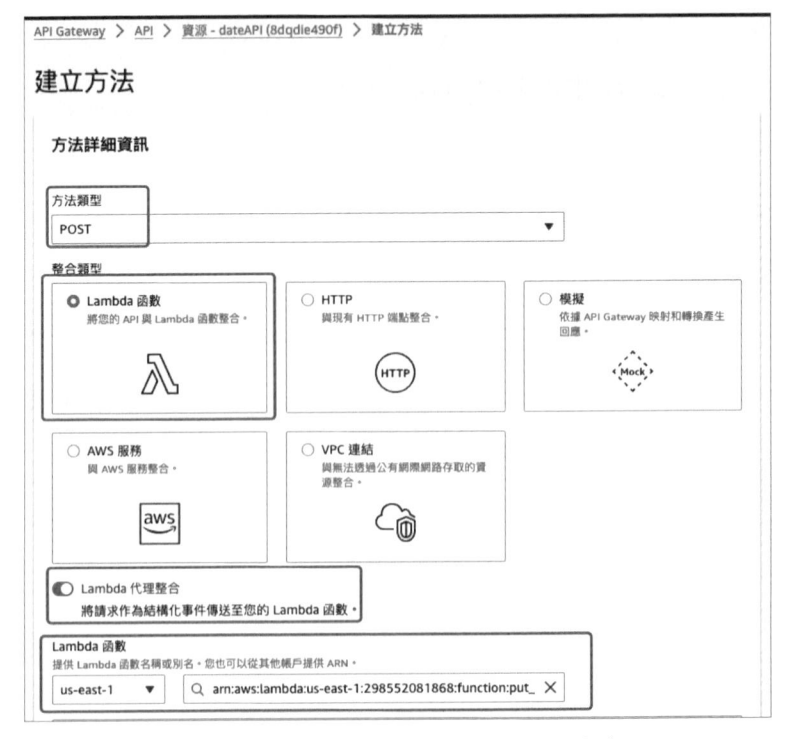

圖 14-32　建立 REST API 資源下的 POST 方法

部署 API

在左側的資源選單中，可以找到資源畫面的右上方有〔部署 API〕按鈕，點擊後選擇〔新階段〕，階段名稱為 dev 後，進行〔部署〕。

圖 14-33　部署 API

完成部署後，選擇〔階段〕選單，找到〔叫用 URL〕，並複製起來。

圖 14-34　複製所需的 API 端點

14.3.4　使用 Postman 測試

接著使用常見的 API 測試軟體來進行測試，在本機端打開 Postman，並輸入相關的配置。

- URL 網址：將上圖中的 **API endpoint** 輸入
- 請求方法：POST
- Body：選擇 raw，格式為 JSON

接著點擊送出 Send 就得到完整的請求訊息響應（Response），即為查詢資料表的結果。

圖 14-35　取得圖片的 S3 的網址

Chapter 15

前端實作 – ESP32-CAM + 網頁

學習目標

1. 實驗:前端 – 使用 ESP32-CAM 呼叫 REST API 上傳圖片
2. 實驗:前端 – 使用 Web 用戶端 呼叫 REST API

15.1 實驗:前端 – 使用 ESP32-CAM 呼叫上傳圖片的 REST API

利用上一個實驗建立的 REST API - upload_image,使用 ESP32-CAM 上傳所拍攝的照片,本實驗將提供物聯網與無服務器雲端整合練習:ESP32-CAM + API Gateway + Lambda + S3。

15.1.1 準備開發環境

│進入 Thonny 畫面

確認 ESP32-CAM 處於**執行模式**,透過 CH340 序列埠模塊插到電腦上,就會出現 Thonny 成功連接到 ESP32-CAM 中的 MicroPython 開發畫面,如下圖 15-1 所示。

1. 韌體的日期為 2023-07-11
2. 確認連結埠是正確的

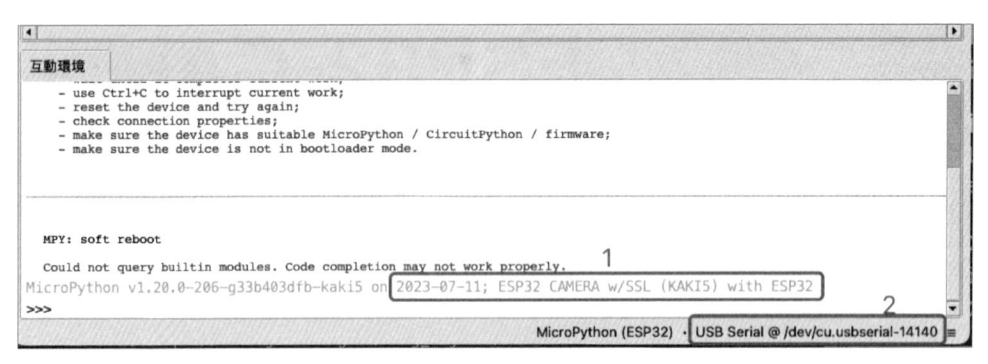

圖 15-1　Thonny 連接 ESP32 成功的主畫面

安裝所需要的套件

在 Thonny 中安裝 **urequests, base64**，我們可以使用 Thonny 的畫面來操作這個安裝功能，選擇工具列中的〔工具〕→〔管理套件〕，進入套件管理畫面，如下圖 15-2 所示。

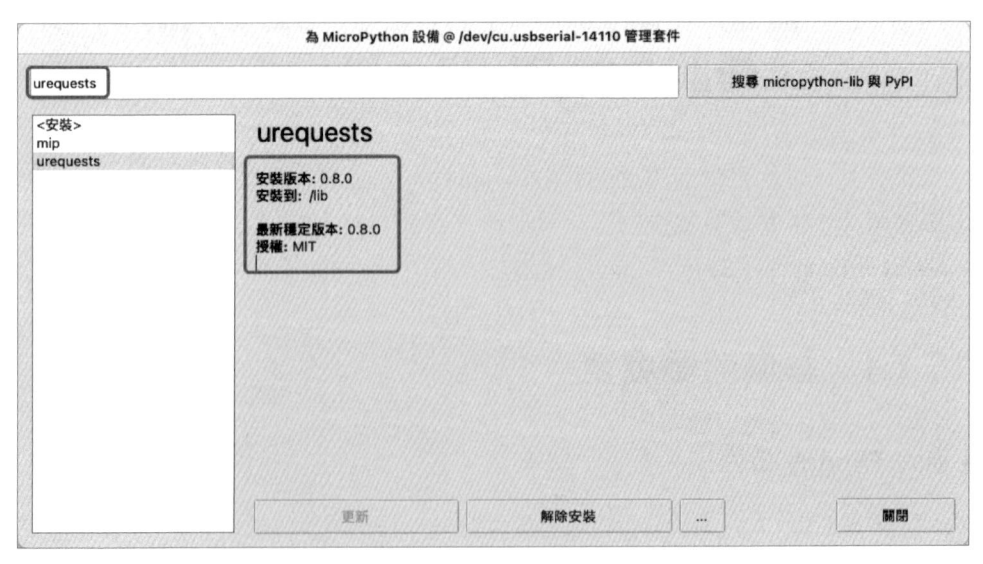

圖 15-2　安裝 urequests

15.1.2　ESP32-CAM 功能說明

因為物聯網設備開發比較不容易，所以我們只完成以下功能：設定燈號：狀態分為準備中、運作、錯誤（STANDBY、RUN、ERROR），運作中指的就是拍照與上傳圖片，其他狀況都是準備中。準備中的燈後閃爍頻率是 500ms，運作中則是 100ms，錯誤為 10ms。

- 連上網路：連上網際網路，供後續操作之用。
- 網路校時：確保裝置時間與其他裝置一致。
- 拍照：設定攝影機並定時拍照，2 秒拍一張。
- 上傳圖片：拍完後立刻上傳到 AWS，使用 upload_image API。

設定燈號

為了不影響軟體的正常運作，使用硬體中斷的方式來控制燈號，使用的是計時器 timer，而使用 GPIO 33 來設定紅色的 LED 燈來顯示燈號變化。

```
def led_blink_timed(timer, led_pin, millisecond):
    period = int(0.5 * millisecond)
    timer.init(period=period, mode=Timer.PERIODIC, callback=lambda t: led_pin.value(not led_pin.value()))

led_pwm = Pin(33, Pin.OUT) # PWM(pin, freq)
timer = Timer(1) # 創建定時器對象
led_blink_timed(timer, led_pwm, RUN)
```

連上網路

將 SSID 跟 PASSWORD 替換成自己的 Wi-Fi 帳號。

```
wlan = network.WLAN(network.STA_IF)
wlan.active(True)
if not wlan.isconnected():
    print('connecting to network...')
    wlan.connect('SSID', 'PASSWORD')
    while not wlan.isconnected():
        pass
print('network config: ', wlan.ifconfig())
```

網路校時

設定時間伺服器為台灣的主機 time.stdtime.gov.tw，並根據台灣（taipei_timezone）的時間來設定當前時間。

```
ntptime.host = 'time.stdtime.gov.tw'
while True:
    try:
        ntptime.settime()
    except:
        print('wait for time server')
    else:
        break

taipei_timezone = 8
(year, month, day, hour, minute, second, weekday, yearday) = time.gmtime(time.time())
timeforRTC = (year, month, day, weekday, hour + taipei_timezone, minute, second, yearday)
machine.RTC().datetime(timeforRTC)
print(" 根據時間調整後的本地時間 :%s" %str(time.localtime()))
```

設定攝影機的配置

設定攝影機的解析度 (7) 為 352×288 像素，攝像質量為 50（值為 10-63 數字越低意味著質量越高），攝像頭濾鏡 (2) 為黑白效果；如果攝影機初始化失敗就顯示錯誤燈號。

```
led_blink_timed(timer, led_pwm, STANDBY)
camera_status = camera.init()
if camera_status:
    camera.framesize(7)
    camera.quality(50)
    camera.speffect(2)
else:
    led_blink_timed(timer, led_pwm, ERROR)
    while True:
        time.sleep(2)
```

拍照並上傳影像到 S3

將 API_upload_image 修改為上一個實驗的 REST API - upload_image 的連結網址。

每隔 2 秒就會進行拍照並上傳圖片。

```
while True:
    headers = {'Content-type': 'application/json', 'Accept': 'text/plain'}
    url = 'API_upload_image'
    # 5. 拍照並上傳影像到 S3
    led_blink_timed(timer, led_pwm, RUN)
    r = requests.post(url, data=json.dumps({"key": base64.encodebytes(camera.capture())}), 
headers=headers)
    print(r.text,dir(r))
    led_blink_timed(timer, led_pwm, STANDBY)
    time.sleep(2)
    gc.collect()
camera.deinit()
```

可以在這裡下載完整程式碼。

15.2 實驗：前端 – 使用 Web 用戶端 呼叫 REST API

本實驗主要是延續〈14.3 實驗：後端 – API Gateway 查詢辨識記錄〉，設計一個前端的 Web 用戶畫面，來觀看以及操作整個車牌辨識系統，本實驗將提供以下的整合練習：HTML + AJAX + REST API call + S3。

15.2.1 啟動學習者實驗室

AWS Academy Learner Lab 是提供一個帳號讓學生可以自行使用 AWS 的服務，讓學生可以在 50 USD 的金額下，自行練習所要使用的 AWS 服務，在此先介紹一下 Learner Lab 基本操作與限制。在 AWS Academy 學習平台的入口首頁 https://www.awsacademy.com/LMS_Login，選擇以學生（Students）身分登錄，在課程選單中選擇 **AWS Academy Learner Lab - Foundation Services** 的課程，在課程選單中選擇 **單元**（Module），接著單擊〔啟動 AWS Academy Learner Lab〕，如下圖所示。

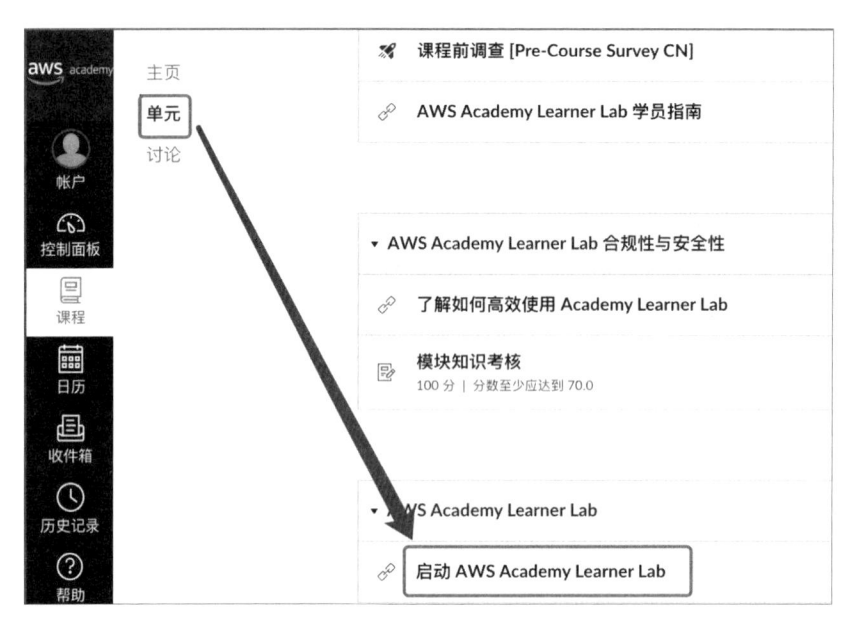

圖 15-3　啟動 AWS Academy Learner Lab

進入 **Learner Lab** 中，說明一下每個區塊，圖形在下方。

1. 用來啟動 AWS 管理控制台介面，必須是出現綠點才可以點擊，而出現綠點必須要先啟動實驗（Start Lab）。

2. 已用金額與全部實驗金額（Used $0.2 of $50）。

3. 工具列說明：

    - Start Lab：開始實驗帳號，這時候就可以使用 AWS 資源。
    - End Lab：就會停止計費，並把所有的 AWS 資源關閉，注意，這只是暫停這些資源，並不會回收。
    - AWS Details：可以取得使用者（IAM 用戶）相關的密鑰資料。
    - Readme：說明手冊，就是下方的 5.。
    - Reset：就會把目前所有的 AWS 設定好的資源都清除掉。

4. 切換說明的語系，**ZH-CN** 是簡體中文。

5. 說明手冊。

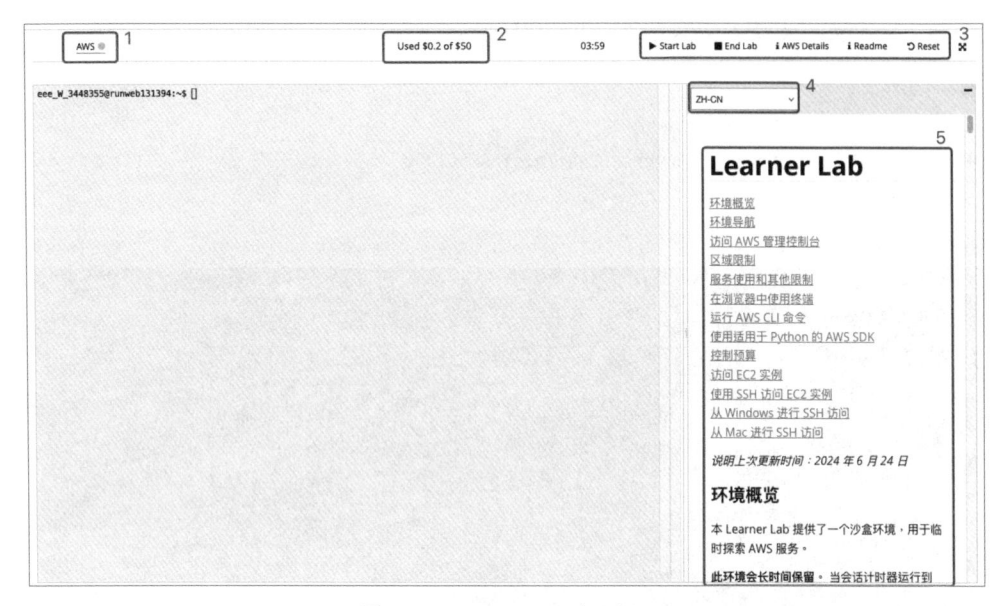

圖 15-4　Learner Lab 畫面說明

15.2.2　在 S3 建立網站

連接到 AWS Cloud9 IDE 並配置環境

　　AWS Cloud9 IDE 畫面與 VS Code 畫面相似，左手邊是功能視窗，可以檢視檔案與其他功能；右上方是檔案編輯畫面，可以進行檔案編輯，撰寫程式進行 AWS SDK 操作；右下方則是終端命令列介面，可以輸入指令，進行 AWS CLI 操作。

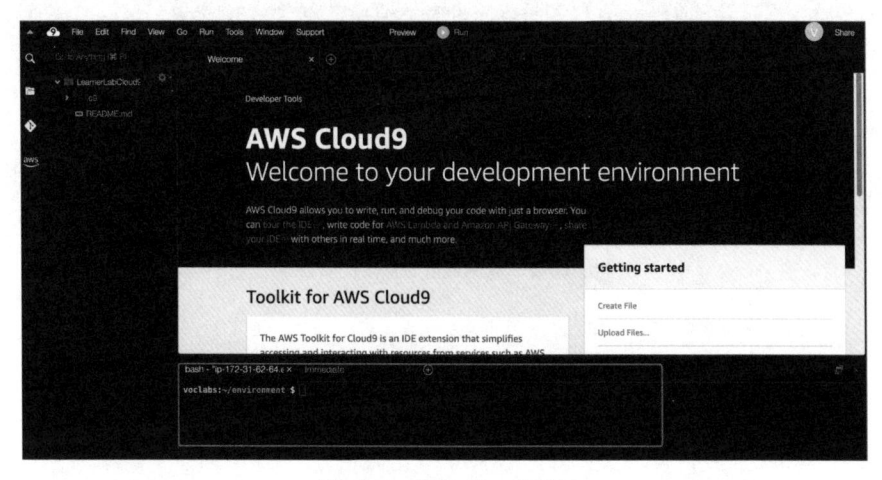

圖 15-5　AWS Cloud9 IDE

在下方的終端輸入以下指令，取得實驗所需要的資源，可以在左上角看到已下載的檔案。

git clone https://github.com/yehchitsai/AIoTnAWSCloud

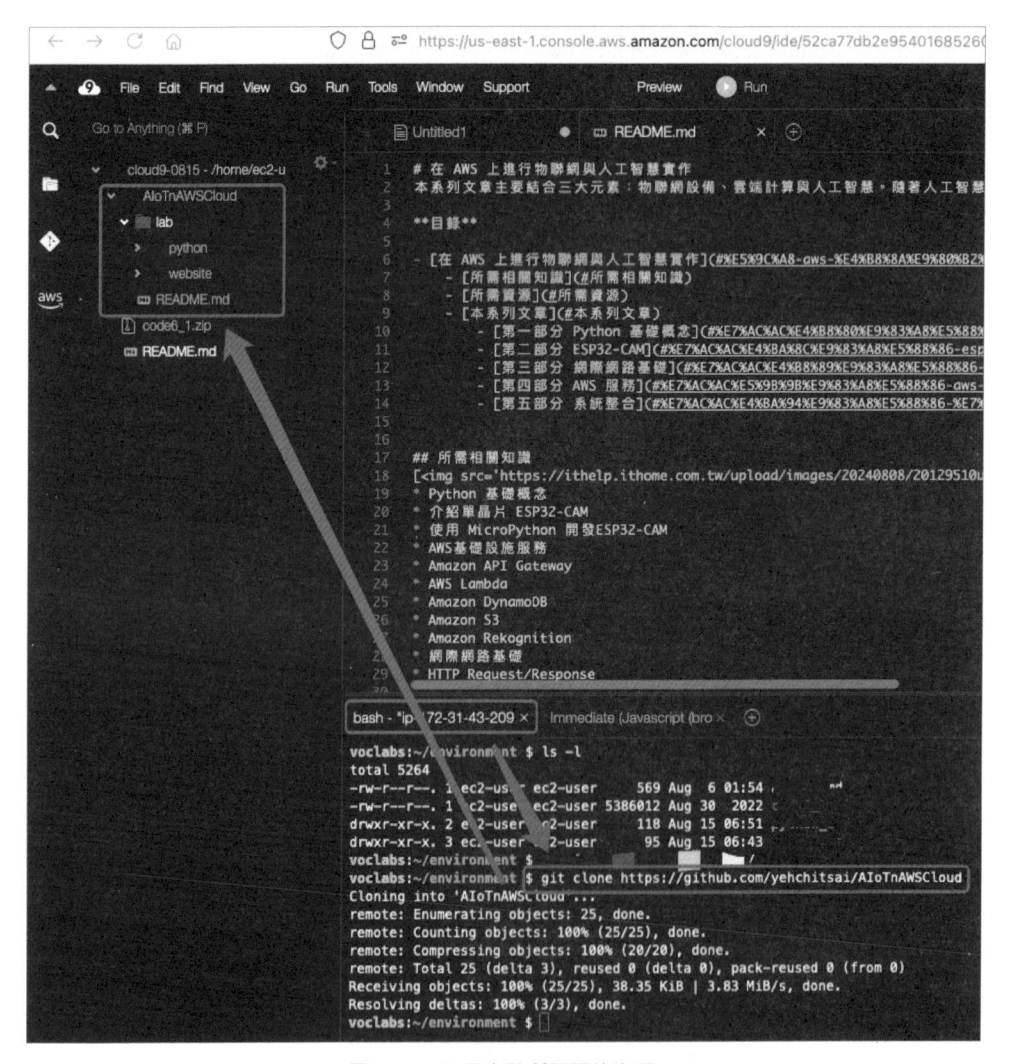

圖 15-6　取得實驗所需要的資源

修改 Web 用戶端畫面

編輯 AIoTnAWSCloud/lab/website/frontend/user_operation.html 內的相關變數，並儲存 - SET_RECOGNITION_API 改為實驗：後端 - API Gateway 設定車牌辨識選項所得到的終端節點 - QUERY_RECORD_API 改為實驗：後端 - API Gateway 查詢辨識記錄所得到的終端節點。

將物件上傳到儲存貯體以建立網站

將物件上傳到儲存貯體以建立網站，將 BUCKET_NAME 改為自己建立的 S3 儲存貯體名稱。

```
aws s3 cp AIoTnAWSCloud/lab/website s3://BUCKET_NAME/ --recursive --cache-control "max-age=0"
```

圖 15-7　物件上傳到儲存貯體

測試網站的訪問

在 S3 儲存貯體中到找到 Web 用戶端網頁 frontend/user_operation.html，點選後在屬性頁籤找到**物件 URL**，複製起來打開一個空白網頁。

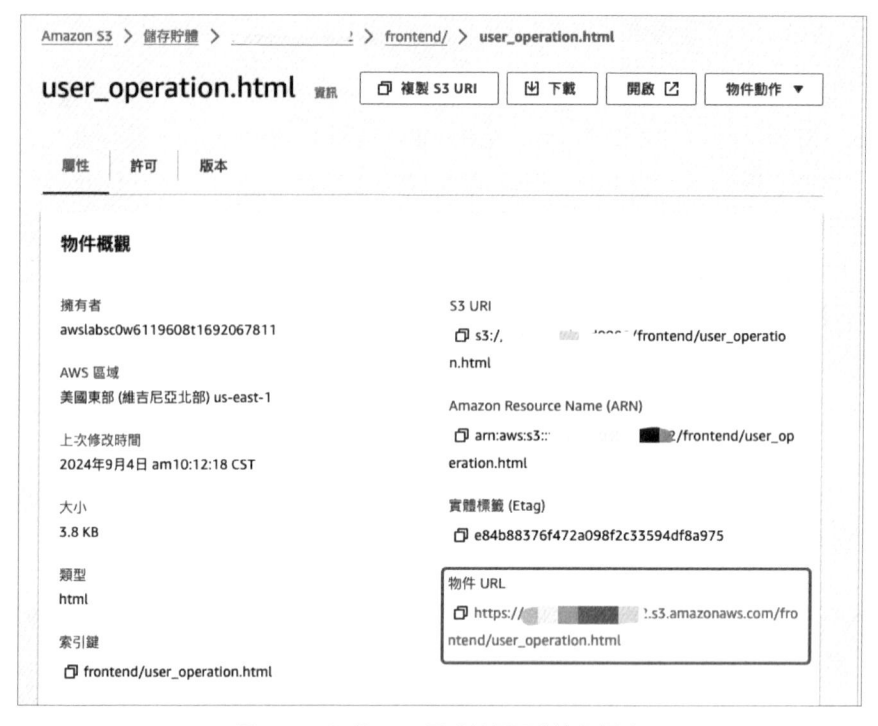

圖 15-8　取得 Web 用戶端網頁的進入網址

貼上網址後，就可以檢視網頁成果。

- 車牌圖像區：會顯示 ESP32-CAM 所上傳的影像。
- 自動更新照片：要求上方的〔車牌圖像區〕每 2 秒更新一次照片。
- 辨識選項：勾選或取消會呼叫 set_recognition REST API。
- 辨識結果表格：點擊這裡會呼叫 query_record REST API，時間間距是現在時間的兩小時前。
- 結果表格：會顯示 query_record REST API 所回傳的結果，顯示拍照日期、車號、照片。

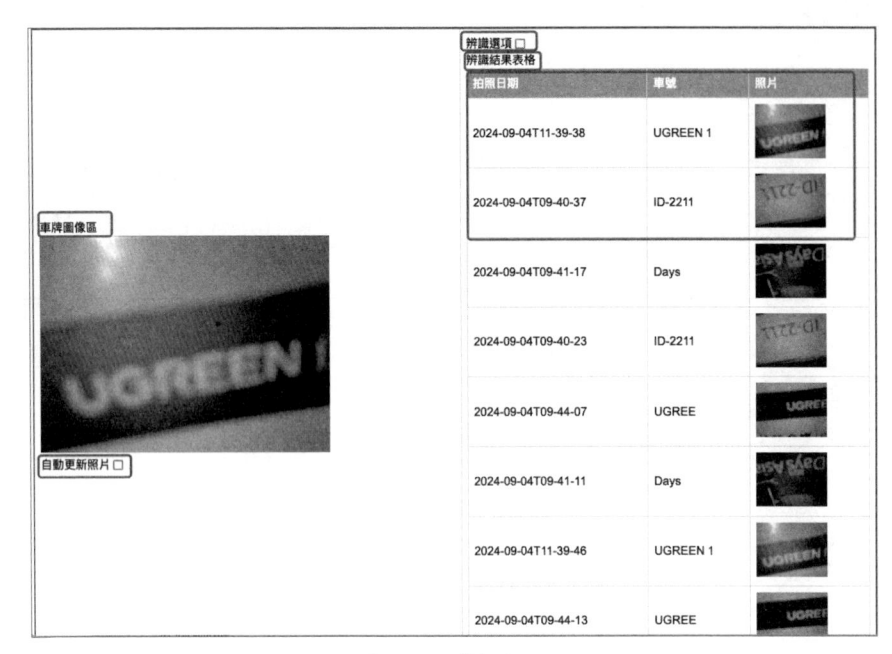

圖 15-9　檢視網頁

完整程式碼可以從這裡下載取得。

Note

Appendix A 參考資料

CHAPTER 02 Python 流程控制

2.2

- Python 文檔目錄,https://docs.python.org/zh-cn/3.7/contents.html
- Default Parameter Values in Python. https://web.archive.org/web/20200221224620id_/http://effbot.org/zone/default-values.htm
- 8.7. Function definitions. https://docs.python.org/3/reference/compound_stmts.html#function-definitions
- PEP 397 -- Python launcher for Windows. https://www.python.org/dev/peps/pep-0397/
- 什麼是 Python Launcher?. https://blog.csdn.net/wuShiJingZuo/article/details/103535381
- Getting Started with Python in VS Code. https://code.visualstudio.com/docs/python/python-tutorial
- Using Python environments in VS Code. https://code.visualstudio.com/docs/python/environments
- 淺拷貝與深拷貝,https://zhuanlan.zhihu.com/p/56741046
- 求最大公因數的幾種方法,https://so.html5.qq.com/page/real/search_news?docid=70000021_7675e858c2215914
- Python Function Arguments (Default, Keyword, Arbitrary). https://www.toppr.com/guides/python-guide/references/methods-and-functions/function-argument/python-function-arguments-default-keyword-arbitrary/

CHAPTER 03 網路程式開發概念與實作

3.1

- 什麼是 OSI 模型？https://aws.amazon.com/tw/what-is/osi-model/
- 網際網路協議套組，https://zh.wikipedia.org/zh-tw/TCP/IP 協議族

3.2

- 行政院全球資訊網 OpenAPI，https://opendata.ey.gov.tw/api/index.html
- HTTP response status codes. https://developer.mozilla.org/en-US/docs/Web/HTTP/Status

3.3

- 在 Windows 10 啟用 Telnet，https://blog.dreambreakerx.com/2016/03/enable-the-telnet-client-on-windows-10/

CHAPTER 04 ESP32-CAM 開發

4.1

- ESP32，https://zh.wikipedia.org/zh-hans/ESP32
- ESP32 系列模組，https://www.espressif.com/zh-hans/products/modules/esp32
- ESP32-CAM 攝像頭開發板，https://docs.ai-thinker.com/ 攝像頭開發板_esp32-cam
- ESP32-CAM 模組，https://docs.ai-thinker.com/_media/esp32/docs/esp32-cam_product_specification_zh.pdf
- ESP32-CAM, Camera Module Based on ESP32. https://www.waveshare.com/ESP32-CAM.htm
- ESP32 系列晶片分類，https://blog.csdn.net/dalangtaosha2011/article/details/83106191
- ESP32 晶片和模組的硬件差異與選型，ESP32-WROOM-32、ESP32-WROVER 和 ESP32-S 衍生模組選型，https://blog.csdn.net/Mark_md/article/details/120576979

Chapter A 參考資料

- Arm Cortex-M vs ESP32: Which is More Efficient?. https://www.youtube.com/watch?v=XJawv8xGtX4
- Tensilica 最新處理器，https://www.cadence.com/zh_CN/home/company/newsroom/press-releases/pr-cn/2015/tensilica75-2015-01-12.html
- ESP32 技術參考手冊，https://www.espressif.com/sites/default/files/documentation/esp32_technical_reference_manual_cn.pdf
- ESP32 Technical Reference Manual. https://www.espressif.com/sites/default/files/documentation/esp32_technical_reference_manual_en.pdf
- Xtensa LX6 Customizable DPU. https://mirrobo.ru/wp-content/uploads/2016/11/Cadence_Tensillica_Xtensa_LX6_ds.pdf
- ESP32 系列模組，https://www.espressif.com/zh-hans/products/modules/esp32
- 常用存儲器 (SRAM、DRAM、NVRAM、PSRAM) 簡單介紹，https://blog.csdn.net/houxiaoni01/article/details/124152941
- RTC 喚醒是什麼意思？如何操作？ https://zhidao.baidu.com/question/1900179422888970220.html
- 應用程序的啟動流程，https://docs.espressif.com/projects/esp-idf/zh_CN/latest/esp32/api-guides/startup.html
- Espressif IoT Development Framework. https://github.com/espressif/esp-idf
- FreeRTOS. https://github.com/FreeRTOS/FreeRTOS

4.2

- esptool.py. https://github.com/espressif/esptool
- ESP32 系列模組，https://www.espressif.com/zh-hans/products/modules/esp32
- ESP32-CAM 開發板，https://docs.ai-thinker.com/esp32-cam
- MicroPython downloads. https://micropython.org/download/
- Thonny. https://thonny.org/
- 如何安裝 CH340 晶片程式，https://www.taiwaniot.com.tw/技術文件/如何安裝ch340晶片程式/

CHAPTER 05　ESP32-CAM 基礎應用

- mPython help documentation. https://mpython.readthedocs.io/en/master/index.html
- MicroPython 文檔，http://micropython.86x.net/en/latet/index-2.html
- MicroPythondocumentation. https://docs.micropython.org/en/latest/index.html

CHAPTER 06　ESP32-CAM 進階應用

6.1

- micropython/net/ntptime/ntptime.py. https://github.com/micropython/micropython-lib/blob/master/micropython/net/ntptime/ntptime.py

6.2

- Package management. https://docs.micropython.org/en/latest/reference/packages.html
- MicroPython documentation. https://docs.micropython.org/en/latest/index.html

6.3

- OV2640 – Specs, Datasheets, Cameras, Features, Alternatives. https://www.arducam.com/ov2640/

CHAPTER 08　雲端儲存 – Amazon S3

8.2

- AWS Command Line Interface. https://aws.amazon.com/tw/cli/
- AWS Academy. https://aws.amazon.com/cn/training/awsacademy/
- AWS Academy 簡介，https://blog.csdn.net/m0_50614038/article/details/123778237
- AWS Academy LMS (Learning Management System) 基礎 – 教師，https://blog.csdn.net/m0_50614038/article/details/123778561

- AWS Academy LMS 申請開課 － 教師，https://blog.csdn.net/m0_50614038/article/details/123778838
- AWS Academy LMS 新增學生 － 教師，https://blog.csdn.net/m0_50614038/article/details/123779068

CHAPTER 09 雲端接口 – Amazon API Gateway

9.1

- Amazon API Gateway. https://aws.amazon.com/tw/api-gateway/
- What is Amazon API Gateway?. https://docs.aws.amazon.com/apigateway/latest/developerguide/welcome.html
- What is a REST API?. https://www.ibm.com/topics/rest-apis
- Choosing between HTTP APIs and REST APIs - Amazon API Gateway. https://docs.aws.amazon.com/apigateway/latest/developerguide/http-api-vs-rest.html
- AWS Serverless 學習筆記 – API Gateway，https://godleon.github.io/blog/Serverless/AWS-Serverless_API-Gateway/

9.2

- AWS Command Line Interface. https://aws.amazon.com/tw/cli/
- AWS Academy. https://aws.amazon.com/cn/training/awsacademy/
- AWS Academy 簡介，https://blog.csdn.net/m0_50614038/article/details/123778237
- AWS Academy LMS (Learning Management System) 基礎 – 教師，https://blog.csdn.net/m0_50614038/article/details/123778561
- AWS Academy LMS 申請開課 － 教師，https://blog.csdn.net/m0_50614038/article/details/123778838
- AWS Academy LMS 新增學生 － 教師，https://blog.csdn.net/m0_50614038/article/details/123779068

CHAPTER 10 雲端運算 – AWS Lambda

- 什麼是 AWS Lambda？https://docs.aws.amazon.com/zh_tw/lambda/latest/dg/welcome.html
- 什麼是 AWS Serverless Application Model (AWS SAM)？https://docs.aws.amazon.com/zh_tw/serverless-application-model/latest/developerguide/what-is-sam.html
- 什麼是 AWS CDK？https://docs.aws.amazon.com/zh_tw/cdk/v2/guide/home.html
- Coordinated Universal Time. https://en.wikipedia.org/wiki/Coordinated_Universal_Time

CHAPTER 11 雲端資料庫 – Amazon DynamoDB

11.1

- Amazon DynamoDB. https://aws.amazon.com/tw/dynamodb/

11.2

- AWS SDK for Python (Boto3). https://boto3.amazonaws.com/v1/documentation/api/latest/index.html
- DynamoDB code examples for the SDK for Python. https://github.com/awsdocs/aws-doc-sdk-examples/tree/main/python/example_code/dynamodb
- AWS SDK for Python (Boto3) code examples. https://github.com/awsdocs/aws-doc-sdk-examples/tree/main/python
- AWS SDK for Python (Boto3) API Reference. https://boto3.amazonaws.com/v1/documentation/api/latest/reference/services/index.html
- What is Amazon DynamoDB?. https://docs.aws.amazon.com/amazondynamodb/latest/developerguide/Introduction.html
- Basic examples for DynamoDB using AWS SDKs. https://docs.aws.amazon.com/amazondynamodb/latest/developerguide/service_code_examples_basics.html
- Amazon DynamoDB 定價，https://aws.amazon.com/tw/dynamodb/pricing/on-demand/

- 讀取一致性，https://docs.aws.amazon.com/amazondynamodb/latest/developerguide/HowItWorks.ReadConsistency.html
- DynamoDB 事務管理複雜工作流程，https://docs.aws.amazon.com/amazondynamodb/latest/developerguide/transactions.html
- 佈建容量定價，https://aws.amazon.com/tw/dynamodb/pricing/provisioned/
- 隨需容量定價，https://aws.amazon.com/tw/dynamodb/pricing/on-demand/
- AWS 定價計算工具，https://calculator.aws/

11.3

- Returns a set of attributes for the item of DynamoDB table with the given primary key. https://boto3.amazonaws.com/v1/documentation/api/latest/reference/services/dynamodb/table/get_item.html
- AWS SDK for Python (Boto3). https://boto3.amazonaws.com/v1/documentation/api/latest/index.html
- DynamoDB code examples for the SDK for Python. https://github.com/awsdocs/aws-doc-sdk-examples/tree/main/python/example_code/dynamodb
- AWS SDK for Python (Boto3) code examples. https://github.com/awsdocs/aws-doc-sdk-examples/tree/main/python
- AWS SDK for Python (Boto3) API Reference. https://boto3.amazonaws.com/v1/documentation/api/latest/reference/services/index.html

CHAPTER 12　雲端視覺辨識 AI – Amazon Rekognition

- Amazon Rekognition 定價，https://aws.amazon.com/tw/rekognition/pricing/
- Amazon Rekognition，https://aws.amazon.com/tw/rekognition/
- PIL.Image、cv2 的 img、bytes 相互轉換，https://blog.csdn.net/qq_41375318/article/details/127707866
- Amazon Rekognition API Reference. https://docs.aws.amazon.com/rekognition/latest/APIReference/Welcome.html

- detect_text. https://boto3.amazonaws.com/v1/documentation/api/latest/reference/services/rekognition/client/detect_text.html
- 在映像中偵測文字，https://docs.aws.amazon.com/zh_tw/rekognition/latest/dg/text-detecting-text-procedure.html

CHAPTER 13 整合實驗：車牌辨識從定義規格開始

13.2

- 實驗：使用 POST 方法上傳圖片，https://ithelp.ithome.com.tw/articles/10347402

CHAPTER 14 後端實作 – 整合 API + 資料庫 + AI

14.1

- AWS Lambda
- 實驗：使用 GET 方法查詢資料
- 實驗：使用 POST 方法上傳圖片
- Amazon DynamoDB
- 實驗：讀取 EXCEL 檔並存入資料庫中
- 實驗：查詢資料庫中的資料

14.2

- AWS Lambda
- 實驗：使用 GET 方法查詢資料
- 實驗：使用 POST 方法上傳圖片
- Amazon DynamoDB
- 實驗：讀取 EXCEL 檔並存入資料庫中
- 實驗：查詢資料庫中的資料
- 實驗：後端 – API Gateway 上傳圖片並使用 POSTMAN 檢驗結果
- 實驗：前端 – 使用 ESP32-CAM 呼叫 REST API 上傳圖片

- 實驗：後端 – API Gateway 設定車牌辨識選項

14.3

- AWS Lambda
- 實驗：使用 GET 方法查詢資料
- 實驗：使用 POST 方法上傳圖片
- Amazon DynamoDB
- 實驗：讀取 EXCEL 檔並存入資料庫中
- 實驗：查詢資料庫中的資料

CHAPTER 15 前端實作 – ESP32-CAM + 網頁

15.1

- 使用 MicroPython 開發 ESP32-CAM - Thonny，https://ithelp.ithome.com.tw/articles/10344722
- 使用 MicroPython 控制燈號、撰寫 ISR，https://ithelp.ithome.com.tw/articles/10344998
- 使用 MicroPython 連接 Wi-Fi、同步 NTP，https://ithelp.ithome.com.tw/articles/10345000
- 使用 MicroPython 安裝新模組與使用，https://ithelp.ithome.com.tw/articles/10345284
- 使用 MicroPython 拍照，https://ithelp.ithome.com.tw/articles/10345284
- JavaScript Date：計算不同時區的時間，https://www.cythilya.tw/2022/10/19/javascript-date-timezone/
- Use checkbox with jquery and ajax to update database. https://www.daniweb.com/programming/web-development/threads/536838/use-checkbox-with-jquery-and-ajax-to-update-database
- [AJAX] 使用 AJAX 傳送 Redio 和 Checkbox 的值到後端 — 增加網站互動性，https://kunyuchang.medium.com/ajax- 使用 -ajax- 傳送 -redio- 和 -checkbox- 的值到後端 - 增加網站互動性 -80e8ac3ae6b5

15.2

- 整合實驗：車牌辨識 – 定義功能
- 實驗：後端 – API Gateway 上傳圖片並使用 POSTMAN 檢驗結果
- 實驗：前端 – 使用 ESP32-CAM 呼叫 REST API 上傳圖片
- 實驗：後端 – API Gateway 設定車牌辨識選項
- 實驗：後端 – 觸動 S3 事件進行文字辨識
- 實驗：後端 – API Gateway 查詢辨識記錄

博碩文化

博碩文化